"十二五"高等职业教育规划教材

浙江省普通高校"十三五"新形态教材 "互联网＋"教材

铁路桥隧构造与养护

开永旺　吴颖峰　李　明　主　编

彭文彬　李玉玲　陈德朕　程　洁　副主编

天津大学出版社

TIANJIN UNIVERSITY PRESS

内 容 提 要

我国铁路和地铁建设的迅速发展,对从事工程建设和养护维修的工程技术人员的岗位能力提出了更高的要求。为了更好地适应铁路及地铁建设和管理的需求,提升专业技术人员的业务能力,特编写了本书。本书根据高等职业院校的宗旨、铁路行业的发展现状,以培养学生职业岗位能力为出发点编写,注重铁路现场的实用性,对铁路桥隧的基本构造、养护维修作业做了重点阐述。

本书共 7 个学习单元,主要包括:铁路桥涵认知、桥梁结构、涵洞、铁路隧道结构、桥涵养护及病害整治、隧道养护及病害整治、高速铁路桥涵养护维修等内容。

本书主要供高等职业院校铁道工程技术、城市轨道交通工程技术等相关专业教学使用,也可作为铁路工程和铁路工务部门职工的培训教材和参考书。

图书在版编目(CIP)数据

铁路桥隧构造与养护 / 开永旺, 吴颖峰, 李明主编;
彭文彬等副主编. -- 天津:天津大学出版社, 2022.8
"十二五"高等职业教育规划教材. 浙江省普通高校
"十三五"新形态教材 "互联网+"教材
ISBN 978-7-5618-7178-2

Ⅰ.①铁… Ⅱ.①开… ②吴… ③李… ④彭… Ⅲ.
①铁路桥－桥梁工程－高等职业教育－教材②铁路隧道－
隧道工程－高等职业教育－教材 Ⅳ.①U448.13
②U459.1

中国版本图书馆CIP数据核字(2022)第082583号

TIELU QIAOSUI GOUZAO YU YANGHU

出版发行	天津大学出版社
地　　址	天津市卫津路92号天津大学内(邮编:300072)
电　　话	发行部:022-27403647
网　　址	www.tjupress.com.cn
印　　刷	天津泰宇印务有限公司
经　　销	全国各地新华书店
开　　本	185mm×260mm
印　　张	17.75
字　　数	443千
版　　次	2022年8月第1版
印　　次	2022年8月第1次
定　　价	49.80元

本书编委会

主　　编：开永旺　吴颖峰　李　明

副主编：彭文彬　李玉玲　陈德朕　程　洁

参　　编：金省华　陈伟华　方　宇　陆森强

　　　　　开博扬　李恩泽　胡俏文　方雨禾

　　　　　许玮珑　张冰冰　孙亚婷

前　　言

我国铁路建设和地铁建设的迅速发展,对从事铁路工程建设和养护维修的工程技术人员提出了更高的要求。为了更好地适应铁路及地铁建设和管理的需求,培养素质更高的专业技术人员,我们组织编写了本书。

本书根据高等职业院校的宗旨、铁路行业的发展现状,以培养学生职业岗位能力为出发点编写,注重铁路现场的实用性,对铁路桥隧的基本构造、养护维修作业做了重点阐述。

本书的特色如下。

(1)内容系统,注重实用。本书先对铁路桥梁、涵洞、隧道的基本构造进行了介绍,然后对桥涵及隧道的基本养护维修作业及病害整治做了重点阐述,最后对高速铁路桥梁养护进行了讲解。

(2)提供电子题库,用于同步检测。每个任务附有同步练习,学生通过扫描二维码,可自主检测学习效果。

(3)提供电子课件,用于巩固学习。本书配有电子课件,可扫描封底二维码自行下载,便于课后进行知识巩固。

本书由浙江交通职业技术学院开永旺、吴颖峰、李明担任主编,由湖南铁路科技职业技术学院彭文彬、黑龙江交通职业技术学院李玉玲、贵阳职业技术学院陈德朕、上海铁路局北斗测量公司程洁担任副主编,参与编写的人员还有金省华、陈伟华、方宇、陆森强、开博扬、李恩泽、胡俏文、方雨禾、许玮珑、张冰冰、孙亚婷。

由于时间仓促,限于编者学识水平,书中疏漏和不足之处在所难免,敬请读者批评指正。

编者

2022 年 5 月

【资源索引】

目　　录

学习单元 1
铁路桥涵认知

桥涵是铁路的重要组成部分,桥涵设置是否恰当、设计施工是否合理,对铁路运营关系重大。

桥涵是桥梁和涵洞的合称,桥即桥梁,涵即涵洞。桥涵位置、孔径、进出口形式以及加固与消能措施是决定桥涵抗水灾能力的关键因素。如因地质、洪水、流冰等影响发生病害,桥涵往往首当其冲;桥涵孔径过小,排水不畅时,桥头路堤被冲毁时有发生;若施工质量不良,则需整治加固。总之,若桥涵出现问题,小则影响运营,大则中断行车。

在铁路建设中,桥涵占有很大比重。以武广客运专线为例,全线正线桥梁共计 574 座,折合 277 730.98 双延长米,占线路总长的 31.76%;公路跨铁路立交桥(含人行天桥)141 座,各类涵洞 2 283 座;联络线、动车走行线等其他线路桥梁共计 40 座,折合 18 946.13 延长米;扣除桥隧长度后,每千米线路涵洞约为 5 座;在山区地形复杂地段,桥隧相连,桥涵的数量则更多。

建立四通八达的现代化交通网,大力发展交通运输事业,对发展国民经济,提高综合国力,促进文化交流都有非常重要的作用。随着武汉至广州、郑州至西安、北京至天津、石家庄至太原客运专线等一批铁路建设项目的立项建设,我国铁路新一轮的大规模建设已经展开,客运专线的施工推动了现代铁路技术的发展。新建铁路大桥的施工往往是重点工程,尤其是深水大桥的施工更为复杂艰巨,有时甚至成为全线的关键工程,对通车日期起着控制作用。在国防上,桥涵更是交通运输的咽喉,在现代战争中具有举足轻重的地位。

任务 1.1 桥梁概述

桥梁是随着历史演变和社会进步逐渐发展起来的。每当交通运输工具发生重大变化，对桥梁的载重、跨度等提出新的要求时，便会推动桥梁工程技术的发展。桥梁的发展大致经历了古代、近代和现代三个时期。

1.1.1 古代桥梁发展历程

人类在原始时代，跨越水道和峡谷，利用的是自然倒下来的树木，自然形成的石梁或石拱，溪涧突出的石块，谷岸生长的藤萝等。人类有目的地伐木为桥或堆石、架石为桥始于何时，已难以考证。据史料记载，中国在周代已建有梁桥和浮桥，如公元前 1134 年左右，西周在渭水架有浮桥。古巴比伦王国在公元前 1800 年建造了多跨的木桥，桥长达 183 m。古罗马在公元前 621 年建造了跨越台伯河的木桥，在公元前 481 年架起了跨越赫勒斯滂海峡的浮船桥。古代美索不达米亚地区，在公元前 4 世纪建起了挑出石拱桥（拱腹为台阶式）。

古代桥梁在 17 世纪以前，一般是用木、石材料建造的，并按建桥材料把桥分为石桥和木桥。

1. 石桥

石桥的主要形式是石拱桥。据考证，中国早在东汉时期就出现了石拱桥，如出土的东汉画像砖刻有拱桥图形。现在尚存的赵州桥（又名安济桥，图 1-1），建于公元 595—605 年，为空腹式圆弧形石拱桥，首创在主拱圈上加小腹拱的空腹式（敞肩式）拱，全长 50.83 m，净跨 37.02 m，宽 9 m，矢高 7.23 m，距今已有 1 400 多年。中国古代石拱桥拱圈和墩一般都比较薄，比较轻巧，如建于公元 816—819 年的宝带桥，全长 317 m，薄墩扁拱，结构精巧。

在古代，交通运输工具简陋，科学技术不发达，人们只能利用自然界现成的材料建造一些简单的桥梁。但古代桥梁在桥梁建筑史上的成绩是辉煌的，不但数目惊人，而且类型丰富，几乎包括了所有近代桥梁中的主要形式。据考证，在周文王时代，就有在渭河上架设浮桥的文字记载。我国是最早建造吊桥的国家，距今至少有 3 000 多年的历史。公元前 332 年，现代桩柱式桥梁出现。隋唐时期是我国古代桥梁的兴盛年代，其间在桥梁形式及结构构造方面有很多创新。宋代之后，建桥数量大增，桥梁的跨越能力、造型和功能都有很大提高。

图 1-1　赵州桥

2. 木桥

早期木桥多为梁式桥,如秦代在渭水上建的渭桥即为多跨梁式桥。木梁桥跨度不大,伸臂木桥(图 1-2)可以加大跨度,中国 3 世纪在甘肃安西与新疆吐鲁番交界处建有伸臂木桥。公元 405—418 年在甘肃临夏附近河宽达 40 丈(1 丈 ≈ 3.33 m)处建悬臂木桥,桥高达 50 丈。八字撑木桥(图 1-3)和拱式撑架木桥均可加大跨度。16 世纪意大利的巴萨诺桥为八字撑木桥。木拱桥出现较早,公元 104 年在匈牙利多瑙河建成的特拉杨木拱桥,共有 21 孔,每孔跨度为 36 m。中国在河南开封修建的虹桥,净跨约为 20 m,亦为木拱桥,建于公元 1032年。日本在山县岩国市锦木河修建的锦带桥为五孔木拱桥,建于 1673 年。

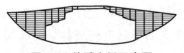

图 1-2　伸臂木桥示意图

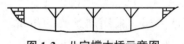

图 1-3　八字撑木桥示意图

1.1.2　近代桥梁发展历程

近代桥梁按建桥材料划分,除木桥、石桥外,还有铁桥、钢桥、钢筋混凝土桥。

1. 木桥

16 世纪前已有木桁架。1750 年在瑞士建成拱和桁架组合的木桥多座,如赖谢瑙桥,跨度为 73 m。在 18 世纪中叶至 19 世纪中叶,美国建造了不少木桥,如 1785 年在佛蒙特州贝洛兹福尔斯的康涅狄格河建造的第一座木桁架桥,桥共两跨,各长 55 m;1812 年在费城斯库尔基尔河建造的拱和桁架组合木桥,跨度达 104 m。桁架桥省掉了拱和斜撑构件,简化了结构,因而被广泛应用。由于桁架理论的发展,各种形式的桁架木桥相继出现,如普拉特型、豪氏型、汤氏型等。

由于木结构桥用的铁件量很多,不如全用铁经济,因此 19 世纪后期木桥逐渐被钢桥、铁桥所代替。

2. 铁桥

铁桥包括铸铁桥和锻铁桥。铸铁性脆,宜于受压,不宜受拉,适宜作为拱桥建造材料。世界上第一座铸铁桥是英国科尔布鲁克代尔厂建造的塞文河桥,建于1779年,为半圆拱形,由5片拱肋组成,跨度为30.7 m。锻铁抗拉性能较铸铁好,19世纪中叶跨度大于60 m的公路桥都采用锻铁链吊桥。铁路因吊桥刚度不足而采用桁桥,如1845—1850年英国建造的布列坦尼亚双线铁路桥即为箱形锻铁梁桥。19世纪中叶以后,梁的定理和结构分析理论的建立,推动了桁架桥的发展,并出现了多种形式的桁梁。但那时对桥梁抗风的认识不足,桥梁一般没有采取抗风措施。1879年12月的大风吹倒了才建成18个月的苏格兰阳斯的泰湾铁路锻铁桥,就是由于桥梁没有设置横向连续抗风结构。

中国于1705年修建了四川大渡河泸定铁链吊桥,桥长为100 m、宽为2.8 m,至今仍在使用。欧洲第一座铁链吊桥是英国的蒂斯河桥,建于1741年,跨度为20 m,宽为0.63 m。1820—1826年,英国在威尔士北部梅奈海峡修建一座中孔长为177 m,使用锻铁眼杆的吊桥。这座桥由于缺乏加劲梁或抗风结构,于1940年重建。世界上第一座不用铁链而用铁索建造的吊桥是瑞士的弗里堡桥,建于1830—1834年,跨度为233 m。这座桥用2 000根铁丝就地放线,悬在塔上,锚固于深18 m的锚碇坑中。

1855年,美国建成尼亚加拉瀑布公路铁路两用桥,这座桥是采用锻铁索和加劲梁的吊桥,跨度为250 m。1869—1883年,美国建成纽约布鲁克林吊桥,跨度为(283 + 486 + 283)m。这些桥的建造提供了用加劲桁来减弱震动的经验。此后,美国建造的长跨吊桥,均以加劲梁来增大刚度,如1937年建成的旧金山金门桥(主孔长为1 280 m,边孔长为344 m,塔高为228 m),以及同年建成的旧金山奥克兰海湾桥(主孔长为704 m,边孔长为354 m,塔高为1 521 m),都是采用加劲梁的吊桥。1940年,美国建成的华盛顿州塔科马海峡桥,主跨为853 m,边孔为335 m,加劲梁高为42.74 m,桥宽为11.9 m。这座桥于同年11月7日,在风速仅为67.5 km/h的情况下,中孔及边孔相继被风吹垮。这一事件,促使人们开始研究空气动力学与桥梁稳定性的关系。

3. 钢桥

美国密苏里州圣路易市密西西比河的伊兹桥建于1867—1874年,是早期建造的公路铁路两用无铰钢桁拱桥,跨度为(153 + 158 + 153)m。这座桥架设时采用悬臂安装的新工艺,拱肋从墩两侧悬出,由墩上临时木排架的吊索拉住,逐节拼接,最后在跨中将两半拱连接,基础用气压沉箱下沉33 m到岩石层中。由于其气压沉箱没有采取安全措施,导致发生119起严重沉箱事故,造成14人死亡。19世纪末弹性拱理论已逐步完善,促进了20世纪20—30年代修建较大跨钢拱桥,较著名的有:美国纽约的岳门桥,建成于1917年,跨度为305 m;美国纽约的贝永桥,建成于1931年,跨度为504 m;澳大利亚的悉尼港桥,是公路铁路两用桥,建成于1932年,跨度为503 m。这3座桥均为双铰钢桁拱桥。

19 世纪中期出现了根据力学设计的悬臂梁。英国人根据中国西藏木悬臂桥式,提出了锚跨、悬臂和悬跨三部分的组合设想,并于 1882—1890 年在英国爱丁堡福斯河口建造了铁路悬臂梁桥。这座桥共有 6 个悬臂,悬臂长为 206 m,悬跨长为 107 m,主跨长为 519 m。

4. 钢筋混凝土桥

1875—1877 年,法国园艺家莫尼埃建造了一座人行钢筋混凝土桥,跨度为 16 m,宽为 4 m。1890 年,德国不莱梅工业展览会上展出了一座跨度为 40 m 的人行钢筋混凝土拱桥。1898 年,德国修建了沙泰尔罗钢筋混凝土拱桥。这座桥是三铰拱,跨度为 52 m。1905 年,瑞士建成塔瓦纳萨桥,跨度为 51 m,矢高为 5.5 m,这是一座箱形三铰拱桥。1928 年,英国在贝里克的罗亚尔特威德建成了 4 孔钢筋混凝土拱桥,最大跨度为 110 m。1934 年,瑞典建成了跨度为 181 m、矢高为 26.2 m 的特拉贝里拱桥;1943 年又完成了跨度为 264 m、矢高近 40 m 的桑德拱桥桥梁基础施工。

1.1.3 我国现代铁路桥梁发展历程

铁路是国民经济的大动脉,中华人民共和国成立后党和政府对其十分重视,修建了大量铁路,桥梁建设也发展很快,在数量和质量上都有很大的飞跃。1957 年,万里长江第一桥——武汉长江大桥建成。武汉长江大桥(图 1-4)采用 3×128 m 的连续钢桁梁,是一座公铁两用桥,桥面宽 18 m,全长 1 690 m,是 20 世纪 50 年代中国桥梁建设的一座里程碑,为中国现代桥梁工程技术和南京长江大桥的兴建以及桥梁深水基础的发展奠定了基础。

图 1-4 武汉长江大桥

1969 年我国建成了举世闻名的南京长江大桥(图 1-5),这是我国自行设计、制造、施工,并采用国产高强度钢材的现代化铁路公路两用桥,下层是双线铁路,上层是公路,行车道宽 15 m,铁路桥全长 6 772 m,江面正桥全长 1 576 m,由 10 孔钢桁梁组成,共计 3 联 9 孔 160 m 连续梁及 1 孔 128 m 简支梁。因桥址处水深流急,河床地质极为复杂,桥墩基础的施工非常困难,所以南京长江大桥的建成标志着我国的桥梁建设技术又上了一个新台阶。

图 1-5　南京长江大桥

在中华人民共和国成立之前,我国西南、西北地区基本上没有铁路。西南和滇北地区,地形复杂,谷深坡陡,河流峡谷两岸分布着数百米高的陡岩峭壁,由于历次地质构造运动的影响,断裂发育,曾被前苏联专家断定为"铁路禁区"。成昆铁路通车后,被联合国宣布为 20 世纪人类征服自然的三大杰作之首。

20 世纪 90 年代,我国的交通事业和桥梁建设进入了一个全新的时期,道路建设和国道系统以及桥梁技术、桥型、跨越能力和施工管理水平大大提高。桥梁设计与施工方面出现了许多新技术,主要有:基础工程采用管柱、钻孔桩等,桥墩采用空心墩、柔性墩、基桩排架墩、拼装式桥墩等,桥台采用锚定板桥台等,上部结构采用箱形梁、栓焊梁、斜腿刚构桥、悬砌拱桥、双曲拱桥、斜拉桥等。我国桥梁建设的水平开始步入世界先进行列。杭州湾跨海铁路大桥是横跨中国杭州湾海域的铁路桥梁,起始于浙江省宁波市,向北连接浙江省嘉兴市、上海市,分别直通苏嘉甬高速铁路跨杭州湾大桥(嘉甬杭州湾铁路大桥)以及作为沪甬跨海交通通道组成部分的沪甬城际铁路大桥。

1997 年建成的香港青马大桥(图 1-6)是香港的标志性建筑,主跨 1 377 m,加劲梁为钢桁与钢箱梁混合结构,横截面尺寸为 41.0 m×7.3 m。它把传统的造桥技术升华至极度卓越的水平,宏伟的结构令世人赞叹,曾荣获美国建筑界"二十世纪十大建筑成就奖"。

图 1-6　香港青马大桥

1.1.4　桥梁的发展前景

21世纪世界桥梁将实现新型、大跨、轻质、灵敏和美观的国际桥梁发展新目标。随着高强度钢、玻璃钢、铝合金、碳纤维等太空轻质材料的大量使用,桥梁建筑的主要材料将不断更新,桥梁结构的形式将呈现出多样化发展格局。目前,计算机技术的发展为桥梁结构的优化设计创造了条件,使桥梁设计人员可以对即将兴建的桥梁进行仿真分析,使不同材料的性能发挥到极致;结构动力学理论的发展与完善使设计人员采用非常轻质的梁型时,不至于出现像著名的塔科马吊桥那样被风吹塌的危险。

1. 桥梁向大跨度发展

桥梁的跨越能力代表着一个国家的经济、工业和科学技术的整体水平。从当代桥梁的发展趋势看,各种桥型结构都在向大跨度方向发展,尤其是大跨度的悬索桥和斜拉桥。拱桥是我国的传统桥型,20世纪90年代以来修建的钢筋混凝土拱桥成为很有发展前途的拱结构形式,跨度不断被刷新,有专家估计这种桥型有可能使拱桥的最大跨度达到斜拉桥的跨度。

日本明石大桥(图1-7)是世界上跨度最大的钢结构悬索公路桥,总长为3 911 m,索塔间跨度为1 991 m;整个桥梁用钢量为30万t,桥面桁架用钢量为9万t,充分体现了钢铁强国的实力和技术;在桁架、维修平台、观光平台、走廊上大量采用了热轧H型钢。

图1-7　日本明石大桥

2. 轻型墩台、深水基础进一步发展

随着桥梁跨度的增大,要求基础有更大的刚度和更高的承载力。大直径的钢管桩基础在国外应用较为普遍,沉井基础承载力高、刚度大、抗震能力强、施工方便,可下沉到任意深度,是目前使用较为广泛的大桥基础。沉井不嵌入岩石,只能下沉到岩层顶面。复合基础是在沉井内设置桩或管柱,它是深水基础常用的一种形式。

空心墩与重力式桥墩相比,可节约大量圬工,应大力推广,其有待进一步研究的问题是温度应力、高墩的动力性能、风动力、整体稳定与横隔板的关系、自振频率与发展滑模施工技术等。桩柱式桥台如图 1-8 所示,其圬工的使用量为一般桥台的 40%。

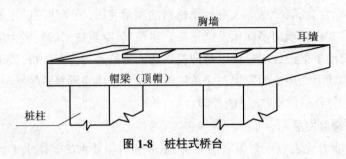

图 1-8　桩柱式桥台

3. 新材料的开发和应用

我国的桥梁大都为混凝土结构,要向大跨度发展,必须发展高强度材料,研制和生产桥梁用的高强度钢材。预应力混凝土桥梁仍将是广泛采用的形式,应在建筑材料和施工工艺上多做研究,研制高性能混凝土,高强度、低松弛预应力筋,高吨位预应力锚具及张拉设备。随着杭州湾跨海大桥的通车和高速铁路客运专线的施工,大跨度箱梁的整片预制已经成为现实,箱梁的施工工艺逐渐成熟,相信在今后必将被进一步推广。

从力学机理的角度以及多学科的交叉出发,进一步探索新型、高强、超高强工程材料,建立可靠的力学本构关系,并在结构理论研究上发展更符合实际状态的力学分析方法与新的设计理论,以充分发挥材料的潜在承载力,从容许应力法推广到极限状态设计法,并向可靠度理论方向进行探索,以充分利用材料的强度,力求工程结构的安全度更为科学和可靠。

4. 新技术在桥梁中的应用

1）智能化、信息化技术的应用

首先,在桥梁的规划设计阶段,人们可运用高度发展的计算机辅助手段进行有效、快速的优化和仿真分析;虚拟现实技术的应用使业主可以十分逼真地预先看到桥梁建成后的外形和功能;模拟地震和台风袭击下桥梁的表现,有助于判断环境的不利影响。

其次,在桥梁的制造和架设阶段,人们可运用智能化制造系统在工厂生产部件,利用全球定位系统（Global Positioning System, GPS）和遥控技术控制桥梁施工。

最后,在桥梁建成交付使用后,可通过自动检测和管理系统,保证桥梁的安全和正常运营。一旦有故障或损伤发生,健康诊断和专家系统将自动报告损伤部位和养护对策。

总之,展望 21 世纪,知识经济时代的桥梁工程和其他行业一样,具有智能化、信息化和远距离自动控制的特征。我国的桥梁建设也将达到一个新的水平,必将涌现出更多具有世界一流水准的大跨度桥梁。

2）GPS 及北斗技术在桥梁施工中的应用

在传统的定位测量上,经常使用前方交会技术来完成水中墩的定位测量,当遇到一些大型的桥梁建筑时,采用这样的测量技术在施工中有较大的难度。将 GPS 及北斗技术运用其中,可以很好地降低工程难度,使用实时动态(Real Time Kinematic,RTK)定位技术,需要先在水中墩定位的时候,在基准站安装 GPS 及北斗定位接收机,可以持续对所需的卫星进行观测,然后根据实际情况,将观测到的数据通过相应的传输设备传输至定位船上进行动态观测,最后将数据传输至接收机上。这是一种较为先进的动态定位测量技术,以载波相位观测测量技术为依据的实时差分 GPS 及北斗定位技术,在工作运行状态下,可以实时获取某点的三维坐标,并且其较高的精准度使定位测量工作达到更好的效果。

3)数值模拟分析及虚拟现实技术的应用

在大跨度桥梁设计中,深入探索桥梁风致振动的物理及几何非线性动力学机理,在以风洞试验模拟为依托的基础上,综合空气动力学、振动、稳定、疲劳、物理及几何非线性应用研究,以及结构的受力分析,从简化的平面分析发展到更为精确的三维空间状态分析,更高效地解决超静定次数很高的桥梁结构及复杂结构的优化设计。21 世纪,随着力学理论和计算机的发展,桥梁工程结构的数值模拟分析及虚拟现实技术可望有重大的突破。

【任务 1.1 同步练习】

任务 1.2　桥涵认知

1.2.1　桥涵的作用

桥梁是线路跨越天然障碍物或人工设施的架空的用以代替路基的建筑物,涵洞则专指横穿路基,用以排洪、灌溉或作为通道的建筑物。桥涵是桥梁和涵洞的统称,既可排泄洪水,又能保持线路的连续性。

1.2.2　桥涵的要求

1. 对桥梁的要求

桥梁工程包括两层含义:一是指桥梁建筑的实体;二是指建造桥梁所需的科学知识和技术,包括桥梁的基础理论,桥梁的规划、勘测设计、建造和养护维修等。为了保证列车的正常运行,桥梁工程的设计应遵循适用、安全、经济和美观的基本原则。

1）桥梁的适用性要求

桥梁的适用性要求包括行车通畅、舒适、安全,桥梁的通行能力应既满足当前需要,又考虑今后发展。对跨越线路或河流的桥梁,要求不妨碍桥下交通或通航;靠近城市、村镇等的桥梁,还应综合考虑桥头和引桥区域的环境和发展。在使用年限内,桥梁一般只需常规养护维修就能保证日常使用。

2）桥梁的安全性

桥梁的安全性既包括桥上车辆、行人的安全,也包括桥梁本身的安全。在使用年限内,在正常使用情况下,桥梁应具有足够的承载能力,并具备一定的安全储备。

3）桥梁的经济性

在满足适用性、安全性的前提下,经济性是衡量技术水平和方案选择的主要因素。对于重大的桥梁工程,必须进行方案比选,详细研究技术上的可行性和先进性、经济上的合理性,得出合理的结论。

4）桥梁的美观性

一座桥梁应具有优美的外形,与周围的景致相协调。在城市和游览地区,可适当考虑桥梁建筑的艺术处理。合理的结构布局和轮廓是美观的主要因素,不应当片面地追求浮华和烦琐的细部装饰。

2. 对涵洞的要求

涵洞是在公路建设中,为了使公路顺利通过水渠且不妨碍交通,而设于路基下并修筑于路面以下的排水孔道(过水通道),通过这种结构可以让水从公路的下面流过,而且其还具有一定的纵向坡度,以便于排水。铁路涵洞是设于铁路路基下的排水孔道,能迅速排除铁路沿线的地表水,保证路基安全。涵洞主要由洞身、基础、端墙和翼墙等组成。涵洞根据连通器的原理,常采用砖、石、混凝土和钢筋混凝土等材料筑成,一般孔径较小,形状有管形、箱形及拱形等,多数洞顶有填土,采用单孔或双孔,孔径为 0.75~6 m。

3. 桥梁与线路平纵面的关系

1）线路平面

桥梁设在直线上,对设计、施工、养护及流水条件均有利;曲线桥的缺点很多,如行车速度受限制,列车运行不平稳,线路容易变形,钢轨磨损严重,钢轨抽换困难等。故大中跨度的桥梁宜设在直线上,困难条件下必须设在曲线上时,应争取较大的曲线半径。明桥面的桥梁更应尽量设在直线上,否则线路难以固定,轨距不易保持,外轨超高难以处理。因此,将跨度大于 40 m 或桥长大于 100 m 的明桥面桥设在半径小于 1 000 m 的曲线上时,须经过技术经济比较。

列车过桥时,如遇反向曲线,势必发生来回摆动,不利于桥的运营和养护。所以,桥上应避免采用反向曲线,不得已时,应采用道砟桥面,并尽量设置较长的夹直线。

2）纵坡

在线路纵坡受限的坡道上,可以采用涵洞和道砟桥面的桥梁。

明桥面的桥梁宜设在平坡上,若设在坡道上,钢轨爬行时难以锁定线路和维持标准轨距,影响行车安全,并给养护带来很大困难。跨度大于 40 m 或桥长大于 100 m 的明桥面桥不应设置在大于 0.4% 的坡道上,确有困难时,应有充分的技术经济论证,但最大坡度不得大于 1.2%。

竖曲线与缓和曲线不应设在明桥面上,否则每根枕木厚度不同,必须特制,并需按固定的位置铺设,给施工和养护带来很大困难。

1.2.3 桥梁的组成与分类

1. 桥梁的组成

桥梁通常由桥跨结构、桥墩、桥台、支座和附属设施四个基本部分组成,如图 1-9 所示。

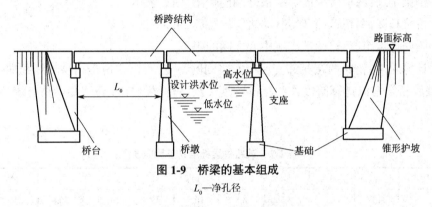

图 1-9 桥梁的基本组成

L_0—净孔径

桥跨结构又称为上部结构,指梁桥支座以上或拱桥起拱线以上跨越桥孔的结构。

桥墩、桥台和基础统称为下部结构,桥墩是支承桥跨结构并将结构重力和车辆荷载等作用传至地基土层的建筑物。设在桥梁两端与路堤相衔接的结构称为桥台,桥台除具有上述作用外,还有抵御路堤填土的侧压力,防止路堤填土滑坡和塌落的作用。地基的奠基部分称为基础,它是确保桥梁能安全使用的关键,由于基础多深埋于土层之中,并且需在水下施工,故是桥梁施工中比较困难的部分。

在桥梁的桥跨结构与桥墩或桥台的支承处所设置的传力装置称为支座,它不仅要传递很大的作用力,并且要满足桥跨结构的变位需要。

桥跨结构的上部设置桥面结构。此外,桥梁还常常需要建造一些附属结构物,如锥形护坡、导流堤、检查设备、台阶扶梯等。

2. 桥梁相关专业术语名称

河流中的水位是变动的,枯水季节的最低水位称为低水位,洪峰季节的最高水位称为高水位。桥梁设计中按规定的设计洪水频率所得的高水位称为设计洪水位。在各级航道中,能保证船舶正常航行的水位称为通航水位。下面介绍一些与桥梁有关的术语和主要尺寸,如图 1-10 所示。

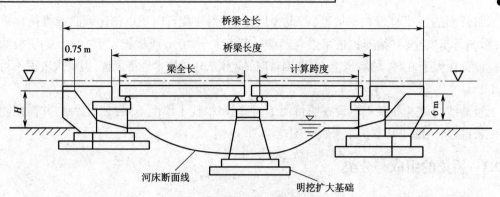

图 1-10　桥梁专用术语示意图

（1）桥梁全长：两桥台纵向边缘最外端的距离，用 L 表示。

（2）桥梁长度：两桥台挡砟墙胸墙之间的距离，用 λ 表示。

（3）梁的计算跨度：梁两端支座中心之间的距离。

（4）计算跨度：桥跨两端相邻支座中心之间的距离，对拱式桥是指拱轴线两端点之间的距离。铁路桥梁常以计算跨度作为标准跨度。铁路桥梁的标准跨度和梁长有统一的规定，见表 1-1。

表 1-1　铁路桥梁标准跨度和梁长　　　　　　　　　　　　　　单位：m

跨度（支点距离）	4	5	6	8	10	12	16	20	24	32
梁长	4.5	5.5	6.5	8.5	10.5	12.5	16.5	20.6	24.6	32.6
跨度（支点距离）	40	48	56	64	80	96	112	128	144	168
梁长	40.6	49.1	57.1	65.1	81.1	97.1	113.5	129.5	145.5	169.5

（5）净跨度：设计洪水位线上相邻两个桥墩（台）之间的水平净距，对拱式桥是指每孔拱跨拱脚截面内边缘之间的距离。各孔净跨度之和，称为桥梁孔径。

（6）桥梁净空：包括桥面净空和桥下净空两部分。

①桥面净空：保证车辆、行人安全通过桥梁所需要的桥梁净空界限。在净空界限范围内，不得有桥跨结构的构件或其他建筑物侵入，以保证通行安全。

②桥下净空：以梁底至设计洪水位为高，相邻桥墩之间的净距为宽所围成的面积，如图 1-11 所示。

桥下净孔：在设计洪水位时，相邻墩台边缘间的距离，表示桥下排水的净宽度。

桥下净空高度：设计洪水位或设计通航水位至桥跨结构下边缘的距离，见表 1-2。桥下水位变化如图 1-12 所示。

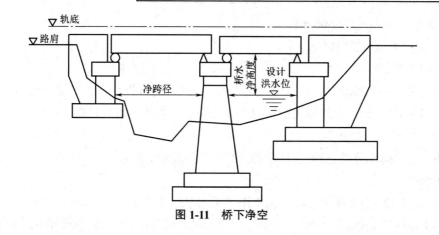

图 1-11　桥下净空

表 1-2　桥下净空高度

序号	桥的部位	高出设计洪水位的最小值/m	高出检算水位的最小值/m
1	梁底	0.50	0.25
2	梁底（洪水期有大漂流物时）	1.5	1.00
3	梁底（有泥石流时）	1.00	—
4	支承垫石顶	0.25	—
5	拱肋和拱圈的拱脚	0.25	—

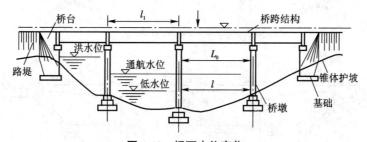

图 1-12　桥下水位变化

l_1—相邻桥墩中心之间的距离；L_0—一般情况下的净孔径；l—低水位时的净孔径

（7）桥梁建筑高度：轨顶与桥跨结构下缘之间的高差。

（8）桥梁高度：低水位至桥面的高差，对跨线桥是指桥下道路路面至桥面的高差。桥高不同，桥梁的施工方法和难度会有很大差异。

3. 桥梁的分类

桥梁分类的方法有很多种，依据不同的标准，有不同的分类。

1）按桥梁长度分类

按桥梁长度分类，桥梁包括：

（1）特大桥，$L > 500$ m；

（2）大桥，100 m < L ≤ 500 m；

（3）中桥，20 m < L ≤ 100 m；

（4）小桥，L ≤ 20 m。

梁桥的桥长指两桥台挡砟墙前墙之间的长度；拱桥的桥长指拱上侧墙与桥台侧墙间两伸缩缝外端之间的长度；刚架桥的桥长指刚架顺跨度方向外侧间的长度。

2）按桥梁受力体系分类

按桥梁受力体系分类，桥梁包括梁桥、拱桥、刚架桥、悬索桥与组合体系桥。

Ⅰ. 梁桥

梁桥（图 1-13）是一种在竖向荷载作用下无水平反力的结构，梁作为承重结构是以它的抗弯能力来承受荷载的。梁式体系按其结构受力特点可分为简支梁、连续梁和悬臂梁等，按其桥跨结构形式又可分为实腹梁和桁架梁。

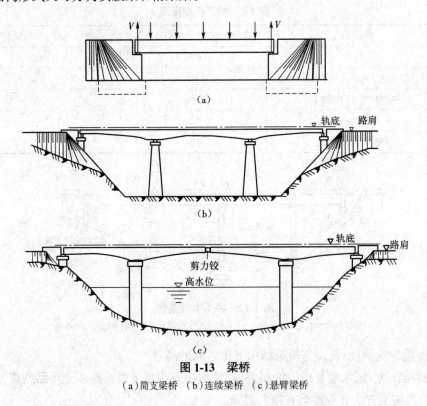

图1-13　梁桥
（a）简支梁桥　（b）连续梁桥　（c）悬臂梁桥

Ⅰ）简支梁桥

简支梁桥［图 1-13（a）］属于静定结构，所以墩台发生不均匀沉降时，梁体不产生附加内力，这种桥可用于地基不良的河道上。但是随着跨度 L 的增大，梁的自重增大，因而跨中弯矩 M 增加很快，所以不能用于大跨。1969 年建成的金沙江大桥，位于川滇两省交界处三堆子，全长 390 m，钢梁主跨 192 m，是我国跨度最大的简支梁桥。该大桥外形雄伟、杆件纤细，下面是奔腾的金沙江，两侧是巍峨的大山，突显出中国山河的壮丽与大桥的巧夺天工。

Ⅱ)连续梁桥

连续梁桥[图1-13（b）]采用一梁两孔或多孔连接，其中一个桥墩上为固定支座，其余桥墩上为活动支座。连续梁的梁体和墩台遭到破坏时，不会像悬臂梁那样全部坠落。但因其为静不定结构，当基础发生沉降时会引起附加内力，其养护和维修时的顶落梁控制比简支梁要严格得多。我国最大跨度的公铁两用连续钢桁梁桥为3联[（3×160+128）m]。

Ⅲ)悬臂梁桥

悬臂梁桥[图1-13（c）和图1-14]属于静定结构，主附区别明显，常出现一些垮塌事故，故在现代铁路建设中已经较少采用。其力学简图如图1-15所示。

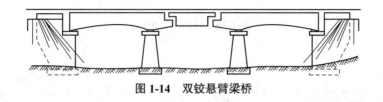

图1-14　双铰悬臂梁桥

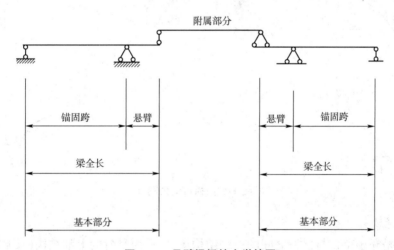

图1-15　悬臂梁桥的力学简图

Ⅱ.拱桥

拱桥的主要承重结构是拱肋（或拱圈），其基本形式如图1-16所示，在竖向荷载作用下，拱圈主要承受压力，但也承受弯矩，可采用抗压能力强的圬工材料来修建。其墩台除承受竖向压力和弯矩外，还承受水平推力，如图1-17所示。

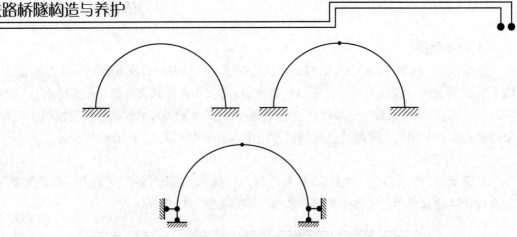

图 1-16 拱的基本形式

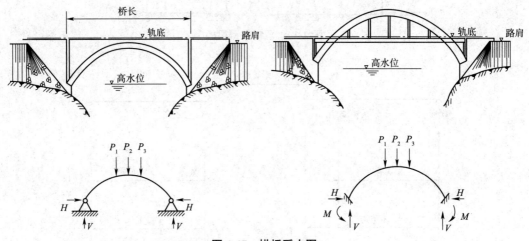

图 1-17 拱桥受力图

Ⅲ. 刚架桥

刚架桥是介于梁桥与拱桥之间的一种结构体系,是由受弯的上部结构(梁或板)与承压的下部结构(桩柱或墩)结合而成的整体结构,如图 1-18 所示。由于梁与柱刚性连接,梁因柱的抗弯作用而得到卸载作用,整个体系既是压弯结构,也是推力结构。刚架桥多半是立柱直立的(也有斜向布置)、单跨或多跨的门形框架。

刚架桥的桥下净空比拱桥大,适用于中小跨度、建筑高度较低的城市或公路跨线桥。

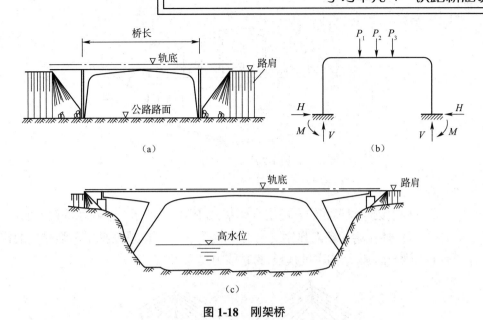

图 1-18 刚架桥

（a）刚架桥示意图 （b）刚架桥受力图 （c）斜腿刚架桥

Ⅳ.悬索桥

传统的悬索桥均用悬挂在两边塔架上的强大缆索作为主要承重结构,如图 1-19 所示。在竖向荷载作用下,通过吊杆使缆索承受很大的拉力,通常需要在两岸桥台的后方修筑非常大的锚定结构。悬索桥也是具有水平反力(拉力)的结构。悬索桥的跨越能力在各类桥型中是最大的,但结构的刚度较差。

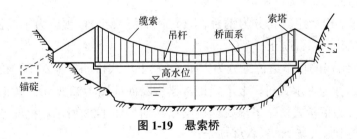

图 1-19 悬索桥

Ⅴ.组合体系桥

Ⅰ)梁、拱组合体系

梁、拱组合体系有系杆拱桥(图 1-20)、木桁架拱桥、多跨拱梁结构等。它们是利用梁的受弯与拱的承压特点组成联合结构。其中梁和拱都是主要承重物,两者相互配合、共同受力。

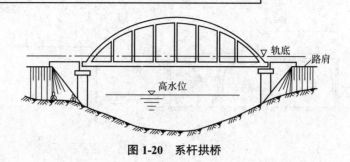

图 1-20 系杆拱桥

Ⅱ)斜拉桥

斜拉桥是一种主梁与斜缆相结合的组合体系,如图 1-21 所示。悬挂在塔柱上的被张紧的斜缆将主梁吊住,使主梁像多点弹性支承的连续梁一样工作,既发挥了高强材料的作用,又显著减小了主梁截面,使结构重量减轻,跨越能力提高。

图 1-21 斜拉桥

3)其他分类方法

(1)按用途分为铁路桥、公路桥、公铁两用桥、人行桥、农桥、运水桥(渡槽)及其他专用桥梁(如通过各种管线等)。

(2)按上部结构所用材料分为钢桥、木桥、钢筋混凝土桥、预应力钢筋混凝土桥、结合桥、圬工桥(包括砖、石、混凝土桥)等。

(3)按上部结构的行车道位置分为上承式桥、下承式桥和中承式桥。桥面布置在主要承重结构之上的称为上承式桥。上承式钢板梁横断面如图 1-22 所示。桥面布置在主要承重结构之下的称为下承式桥。下承式钢板梁横断面如图 1-23 所示。桥面布置在主要承重结构中间的称为中承式桥,如图 1-24 所示。

(4)按跨越障碍物的性质分为跨河桥、跨线桥(立体交叉)、高架桥和栈桥。

(5)按桥梁的平面形状分为直桥、斜桥、弯桥。

(6)按桥梁的特殊使用条件分为开启桥、浮桥、漫水桥等。

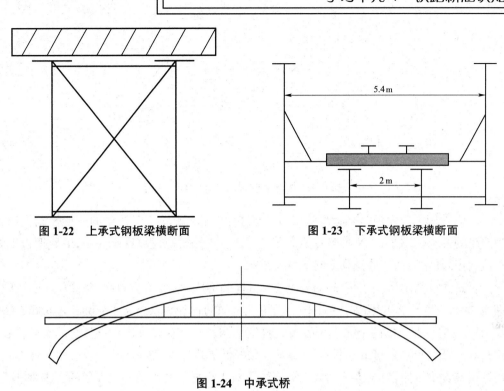

图 1-22 上承式钢板梁横断面　　图 1-23 下承式钢板梁横断面

图 1-24 中承式桥

1.2.4 桥面布置

1. 桥面构造

桥面构造包括钢轨、轨枕、道砟、挡砟墙、泄水管、人行道、栏杆和钢轨伸缩调节器等。铺设道砟的桥面称为道砟桥面[图 1-25（a）]，钢桥面一般不铺道砟，而将轨枕直接铺在纵梁上，称为明桥面[图 1-25（b）]。道砟桥面横向尺寸如图 1-26 所示。

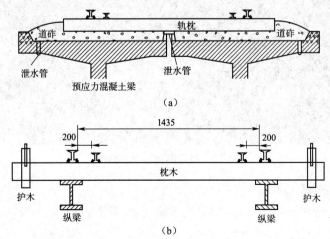

（a）

（b）

图 1-25 铁路桥面构造简图（单位:mm）

（a）道砟桥面　（b）明桥面

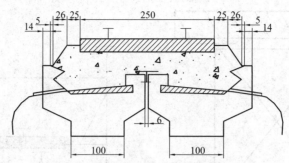

图 1-26　道砟桥面横向尺寸（单位：cm）

　　全面采用无砟轨道是客运专线的发展趋势,桥上无砟轨道对桥梁的变形控制提出了更为严格的要求。图 1-27 为典型的板式无砟轨道。铁路桥以横坡排水为主,道砟槽板上的雨水流向挡砟墙,沿挡砟墙流到横向泄水孔排出。

　　板式无砟轨道取消了传统有砟轨道的轨枕和道床,采用预制的钢筋混凝土板直接支承钢轨,并且在轨道板与混凝土基础板之间填充水泥沥青砂浆（Cement Asphalt Mortar，CA 砂浆）垫层,是一种全新的全面支承的板式轨道结构。它具有以下优点:稳定性、平顺性良好;建筑高度低、自重轻,可减小桥梁二期荷载和降低隧道净空;轨道变形缓慢,耐久性好;不需要维修或者少维修,且维修费用低。无砟轨道对工程材料和基础土建工程的要求都非常高,因此初期建设费用高于有砟轨道,但是它的稳定性好、使用寿命长。因此,在铁路客运专线中,板式无砟轨道结构已成为现在高速铁路建设的主流模式和必然趋势。

图 1-27　典型的板式无砟轨道

2. 钢轨伸缩调节器

　　在荷载与温度变化影响下,铁路桥梁上的钢轨会随同桥梁一起伸长或缩短。桥梁上部结构的连续长度越长,伸缩量就越大。钢轨接头的间距越大,车轮经过该处时产生的冲击力就越大,甚至影响行车安全。因此,要求连续长度大于 100 m 的桥梁必须在梁端伸缩缝处设置钢轨伸缩调节器,以保证车轮是在连续的而不是断开的轨道上滚动,如图 1-28 所示。

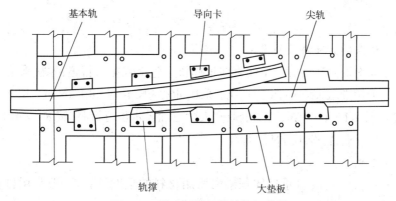

图 1-28 铁路桥梁钢轨伸缩调节器

【任务 1.2 同步练习】

任务 1.3 铁路桥梁设计荷载

1.3.1 荷载的种类

桥梁荷载包括主力、附加力和特殊荷载,主力又分为恒载和活载两种,见表 1-3。在桥涵设计时,应按可能发生的最不利组合情况进行计算,组合时仅考虑主力与一个方向(顺桥向或横桥向)的附加力的组合。

表 1-3 桥梁荷载

荷载分类		荷载名称
主力	恒载	结构构件及附属设备自重,土压力,预加力,基础变位的影响,混凝土收缩和徐变的影响,静水压力及浮力
	活载	列车竖向静活载,离心力,列车竖向动力作用,活载土压力,公路活载(需要时考虑),人行荷载,横向摇摆力,长钢轨纵向水平力(纵向力和挠曲力)
附加力		制动力或牵引力,风力,流水压力,冰压力,冻胀力,温度变化的作用
特殊荷载		船只或排筏的撞击力,地震力,施工临时荷载,列车脱轨荷载,汽车撞击力,长钢轨断轨力

1.3.2 荷载计算

1. 恒载

1)由支座传来的梁及桥面的重量

桥面重量按均布荷载计算。单线直线道砟桥面包括双侧人行道:木枕采用 38 kN/m,预应力混凝土枕采用 39.2 kN/m;曲线上分别采用 46.3 kN/m 与 48.1 kN/m。单线明桥面的重量:无人行道时按 6 kN/m 计算,直线上双侧人行道铺设木步行板时,按 8 kN/m 计算,铺设钢筋混凝土或钢步行板时,按 10 kN/m 计算。

2)圬工等自重

圬工等各部分结构的自重按体积乘以所用材料的重度计算,一般常用材料的重度见表 1-4。

表 1-4　桥梁结构一般材料的重度

材料	重度/(kN/m³)	材料	重度/(kN/m³)
钢	78.5	干砌片石	20.2
铸铁	72.5	填土	17.0
铅	114.0	填石(利用弃渣)	19.0
钢筋混凝土(配筋率小于 3%)	25.0	碎石道砟	21.0
混凝土和片石混凝土	23.0	浇筑的沥青	15.0
浆砌粗料石	25.0	压实的沥青	20.0
浆砌块石	23.0	不注油的木材	7.5
浆砌片石	22.0	注油的木材	9.0

3)基础襟边上填土重量

填土重量按其体积乘以重度计算,对桥台可不考虑锥体填土的横向变坡影响。

4)土压力

作用于墩台上土的侧压力,可按库仑理论推导的主动土压力计算,详见《铁路桥涵设计规范》(TB 10002—2017)。

对于实体圬工的水浮力按 10 kN/m³ 计,位于透水地基上的墩台,应考虑水的浮力。

对于土壤,只计土颗粒本身的水浮力。土壤颗粒重度一般为 27 kN/m³,干重度一般为 17 kN/m³。

2. 活载

1)列车竖向静活载

列车竖向静活载应采用中华人民共和国铁路标准活载即中-活载,如图 1-29 所示。

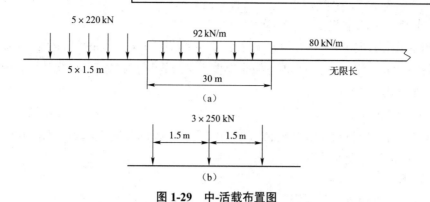

图 1-29 中-活载布置图

（a）普通中-活载布置图 （b）特种活载布置图

中-活载是象征性地模拟列车载重,普通活载左面 5 个集中荷载相当于一台机车的重量,其右侧一段 30 m 长的均布荷载大致与两台煤水车及一台机车相当;最右侧的均布荷载表示列车的车辆载重,其长度不限。对跨度很短的桥,往往由 3 个轴重所组成的特种荷载控制设计。

计算桥梁各部分的横向倾覆稳定时,应采用空车的竖向活载,按 10 kN/m 计算。

2）离心力

桥梁在曲线上时,应考虑列车竖向静活载产生的离心力。离心力方向为水平向外,作用于轨顶以上 2 m 处,其值按下列公式计算［详见《铁路桥涵设计规范》（TB 10002—2017）］。

对集中荷载:

$$F = \frac{v^2}{127R} fN \tag{1-1}$$

对分布荷载:

$$F = \frac{v^2}{127R} fq \tag{1-2}$$

式中 F——离心力（kN）;

N——中-活载图式中的集中荷载（kN）;

q——中-活载图式中的分布荷载（kN/m）;

v——设计行车速度（km/h）;

R——曲线半径（m）;

f——竖向活载折减系数。

$$f = 1.00 - \frac{v-120}{1\,000} \left(\frac{814}{v} + 1.75 \right) \left(1 - \sqrt{\frac{2.88}{L}} \right) \tag{1-3}$$

式中 L——桥上曲线部分荷载长度（m）。

f 的取值:当 $L \leq 2.88$ m 或 $v \leq 120$ km/h 时,取 1.0;当 $L \geq 150$ m 时,取计算值。

3）列车竖向动力作用

列车竖向动力作用等于列车静活载乘以动力系数（1+u），但钢筋混凝土、混凝土、石砌的桥跨结构及涵洞、刚架桥，当其顶上填土厚度$h \geqslant 1$ m（从轨底算起）或实体墩台时，均不计列车竖向动力作用。

4）活载土压力

活载土压力是指桥台后破坏棱体范围内因活载引起的侧向土压力，应按列车静活载换算为当量的均布土层厚度计算。

3. 附加力

1）制动力或牵引力

制动力或牵引力是指车辆在刹车（或启动）时为克服车辆的惯性力或阻力而在路面或轨道与车轮之间发生的滑动摩擦力。

制动力或牵引力是墩台设计计算的重要荷载，是作用在桥上的纵向水平力，但两者的方向相反。《铁路桥涵设计规范》（TB 10002—2017）规定：列车制动力或牵引力按作用在桥跨结构范围内的竖向静活载的 10% 计算，其作用点一般在轨顶以上 2 m 处。

2）风力

分析桥梁结构的强度、刚度和稳定性时，应考虑风荷载的影响。对大跨度的斜拉桥和悬索桥以及高耸的桥塔和桥墩，风力的影响更大。当风以一定速度运动并受到桥梁的阻碍时，桥梁就承受风压。风压分为顺风向和横风向。

3）流水压力

位于河流中的桥墩会受到流水压力的作用。通常桥墩上游迎水一侧会形成高压区，下游一侧会形成低压区，前后的压力差便构成水流对桥墩的压力。流水压力与桥墩的截面形状、圬工粗糙率、水流流速和形态等有关，其计算公式为

$$F_{\mathrm{w}} = KA\frac{\gamma v^2}{2g} \qquad (1\text{-}4)$$

式中 F_{w}——流水压力（kN）；

K——由试验测得的桥墩形状系数；

A——桥墩阻水面积（m²），一般计算至一般冲刷线处；

γ——水的容重（kN/m³），一般取 10 kN/m³；

v——水的设计流速（m/s）；

g——重力加速度，取 9.81 m/s²。

流水压力的分布为倒三角形，其作用点在水位线以下 1/3 水深处。

4. 特殊荷载

1）地震力

按规定，地震力不与其他附加力同时计算。地震力的计算方法详见《铁路工程抗震设计规范（2009 年版）》（GB 50111—2006）。

2）其他荷载

在一般情况下其他荷载不会对结构产生较大影响,不需要验算。

【任务 1.3 同步练习】

复习思考题

1-1　桥梁在铁路建设中的地位和作用是什么?

1-2　简述现代桥梁的发展方向。

1-3　简述桥涵的作用及桥涵的设计要求。

1-4　如何处理铁路桥梁与线路的平纵面关系?

1-5　简述梁式桥的基本组成部分及各部分的作用。

1-6　什么是梁的计算跨度、净跨度、主跨、桥下净空和桥梁建筑限界?

1-7　简述桥梁的主要分类。

1-8　简述作用于铁路桥梁的荷载。

1-9　在桥涵设计中,有哪些荷载是不同时计算的? 哪些荷载同时计算时要进行折减?

1-10　什么是制动力、牵引力、离心力、冲击力?

学习单元 2

桥梁结构

任务 2.1　钢筋混凝土简支梁桥

简支梁的两端搁置在支座上,支座仅约束梁的垂直位移,梁端可自由转动。为使整个梁不产生水平移动,在一端加设水平约束,该处的支座称为铰支座,另一端不加水平约束的支座称为滚动支座。简支梁就是两端支座仅提供竖向约束,而不提供转角约束的支撑结构。仅两端支撑在柱子上的梁,主要承受正弯矩,一般为静定结构。体系温度变化、混凝土收缩徐变、张拉预应力、支座移动等都不会在梁中产生附加内力,受力简单,简支梁为力学简化模型。

在现代钢筋混凝土桥梁中最常用的是梁式桥。简支梁桥具有构造简单,施工方便,不受地形条件影响,易设计成各种标准跨度的装配式结构等优点。所以,目前我国铁路桥梁跨度在 20 m 以下的桥跨结构普遍采用钢筋混凝土简支梁,且多采用装配式结构。主梁分两片预制,每片梁重一般均能适应架桥机的起吊能力,每片梁的尺寸也都能满足运输要求。当装吊或运输条件受限时,可采用整体浇筑式结构。

下面就装配式钢筋混凝土简支梁桥的构造及标准设计做简要介绍。

2.1.1　标准设计简介

跨度在 20 m 及以下的钢筋混凝土梁普遍采用标准设计(直、曲线轮廓尺寸相同,但配筋不同),见表 2-1。

表 2-1 铁路桥梁标准

图号	跨度/m	桥梁高度	桥面
叁标桥 1023	4、5、6、8、10、12、16、20	普通高度	道砟桥面
叁标桥 1024	4、5、6、8、10、12、16、20	低高度	道砟桥面
专桥 1023	4、5、6、8、10、12、16、20	普通高度	道砟桥面
专桥 1024	4、5、6、8、10、12、16、20	低高度	道砟桥面

主梁高度主要取决于使用条件和经济条件。普通高度梁的高跨比一般情况下采用 1/9~1/6;低高度梁的高跨比为 1/15~1/11,低高度梁截面稳定性好,但需要采用高强度的混凝土,用钢量较多,有时混凝土用量也增大,所以只有在建筑高度受限时才采用。

2.1.2 梁的截面形式

1. 板式梁

承重结构是矩形截面的钢筋混凝土梁称为板式梁[图 2-1(a)和图 2-2(a)],板式梁适用于跨度为 4~6 m 的小跨度梁。

板式梁高度低,制造方便,板下部可适当变窄,且由于底部支撑较宽,重心低,不会发生侧向倾覆,两片梁间无横隔板连接。

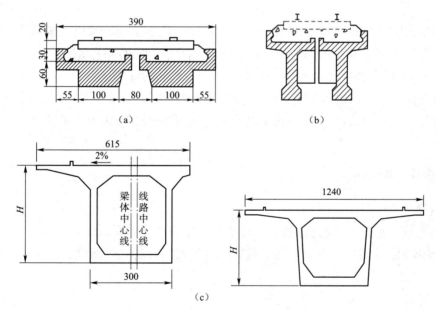

图 2-1 主梁截面(尺寸单位:cm)

(a)板式截面 (b)肋式截面 (c)箱形截面

2. 肋式梁

当梁高增大时,如仍采用板式截面,则自重太大,根据结构设计原理的知识,受拉区混凝土不参与工作,故可以将多余的混凝土去掉,而做成肋式截面,如图 2-2(b)所示。

肋式梁是指在横截面内形成明显的肋形结构,适用于跨度为 8~20 m 的较大跨度梁。

随着跨度加大,肋式梁的梁高也相应增加,为节省材料,减轻梁重,便于架设和运输,通常多采用肋式 T 形截面[图 2-1(b)]。单片 T 形梁易于侧向倾覆,运输时应在梁两侧设置临时支撑,在架梁就位时,两侧也应有临时支撑保护,防止翻梁。在桥位安装就位后,须把横隔板连成整体。

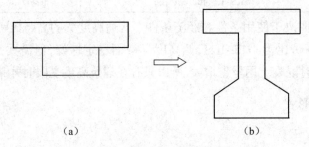

（a）　　　　　　　　　　　（b）

图 2-2　板式梁和肋形梁对比

（a）板式梁　（b）肋式梁

3. 箱形梁

横截面呈一个或几个封闭箱形的梁称为箱形梁[图 2-1(c)],箱形梁适用于较大跨度的梁。

这种结构除了梁肋和上部翼缘板外,在底部尚有扩展的底板,提供了能承受正、负弯矩的足够的混凝土受压区。箱形梁桥的另一重要特点是在一定的截面面积下能获得较大的抗弯惯矩,而且抗扭刚度也较大,在偏心活载作用下各梁肋的受力比较均匀。因此,箱形梁适用于较大跨度的悬臂梁桥和连续梁桥,也可用于修建全截面参与受力的预应力混凝土简支梁桥。显然,对于普通钢筋混凝土简支梁桥来说,底板除增加自重外并无其他益处,故不宜采用。

2.1.3　梁的一般构造

1. 主梁

为减轻吊装重量并满足运输和装载限度的要求,沿桥梁纵向将梁分为两片,两片梁间留有 6 cm 的空隙,以便架梁就位后抽出捆梁的钢丝绳,并调整制梁时的尺寸误差,如图 2-3 所示。

2. 挡砟墙

为了防止落砟,在每片梁的顶部四周设有挡砟边墙(外侧的称挡砟墙,内侧的称内边墙,两端的称端边墙),形成道砟墙,其宽度根据线路铺设的要求设置,两道挡砟墙外侧之间的距离为 3.9 m。

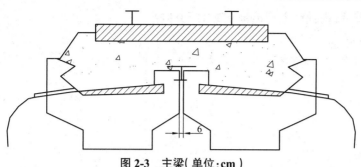

图 2-3　主梁(单位:cm)

3. 横隔板

在 T 形梁的梁端及梁中,沿纵向每隔一定距离设有横隔板。梁体预制时,每片梁上浇筑一半横隔板(接缝处预埋连接角钢或连接板);架梁后,将两片梁的横隔板连接成整体。横隔板的作用是保证梁的横向稳定,并在列车荷载作用下使两片主梁共同受力,抵抗扭矩。在曲线上的桥梁,设置横隔板更为必要。由于在维修或更换支座时,需在端横隔板下面放置千斤顶将梁顶起,故端横隔板尺寸较大,又称为"顶梁"。

4. 防排水设备

为防止雨水渗入梁体,引起钢筋锈蚀和混凝土冻胀开裂,影响梁的耐久性,桥面板顶面用水泥砂浆垫层做成横向排水坡,并在上面铺设防水层,使水流向梁的外侧,并汇入埋在挡砟墙内的泄水管排出桥面。防水层结构如图 2-4 所示,防水层构造如图 2-5 所示。

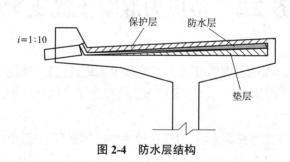

图 2-4　防水层结构

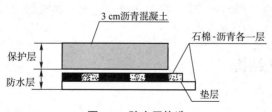

图 2-5　防水层构造

5. 人行道与栏杆

铁路桥梁的人行道主要供维修人员通行及堆放材料。人行道布置如图 2-6 所示。明桥面应在轨道中心铺设步行板,并根据养护需要设置单侧或双侧人行道。道砟桥面应设置双侧人行道,在挡砟墙内预埋人行道钢支架 U 形螺栓。

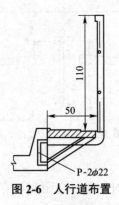

图 2-6　人行道布置

【任务 2.1 同步练习】

任务 2.2　预应力混凝土简支梁桥

预应力(prestressing force)是为了改善结构服役表现,在施工期间给结构预先施加的压应力,结构服役期间预加压应力可全部或部分抵消荷载导致的拉应力,避免结构破坏,常用于混凝土结构。

在工程结构构件承受外荷载之前,对受拉模块中的钢筋预先施加压应力,可提高构件的刚度,推迟裂缝出现的时间,增加构件的耐久性。对于机械结构,其含义为预先使其产生应力,从而可以提高结构本身的刚度,减少振动和弹性变形。这样做可以明显改善受拉模块的弹性强度,使原本的抗拉性能更强。

2.2.1　预应力混凝土结构

1. 混凝土结构的发展

钢筋混凝土结构的抗拉强度低,使用时容易开裂,在限制裂缝宽度的同时也限制了高强度混凝土和高强度钢筋的采用,跨度越大,自重所占比例越高,跨度难以发展。

预应力混凝土结构指在承受外荷载以前,预先采用人为的方法(例如张拉力筋)使结构在使用阶段产生拉应力的区域先受到压应力。所施加的压应力将与荷载作用下产生的拉应力部分或全部抵消,从而推迟裂缝的出现,提高结构的刚度。

2.预应力混凝土结构的特点及分类

预应力混凝土结构可以充分利用高强度的钢筋和混凝土,从而减小截面尺寸,节省材料,减轻自重,提高桥梁的跨越能力。因此,预应力钢筋混凝土梁(图2-7)比普通钢筋混凝土梁(图2-8)具有更大的优越性。

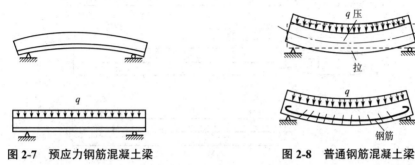

图 2-7　预应力钢筋混凝土梁　　　　　图 2-8　普通钢筋混凝土梁

根据混凝土受预压程度的不同,预应力混凝土结构可分为全预应力和部分预应力两种。前一种在最大使用荷载作用下混凝土不出现任何拉应力,后一种则容许不超过规定的拉应力值或裂缝宽度,以此改善使用性能,并获得更好的经济效益。

根据张拉力筋和浇筑混凝土的先后顺序,预应力混凝土梁有先张梁(图2-9)和后张梁(图2-10)两种。预应力先张法就是先张拉预应力钢束,后浇筑结构混凝土,等混凝土养生期后放开两端的张拉设施形成结构内的预应力;后张法是先浇筑结构混凝土,预留预应力管道,等混凝土养生期后,在管道内穿入预应力钢束,在两端进行预应力张拉。两者的相同点是都对混凝土结构施加预应力;不同点是先张法需要专门的预应力张拉台座,预压力束直接由预应力束与混凝土的凝结力锚固,一般不需要锚具,而后张法需要锚具,不需要预应力张拉台座。

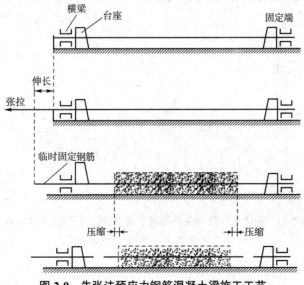

图 2-9　先张法预应力钢筋混凝土梁施工工艺

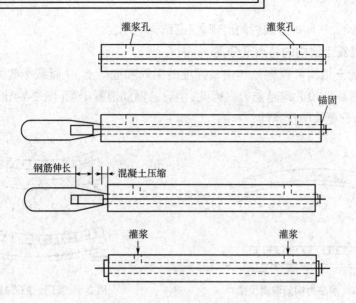

图 2-10　后张法预应力钢筋混凝土梁施工工艺

2.2.2　预应力混凝土简支梁

1. 发展应用情况

国内铁路预应力混凝土简支梁一般用于跨度为 16~32 m 的工况,目前已有跨度为 64 m 的预应力混凝土简支梁;国内公路预应力混凝土简支梁一般用于跨度为 20~50 m 的工况,跨度为 32 m 及以下的多采用 T 形或板式截面,跨度为 40 m 以上的多采用箱形截面。

2. 先张法简支梁标准设计及构造

先张法铁路预应力混凝土简支梁截面形式如图 2-11 所示。

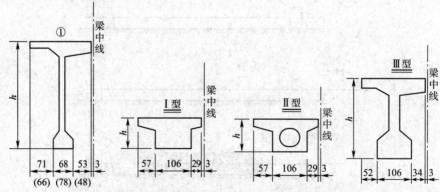

图 2-11　先张法铁路预应力混凝土简支梁截面形式(单位:cm)

①—普通高度先张梁;Ⅰ、Ⅱ、Ⅲ—低高度先张梁

1)标准图简介

道砟桥面低高度先张法预应力混凝土简支梁跨度有 8 m、10 m、12 m 及 16 m 四种。跨度为 8 m 者采用板式截面;跨度为 10 m 者,为了节省混凝土用量,减轻自重,采用板式挖洞截面;跨度为 12 m 和 16 m 者采用 T 形截面,每孔梁沿纵向分成两片。由于低高度梁下翼缘较宽,梁高较矮,截面稳定,两片梁架好后不需连接即可通车。

2)预应力筋种类

先张梁中预应力筋多采用高强钢丝、钢绞线(图 2-12),粗钢筋常用强度不低于 850 MPa 的Ⅳ级以上精轧螺纹钢,近年来也多用高强低松弛钢绞线。

图 2-12　钢绞线

3)预应力筋布置

预应力筋可布置成直线形或折线形,折线形布筋更合理,与弯矩图配合较好,但工艺复杂,故多布置成直线形,直线形布置的预应力筋不能弯起分担剪力。为提高梁的抗剪能力,可在支点附近适当加厚腹板厚度,并且将箍筋加密。

3. 后张法简支梁标准设计及构造

1)标准设计简介

道砟桥面后张法预应力混凝土简支梁跨度有 16 m、20 m、24 m 及 32 m 四种。每孔梁分成两片,每片梁架设到位后,再将两片梁间的横隔板连接起来形成整体。梁采用 T 形截面,上翼缘较宽,形成道砟槽,道砟槽板内设倾斜面,以利于排水。跨度为 16 m 的普通高度后张法预应力混凝土简支梁结构及配筋图如图 2-13 所示。

后张法早期采用拉锚体系,现在基本采用拉丝体系。后张法预应力混凝土简支梁的发展方向是:张拉锚固体系系列化,研制大吨位楔片锚具等,使用高强低松弛力筋等。

2)分片简支梁构造

主梁截面形式有板式(矩形)和肋式(T 形、π 形)。

(1)板式:跨度 ≤6 m,由于梁高低,为制造方便,采用板式截面。板下部适当减窄。由于底部支撑较宽,重心低,不会发生侧向倾覆,两片梁间无横隔板连接。

(2)肋式:跨度在 8 m 及以上的梁,由于跨度加大,梁高也相应增加,为节省材料和减轻梁重,便于架设和运输,则采用肋式 T 形截面。单片 T 梁易于侧向倾覆,运输时应在梁两侧设置临时支撑,在架梁就位时,两侧横隔板连成整体。

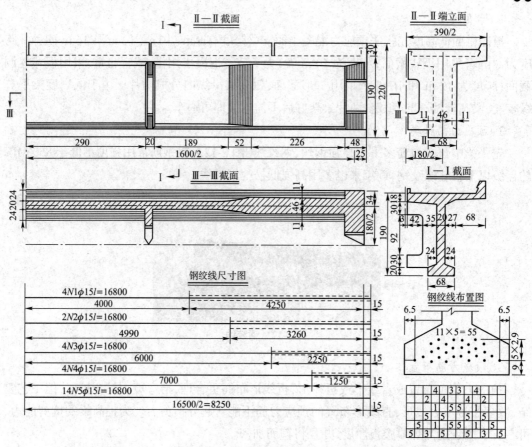

图 2-13 跨度为 16 m 的普通高度后张法预应力混凝土简支梁结构及配筋图(单位:mm)

4. 预应力混凝土槽形梁

预应力混凝土槽形梁为下承式结构,由行车道板、主梁、端横梁三部分组成。在三个方向施加预应力,即在行车道板(道床板) 上施加横向预应力,在主梁上施加纵向和竖向预应力。

槽形梁建筑高度较低,适用于净空和建筑高度有要求的场所,如城市立交桥,其缺点是结构复杂、施工难度大,混凝土用量大。

5. 整体式预应力混凝土简支梁

整体式预应力混凝土简支梁具有建筑高度低、自重较轻等优点,无砟桥面的宽度可由3.9 m 减至 2.3 ~ 2.5 m;缺点是轨面标高不易调整(难以起落道整修),工艺较复杂。其常用的截面形式是 I 形、T 形和箱形截面。

【任务 2.2 同步练习】

任务 2.3 钢桥

2.3.1 概述

钢材是一种抗拉、抗压和抗剪强度均较高的匀质材料,由于钢材的强度高,所以钢桥具有很大的跨越能力。钢桥的构件最适合采用工业化方法制造,便于运输,工地安装的速度也快,因此钢桥的施工期较短。钢桥在受到破坏后,易于修复和更换。从抢修或战备方面考虑,钢桥也较其他材料制造的桥梁优越。但是,钢材易于锈蚀,需要经常检查和按期刷油漆,故钢桥的养护费用要比钢筋混凝土桥梁高很多。为节约钢材,钢桥一般只用于跨度在 40 m 及以上的铁路桥梁。钢桥杆件的连接方式有焊接、铆接及螺栓连接。杆件在工厂组装并焊接,在工地拼装时用高强螺栓连接的钢梁称为栓焊梁,在工地拼装时用铆接连接的钢梁称为铆焊梁。

2.3.2 下承式简支钢桁梁桥

我国铁路钢桥大多采用梁式桥,主要形式有板梁和桁梁两种。当跨度大于 40 m 时,采用板梁不太经济,故应采用桁梁。桁梁也有上承式和下承式两种,如图 2-14 所示。大跨度的钢桥一般采用下承式,下承式简支桁梁主要由桥面、桥面系、主桁架、联结系、支座等组成,如图 2-15 所示。

1. 桥面

桥面有明桥面(图 2-16)和道砟桥面两种,明桥面没有道砟(图 2-17),道砟桥面与普通线路接近,供列车行进和行人行走。

明桥面由钢轨、护轨、桥枕、护木、防爬角钢、枕间板、人行道等部分组成。

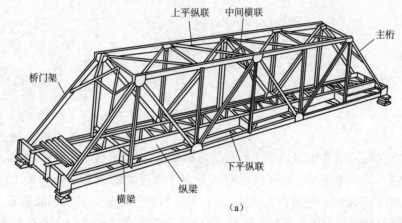

（a）

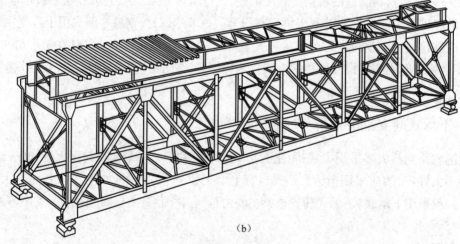

（b）

图 2-14　钢桁梁

（a）下承式　（b）上承式

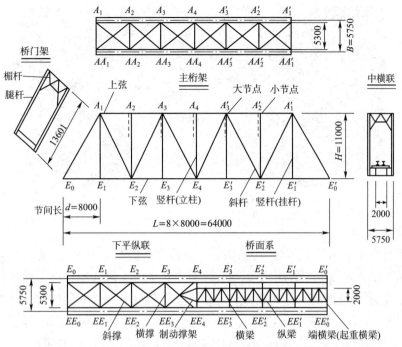

图 2-15　$L = 64$ m 单线铁路下承式钢桁梁设计轮廓图(单位:mm)

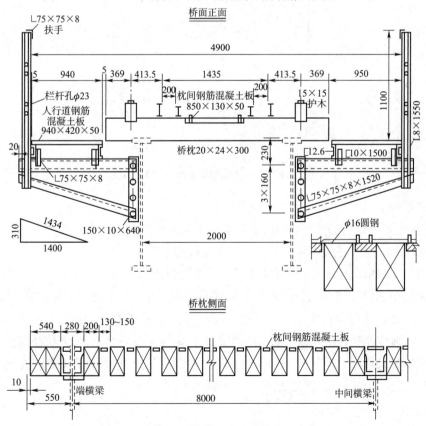

图 2-16　铁路钢桥标准明桥面(单位:mm)

图 2-17　明桥面实体图

2. 桥面系

桥面系有纵梁和横梁两部分,均采用工字形截面。横梁支承纵梁,纵梁支承桥枕,两纵梁的间距为 2 m,两纵梁间设有上平纵联和一个中横梁。下承式钢板梁桥面系如图 2-18 所示。桥枕不能铺设在横梁上,因为桥枕铺在横梁上会使横梁直接承受车轮压力和冲击,不利于清扫和排水,从而加重横梁上盖板的腐蚀,对横梁结构不利。同时,由于横梁上的桥枕弹性比支撑在两根纵梁上的桥枕弹性小,会造成轨道软硬不均,对行车不利。

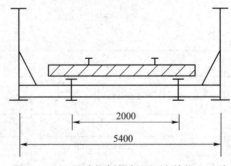

图 2-18　下承式钢板梁桥面系(单位:mm)

3. 主桁架

主桁架的作用是承受竖向荷载,将荷载通过支座传给墩台。主桁架由上弦杆、下弦杆及腹杆组成,腹杆包括斜杆和竖杆,竖杆又分为立杆和吊杆。

我国简支钢桁梁标准设计共有两种图式,如图 2-19 所示。

三角形桁架结构简单,属于静定结构,制造方便。米字形桁架,结构复杂,增加竖杆,但可以减小上弦杆的自由长度,对上弦杆的受压有利。主桁架杆件的截面形式常用的有 H 形和箱形。H 形截面杆件由两块竖板和一块水平板焊接或铆接而成,用于拉杆或长度较短、受力较小的压杆,其结构简单,但是抗扭性能不好。箱形截面主要用于长度较长、受力较大的杆件,如上弦杆、斜杆,其抗扭能力大于 H 形截面杆件。

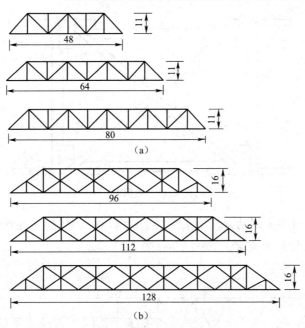

图 2-19　简支钢桁梁标准设计图(单位:m)

（a）三角形桁架　（b）米字形桁架

主桁架各杆件在节点处交会,用节点板连接起来,平纵联杆又通过水平节点板连在主桁架节点板上,组成一个整体。节点可分为大节点和小节点。大节点是弦杆、竖杆和斜杆的相交点,小节点是弦杆和竖杆的相交点。

4. 联结系

联结系的作用是与主桁架一起,使桥跨结构成为几何图形稳定的空间结构,能承受各种横向荷载。

（1）纵向联结系:位于上下弦平面内,分别称为上平纵联和下平纵联。上平纵联(图 2-20)位于上弦杆之间,下平纵联(图 2-14)位于下弦杆之间。其作用是承受横向荷载(风力、离心力、摇摆力),并把各杆件联成一体,增加刚度;横向设置支撑弦杆,以减少弦杆面外自由长度。

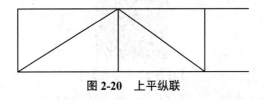

图 2-20　上平纵联

（2）横向联结系:位于桥跨结构的横向平面内。中横联(图 2-21)在桥跨中间,端横联也称桥门架。横向联结系的作用是提高桥梁抗扭能力,同时使两片主桁架受力均匀。

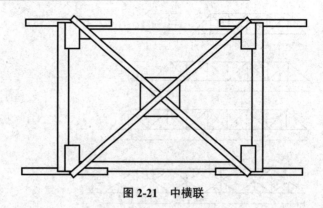

图 2-21　中横联

（3）制动撑架：可避免制动力作用在横梁上，使作用在纵梁上的制动力通过制动撑架传至主桁架，再由主桁架传至支座，如图 2-22 和图 2-23 所示。

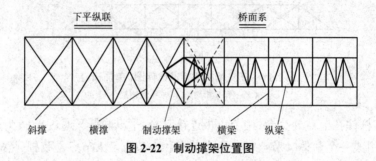

图 2-22　制动撑架位置图

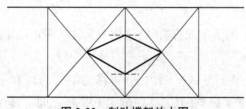

图 2-23　制动撑架放大图

【任务 2.3 同步练习】

任务 2.4　拱桥

拱桥(arch bridge)指的是在竖直平面内以拱作为结构主要承重构件的桥梁。拱桥是向上凸起的曲面,其最大主应力沿拱桥曲面作用,沿拱桥垂直方向的最小主应力为零。在重力作用下进行的粉料流出过程中可能反复出现拱桥的形成和崩解过程,此种拱桥称为动拱桥。

2.4.1　拱桥的基本特点

拱桥与梁桥的区别,不仅在于外形的不同,更重要的是两者受力性能的差别。拱桥是将桥面的竖向荷载转化为部分水平推力,从而使拱的弯矩大大减小,作为承重构件的拱圈主要承受压力,能充分利用抗压性能好而抗拉性能较差的圬工材料。

1. 拱桥的主要优点

(1)跨越能力较大。

(2)能充分做到就地取材,与钢桥和钢筋混凝土梁式桥相比,可以节省钢材和水泥。

(3)耐久性好,而且养护、维修费用少。

(4)外形美观。

(5)构造简单,尤其是圬工拱桥,技术容易被掌握,有利于广泛采用。

拱桥的转体法发展较快,同时其他施工方法也在迅速发展,这给拱桥的发展带来了很大的契机。图 2-24 和图 2-25 分别为转体法施工和拼装施工示意图。

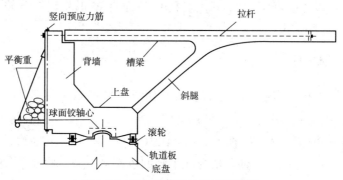

图 2-24　拱桥的转体法施工示意图

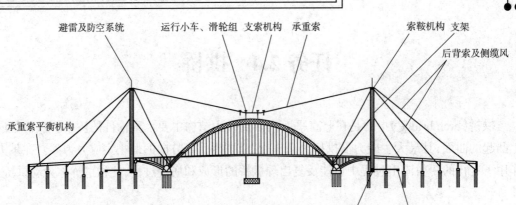

图 2-25 拱桥的拼装施工示意图

2. 拱桥的主要缺点

（1）自重较大，相应的水平推力也较大，增加了下部结构工程量，当采用无铰拱时，由于属于三次超静定结构，位移会产生内力，故对地基要求高。

（2）拱桥（尤其是圬工拱桥）一般都采用在支架上施工的方法修建，随着跨度和桥高的增大，拱桥的施工难度增加，支架或其他辅助设备的费用也大大增加，从而提高了拱桥的总造价，应改变施工方法。

（3）由于拱桥水平推力较大，在连续多孔的大、中型桥梁中，为防止一孔破坏而影响全桥的安全，需要设置单向推力墩，进一步增加拱桥造价。

（4）与梁式桥相比，上承式拱桥的建筑高度较高，当用于城市立体交叉桥及平原区的桥梁时，因桥面高程提高，而使两岸接线的工程量增大，或使桥面纵坡增大，既增大造价又对行车不利。

拱桥虽然存在以上缺点，但由于其优点突出，在条件许可的情况下，修建拱桥往往仍然是经济合理的。

2.4.2 拱桥的基本组成

拱桥由上部结构和下部结构两大部分组成，如图 2-26 所示。

拱桥的上部结构由拱圈及其上面的拱上建筑所构成。拱圈是拱桥的主要承重结构，由于拱圈呈曲线形，一般情况下车辆都无法直接在弧面上行驶，所以在桥面系与拱圈之间需要有传递压力的构件或填充物，以使车辆能在平顺的桥面上行驶。桥面系和这些传力构件或填充物统称为拱上结构或拱上建筑。桥面系包括行车道、人行道及两侧的栏杆或砌筑的矮墙等构造。拱桥的下部结构由桥墩、桥台及基础等组成。

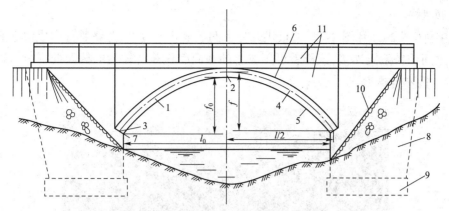

图 2-26 拱桥基本组成

1—主拱圈;2—拱顶;3—拱脚;4—拱轴线;5—拱腹;6—拱背;7—起拱线;8—桥台;9—桥台基础;
10—锥坡;11—拱上建筑;f—计算矢高;f_0—净矢高;l_0—净跨度;l—计算跨度

拱圈最高处横向截面称为拱顶,拱圈和墩台连接处的横向截面称为拱脚,拱圈各横向截面形心的连线称为拱轴线,拱圈的上曲面称为拱背,下曲面称为拱腹,起拱面与拱腹相交的直线称为起拱线。一般将矢跨比大于或等于 1/5 的拱称为陡拱;矢跨比小于 1/5 的拱称为坦拱。

2.4.3 拱桥的主要类型

1.按拱圈横截面形式分类

1)板拱桥

板拱桥(图 2-27)承重结构的主拱圈在整个宽度内砌成矩形,构造简单,施工方便。从力学性能方面看,在相同截面面积的条件下,实体矩形截面比其他形式截面的截面抵抗矩小。

图 2-27 板拱桥

2)肋拱桥

肋拱桥(图 2-28 和图 2-29)将板拱划分成两条或两条以上,并将其分离成独立的拱肋,肋与肋之间用横系梁连接,这样就可用较小的截面面积获得较大的截面抵抗矩,以节省材料,减轻拱圈本身重力。

图 2-28　上承式肋拱桥

图 2-29　中承式肋拱桥

3)双曲拱桥

双曲拱桥(图 2-30)的主拱圈在纵向和横向均呈曲线形,截面的抵抗矩较相同材料用量的板拱大很多,因此可以节省材料。另外,双曲拱桥还具有装配式桥梁的特点。

图 2-30 双曲拱桥

4）箱形拱桥

箱形拱桥的外形和板拱桥相似,由于截面挖空,使箱形截面具有较大的抵抗矩,又由于是闭口截面,故抗扭刚度也很大,横向的整体性和稳定性均较好,适用于无支架施工。

2. 按建筑材料分类

按建筑材料不同,拱桥可分为圬工拱桥、钢筋混凝土拱桥和钢拱桥。

3. 按拱上建筑形式分类

1）实腹式拱桥

实腹式拱桥（图 2-31）构造比较简单,施工方便,但自重较大,常用于跨度在 20 m 以下的拱桥。

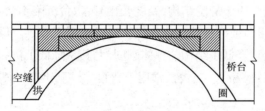

图 2-31 实腹式拱桥

2）空腹式拱桥

空腹式拱桥（图 2-32 和图 2-33）圬工体积小,桥形美观,但施工比较复杂,常用于跨度在 20 m 以上的拱桥。

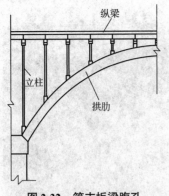

图 2-32　简支板梁腹孔

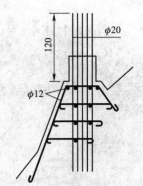

图 2-33　立柱与拱肋的刚接

4. 按拱轴线形分类

按拱轴线形的不同,拱桥可分为圆弧拱桥、悬链线拱桥、抛物线拱桥,如图 2-34 所示。

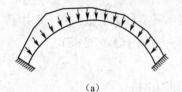
（a）

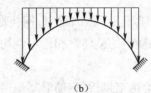
（b）

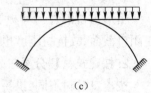
（c）

图 2-34　拱桥按拱轴线形分类

（a）圆弧拱　（b）悬链线拱　（c）抛物线拱

5. 按静力体系分类

1）三铰拱

三铰拱[图 2-35（a）]属于静定结构,温度变化时,墩台沉陷不会在拱圈截面内产生附加力。所以,在地基条件很差或寒冷地区修建拱桥时可采用三铰拱。但是由于铰的存在,使其构造复杂、施工困难,而且降低了结构的整体刚度,尤其是降低了抗震能力,因此主拱圈一般不采用三铰拱(特别是铁路桥)。三铰拱常用于空腹式拱上建筑的腹拱圈。

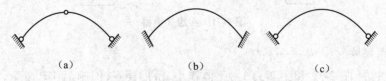

（a）　　　　　　　　　（b）　　　　　　　　　（c）

图 2-35　拱桥按静力体系分类

（a）三铰拱　（b）无铰拱　（c）两铰拱

2）无铰拱

无铰拱[图 2-35（b）]属于三次超静定结构,在自重及外荷载作用下,由于拱的内力分布比三铰拱均匀,所以它的材料用量较三铰拱省;又由于没有设铰,结构的整体刚度大,而且构造简单、施工方便,因此在实际中使用最广泛。但是无铰拱的超静定次数高(三次超静定),

温度变化、材料收缩,特别是墩台位移会在拱内产生较大的附加力,所以无铰拱一般适宜用于地基良好的场合。但随着跨度的增大,附加力的影响相对减小,因此钢筋混凝土无铰拱仍是大跨度桥梁的主要桥型之一。

3)两铰拱

两铰拱[图2-35(c)]为一次超静定结构,由于取消了跨中的铰,结构的整体刚度较三铰拱大。其受力特点介于两铰拱和无铰拱之间,故在地基条件较差而不宜修建无铰拱时,可考虑采用两铰拱。

2.4.4 拱上结构

拱圈以上的结构称为拱上结构(或拱上建筑),拱上结构有实腹式和空腹式两种。实腹式拱上结构的构造简单,施工方便,但填料数量较多,恒载较重。一般情况下,小跨度的拱桥多采用实腹式;大、中跨度的拱桥多采用空腹式,以利于减小恒载,并使桥梁显得轻巧美观。

1. 实腹式拱上结构

实腹式拱上结构由边墙、拱腹填料、护拱以及变形缝、防水层、泄水管和桥面等部分组成,如图2-36所示。两边墙间灌注低等级片石混凝土(即贫混凝土)或浆砌片石,称为砌背;也可夯填粗砂、砾石、碎石等,称为填背。因砌背便于形成道砟槽,故铁路桥中用得较多。车道两侧设人行道,外侧设栏杆(或砌矮墙,称为雉墙)。

拱顶处填料厚度(从拱顶至轨底)一般不宜小于1 m(不得已时不小于0.7 m),以消除或减小列车冲击力对拱圈的影响,并将活载均匀分布于拱圈;为便于养护,填料厚度也不宜过大。桥上道砟厚度一般为45 cm,轨枕下厚度不得小于20 cm,整个道砟槽的宽度在直线桥上不小于3.9 m。

边墙顶面宽度一般为0.5~0.7 m。为保护边墙,其顶上应盖以檐石(又称帽石),檐石伸出边墙外不小于10 cm,以避免雨水顺边墙流下,并可增加桥的美观。檐石高度不小于20 cm。

由于温度降低时会引起拱圈及拱上结构下降,并且拱上结构还会产生收缩,从而产生拉力,引起结构开裂。为避免这种现象,在拱上结构和墩台间应设置横向贯通的伸缩缝,把拱上结构和墩台断开。

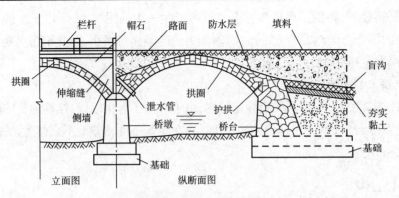

图 2-36　实腹式拱桥结构

2. 空腹式拱上结构

大、中跨度的拱桥,特别是当矢高较大时,因实腹式拱上结构的填料用量增多而导致重量过大,故而以采用空腹式拱上结构为宜,如图 2-37 所示。空腹式拱上结构除具有与实腹式拱上结构相同的构造外,还具有腹孔和腹孔墩。为使拱上结构可随拱圈自由变形,位于拱脚上方的腹拱应做成三铰拱,铰的上边墙应设伸缩缝。

图 2-37　空腹式拱桥结构

2.4.5　墩台

拱桥的墩台除承受拱圈传来的竖直压力外,还有水平推力,因此墩台尺寸较大,如图 2-38 所示。拱脚一般与水平方向成 25°~30° 的夹角,并设有拱座。

铁路石拱桥常用 U 形或带洞的桥台。U 形桥台适用于填土高为 3~9 m 时,当填土高为 10~18 m 时,可用带洞的桥台。带洞桥台比 U 形桥台节省材料,但施工较为复杂。另外,遇到坚硬外露岩层时,只需挖去岩层表面的风化层,并铺一层约 30 cm 厚的混凝土垫层,即可将拱圈直接支承在岩石上,若岩层较差,则须加筑一块钢筋混凝土底板。

图 2-38   拱桥墩台

2.4.6   桥面

当拱圈宽度在 4.4 m 及以上时,拱上结构的边墙与填充物即形成道砟槽。当拱圈宽度为 3.6 m 或 3.0 m 时,设置两边带有悬臂的钢筋混凝土道砟槽,桥面宽度为 4.9 m。拱桥面如图 2-39 所示。

图 2-39   拱桥面

【任务 2.4 同步练习】

49

任务 2.5 斜拉桥

斜拉桥又称斜张桥,是将主梁用许多拉索直接拉在桥塔上的一种桥梁,是由承压的塔、受拉的索和承弯的梁体组合而成的一种结构体系。其可看作是拉索代替支墩的多跨弹性支承连续梁。其可使梁体内弯矩减小,降低建筑高度,因而可减轻结构重量,节省材料。

2.5.1 斜拉桥的特点

预应力混凝土斜拉桥(图 2-40)是由索、梁、索塔三种基本构件组成的结构,属于组合体系桥。其主要组成部分为主梁、斜拉索和索塔。索塔上的斜拉索将主梁吊起,使主梁在跨内增加了若干弹性支点,减小了梁内弯矩,使梁高降低并减轻自重,且斜拉索的水平分力作为主梁的体外预应力,二者共同提高了梁的跨越能力,具有跨越能力大、结构经济合理、外形美观等优点。表 2-2 列出了世界上一些大跨径斜拉桥。

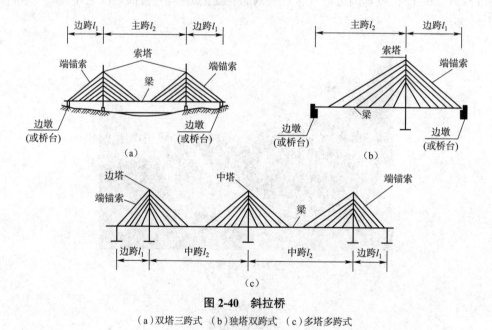

图 2-40 斜拉桥
(a)双塔三跨式 (b)独塔双跨式 (c)多塔多跨式

表 2-2 世界大跨度斜拉桥一览表

排序	桥梁名称	主跨/m	所在地	建成年份
1	多多罗大桥(Tatara)	890	日本	1998
2	诺曼底大桥(Normandie)	856	法国	1994

续表

排序	桥梁名称	主跨/m	所在地	建成年份
3	南京长江二桥	628	中国南京	2001
4	武汉白沙洲大桥	618	中国武汉	2000
5	青州闽江大桥	605	中国福州	2000
6	杨浦大桥	602	中国上海	1993
7	名港中央大桥（Meiko-Chuo）	590	日本	1996
8	徐浦大桥	590	中国上海	1997
9	斯堪桑德特桥（Skamsundet）	530	挪威	1991
10	礐石大桥	518	中国汕头	1999

2.5.2 构造类型

斜拉桥常用的主梁形式有连续梁、悬臂梁和悬臂刚构等。主梁截面采用板式或抗扭刚度较大的箱形截面。

斜拉桥的塔柱形式从桥梁立面来看，有独柱形、A形和倒Y形三种；从桥梁的横断面来看，主要有独柱形、双柱形、门形、梯形、倒V形、钻石形等多种形式，如图2-41所示。

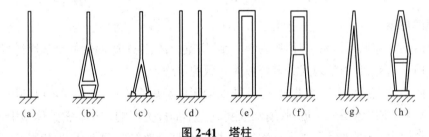

图2-41 塔柱

（a）独柱形 （b）A形 （c）倒Y形 （d）双柱形 （e）门形 （f）梯形 （g）倒V形 （h）钻石形

斜索宜用抗拉强度高、抗疲劳强度好和弹性模量较大的钢材做成。斜索的立面布置如图2-42所示，有竖琴式、辐射式、扇式和非对称式。

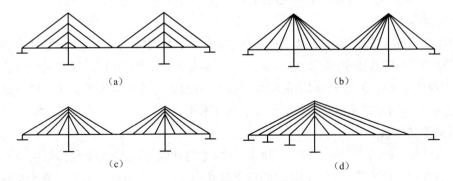

图2-42 斜索的立面布置

（a）竖琴式 （b）辐射式 （c）扇式 （d）非对称式

2.5.3 结构体系

斜拉桥的主要组成部分是主梁、斜拉索和索塔,这三者按不同的结合方式形成不同的结构体系,即飘浮体系、支承体系、塔梁固结体系、刚构体系,如图 2-43 所示。在设计中应根据具体情况选择最合适的体系。下面介绍这四种基本体系的特点。

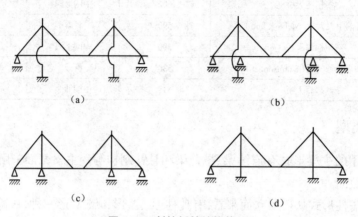

（a） （b）

（c） （d）

图 2-43　斜拉桥的结构体系
（a）飘浮体系　（b）支承体系　（c）塔梁固结体系　（d）刚构体系

1. 飘浮体系

飘浮体系又称悬浮体系,该体系塔墩固结,塔梁分离,主梁除两端外全部用缆索吊起,而在纵向可稍做浮动,其力学模式为多跨弹性支承的单跨梁。

这种体系的优点是全跨满载时,塔柱处主梁无负弯矩峰值;由于主梁可以随塔柱的变形而做刚体平移,所以索塔的温度、收缩和徐变对主梁的内力影响较小。密索体系中主梁各截面的变形和内力变化较平缓,受力较均匀;地震时允许全梁纵向摆荡,成为长周期运动,从而抗震消能,因此地震烈度较高地区可考虑选择这类体系。其不足之处是当采用悬臂施工时,塔柱处主梁需临时固结;另外,斜拉索不能对梁提供有效的横向支承,在需要抵抗风力等所引起的横向摆动时,必须增加一定的横向约束。

2. 支承体系

支承体系又称半飘浮体系,该体系塔墩固结,塔梁分离,主梁在塔墩上设置竖向支承,接近于在跨度内具有弹性支承的三跨连续梁。这种体系的主梁内力在塔墩支点处产生急剧变化,从而出现负弯矩峰值,通常须加强支承区段的主梁截面。支承体系的主梁一般均设置活动支座,在横桥方向亦需在桥台和塔墩处设置侧向水平约束。

3. 塔梁固结体系

塔梁固结体系的塔梁固结并支承在墩上,斜拉索为弹性支承,整个结构体系相当于梁顶面用斜索加强的一根连续梁。这种体系的优点是减小了塔墩弯矩和主梁中央段承受的轴向拉力;缺点是中孔满载时,主梁在墩顶处的转角位移易导致塔柱倾斜,显著增大主梁跨中挠度和边跨负弯矩,且上部结构重力和可变作用反力都需要由支座传给桥墩,这就需要设置很大吨位的支座。在大跨度斜拉桥中,这种结构体系可能要设置上万吨级的支座,支座的设计制造及日后的养护、更换均较困难。

4.刚构体系

刚构体系的梁、塔、墩互为固结,形成跨度内具有多点弹性支承的刚构。这种体系的优点是既免除了大型支座,又能满足悬臂施工的稳定要求,结构的整体刚度比较好,主梁挠度小;然而,刚度增大是由梁、塔、墩固结处能抵抗很大的负弯矩换来的,因此这种体系在固结处附近区段内主梁的截面必须加大。

2.5.4 斜拉桥发展趋势

目前,斜拉桥正朝着结构多样化、轻型化的方向发展,主要体现在以下几个方面。

1.桥面轻型化

近年来有拉索造价降低、桥面系重量减轻、结构更趋于轻巧和柔性的方向发展。在特大跨度斜拉桥中更多地采用叠合梁,从而有效地减轻了桥面系重量,提高了跨越能力。

2.塔结构的多样化

早期斜拉桥桥塔多采用钢结构,近年来越来越多地采用混凝土塔结构。倒Y形或钻石形塔可使梁体获得较高扭转自振频率以提高其临界颤振风速,大跨度斜拉桥多采用这两种类型的索塔。

3.多跨(多塔)斜拉桥

近年来,多跨斜拉桥越来越多地被采用。早期的这种结构是由里卡多(Ricardo)设计的马拉开波桥,其结构概念很清楚,即一系列具有足够刚度的索塔-预应力混凝土桁架斜拉索悬臂-支撑简支挂梁。

4.拉索新型化

随着桥梁跨度增大,拉索垂度也增大,而刚度随之降低,因此需要考虑设置辅助索。拉索防护材料现多采用聚乙烯(PE)材料外包有色聚氨酯(PU),同时抑制风雨振的高阻尼材料和阻尼器也会广泛地应用于斜拉桥上。

【任务2.5 同步练习】

任务 2.6　桥梁支座

桥梁支座是连接桥梁上部结构和下部结构的重要结构部件,位于桥梁和垫石之间,它能将桥梁上部结构承受的荷载和变形(位移和转角)可靠地传递给桥梁下部结构,是桥梁的重要传力装置。桥梁支座有固定支座和活动支座两种。桥梁工程常用的支座形式包括:油毛毡或平板支座、板式橡胶支座、球型支座、钢支座和特殊支座等。

2.6.1　支座的作用和要求

简支梁支座如图 2-44 所示,支座设置在桥梁的上部结构与墩台之间,它的作用如下。

(1)传递上部结构的支承反力,包括恒载和活载引起的竖向力和水平力,如图 2-45 所示。

(2)保证结构在活载、温度变化、混凝土收缩和徐变等因素作用下能自由变形,以使上、下部结构的实际受力情况符合结构的静力图式。

(3)固定桥跨结构。

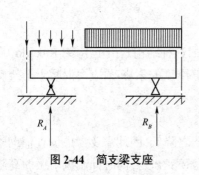

图 2-44　简支梁支座

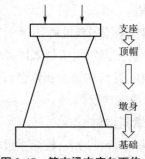

图 2-45　简支梁支座向下传力

2.6.2　支座的分类

1. 按其变位的可能性分类

支座按其变位的可能性可分为固定支座和活动支座。固定支座传递竖向力和水平力,允许上部结构在支座处能自由转动但不能水平移动;活动支座则只传递竖向力,允许上部结构在支座处既能自由转动又能水平移动。活动支座又可分为多向活动支座(纵向、横向均可自由移动)和单向活动支座(仅一个方向可自由移动),如图 2-46 所示。

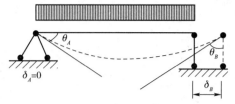

图 2-46　简支梁支座位移

2. 按材料分类

支座按材料的不同大致可分为简易支座、钢支座、钢筋混凝土支座、橡胶支座和特种支座等。

2.6.3　支座的布置

1. 布置原则

固定支座和活动支座的布置,应以有利于墩台传递纵向水平力为原则。

（1）对于桥跨结构,最好使梁的下缘在水平力的作用下受压,从而能抵消一部分竖向荷载在梁下缘产生的拉应力。

（2）对于桥墩,应尽可能使水平力的方向指向河岸,以使桥墩顶部在水平力作用下不受拉。

（3）对于桥台,应尽可能使水平力的方向指向桥墩中心,以使桥台顶部受压,并能平衡一部分台后土压力。

2. 注意事项

（1）桥梁固定支座按下列规定布置:在坡道上时,设在较低一端;在车站附近,设在靠车站一端;在区间平道上,设在重车方向的前端。上述条件相互抵触时,应先满足坡道上的要求。除特殊设计外,不得将顺线路方向相邻两孔的固定支座设在同一桥墩上。

（2）对于连续梁桥及桥面连续的简支梁桥,为使全梁的纵向变形分散在梁的两端,宜将固定支座设置在靠近桥跨中心的位置;但若中间支点的桥墩较高或因地基受力等原因,对承受水平力十分不利,可根据具体情况将固定支座布置在靠边的其他墩台上。

（3）对于特别宽的梁桥,尚应设置沿纵向和横向均能移动的活动支座。对于弯桥则应考虑活动支座沿弧线方向移动的可能性。对于处在地震地区的梁桥,其支座构造还应考虑桥梁防震的设施,通常应确保由多个桥墩分担水平力。

3. 布置方式

桥梁支座的布置方式主要根据桥梁的结构形式及桥梁的宽度确定。简支梁桥一端设固定支座,另一端设活动支座。铁路桥梁由于桥宽较小,支座横向变位很小,一般只需设置单向活动支座(纵向活动支座),如图 2-47 所示。

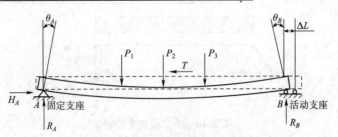

图 2-47　简支梁支座受力-位移图

连续梁桥每联只设一个固定支座。为避免梁的活动端伸缩缝过大,固定支座宜置于每联的中间支点上,但若该处墩身较高,则应考虑避开,或采取特殊措施,以避免该墩身承受水平力过大。

曲线连续梁桥的支座布置会直接影响到梁的内力分布,支座的布置应使其能充分适应曲梁的纵、横向自由转动和移动的可能性,通常宜采用球面支座,且为多向活动支座。此外,曲线箱梁中间常设单支点支座,仅在一联梁的端部(或桥台上)设置双支座,以承受扭矩,有意将曲梁支点向曲线外侧偏离,可调整曲梁的扭矩分布。

2.6.4　常用支座的类型和构造

1. 简易支座

简易支座(图 2-48)是指在梁底和墩台顶面之间设置垫层来支承上部结构,垫层可用油毛毡、石棉板或铅板等做成,以适应梁端比较微小的转动与伸缩变形的要求,并承受支点荷载。固定端可加设套在铁管中的锚钉锚固。

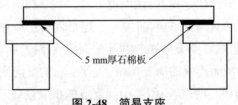

5 mm厚石棉板

图 2-48　简易支座

简易支座仅适用于跨度在 10 m 以下的公路桥和 4 m 以下的铁路板桥。由于这种支座自由伸缩性差,为避免主梁端部和墩台混凝土拉裂,宜在支座部位的梁端和墩台顶面布设钢筋网加强。

2. 钢支座

钢支座(图 2-49)是靠钢部件的滚动、摇动和滑动来完成支座的位移和转动的,其特点是承载能力强,能适应桥梁的位移和转动需要,广泛应用于铁路桥梁。钢支座常用的有铸钢支座和特种钢支座。铰接摇轴支座如图 2-50 所示。

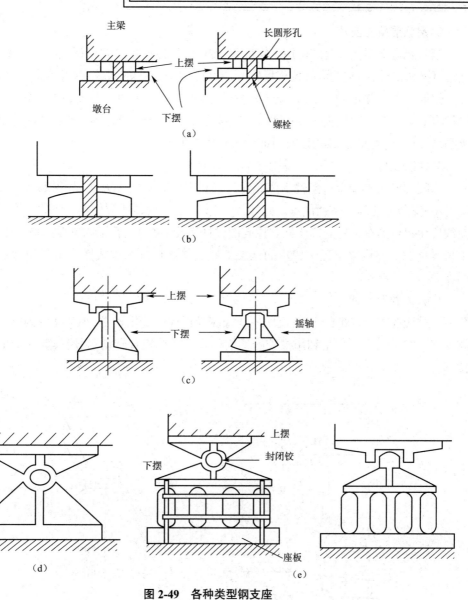

图 2-49　各种类型钢支座

（a）平板支座　（b）弧形支座　（c）摇轴支座　（d）固定铰支座　（e）辊轴支座

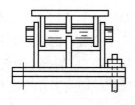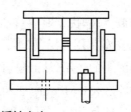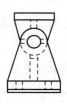

图 2-50　铰接摇轴支座

3. 钢筋混凝土支座

钢筋混凝土摆柱式支座可用于跨度大于或等于 20 m 的公路梁桥或跨度大于 13 m 的公路悬臂梁桥的挂孔,它的水平位移量较大,承载力为 5 500 kN 左右,摩阻系数为 0.05。

钢筋混凝土摆柱放在梁底与支承垫石之间,它的上下两端各放弧形固定钢支座一个。摆柱由 C40~C50 混凝土制成,柱体内一般按含筋率为 0.5% 配置竖向钢筋,同时要配置水平钢筋网,以承受支座受竖向压力时所产生的横向拉力。

4. 橡胶支座

橡胶支座与其他金属刚性支座相比,具有构造简单、加工方便、节省钢材、造价低、结构高度小、安装方便等一系列优点。此外,橡胶支座能方便地适应任意方向的变形,故对宽桥、曲线桥和斜桥具有特别的适应性。橡胶的弹性还能消减上、下部结构所受的动力作用,有利于桥梁抗震。在桥梁工程中使用的橡胶支座大体上可分为板式橡胶支座和盆式橡胶支座两类。

1) 板式橡胶支座

板式橡胶支座(图 2-51)是仅用一块橡胶板做成的适用于中、小跨度桥梁的一种简单橡胶支座。它的活动机理是利用橡胶的不均匀弹性压缩实现转动,利用其剪切变形实现水平位移。

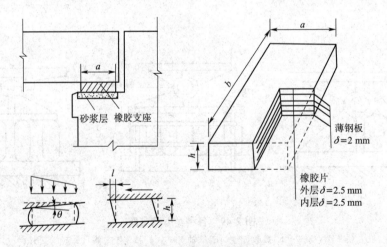

图 2-51 板式橡胶支座

无加劲层的纯橡胶支座,由于其容许压应力较小,约为 3 000 kPa,故只适用于小跨度桥梁。常用的板式橡胶支座都用几层薄钢板或钢丝网作为加劲层,由于橡胶片之间的加劲层能起阻止橡胶片侧向膨胀的作用,从而显著提高了橡胶片的抗压强度和支座的抗压刚度,其抗压容许应力可以达到 8~10 MPa,而加劲层对橡胶板的转动变形和剪切变形几乎没有影响。加劲板式橡胶支座的承载能力可达 8 000 kN,目前已广泛用于中、小跨度的铁路及公路桥梁。

2）盆式橡胶支座

盆式橡胶支座（图 2-52）是将素橡胶板置于圆形钢盆内，橡胶受压后的变形由于受钢盆的约束，处于三向受压状态，只要钢盆不破坏，橡胶就永远不会丧失承载力，以此来提高橡胶的容许抗压强度。密封在钢盆内的橡胶板，可以通过适度的不均匀压缩来实现转动，如果在其上加聚四氟乙烯板和不锈钢板，则还可以实现水平位移。因此，盆式橡胶支座可做成固定支座，也可做成活动支座，活动支座又可分为多向活动支座和单向活动支座。

在同样的载重下，盆式橡胶支座的体积（高度）和重量不到钢支座的 1/10，而且在纵向及横向均可转动和移动，在功能上优于钢支座，能满足宽桥对支座横向转动及伸缩的要求。

图 2-52　盆式橡胶支座

【任务 2.6 同步练习】

任务 2.7　桥墩类型及适用范围

桥墩是桥梁下部结构的一种，位于桥梁中间部分。它的作用是支承相邻的桥跨结构，使之保持在一定的位置，并将桥跨结构传来的荷载和它本身所受的荷载一起传给下面的地基，如图 2-53 所示。桥墩主要由顶帽、墩身、基础等三部分组成，如图 2-54 所示。桥墩的类型有重力式桥墩、轻型桥墩、拼装式桥墩等。

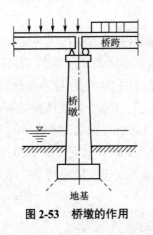

图 2-53　桥墩的作用

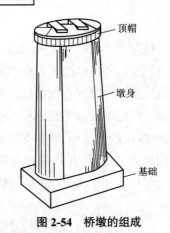

图 2-54　桥墩的组成

2.7.1　重力式桥墩

重力式桥墩也称实体桥墩,它的主要特点是依靠本身巨大的重量和建筑材料的抗压性能来承担所受的荷载及保证自身的稳定。因此,墩身截面面积较大,具有坚固耐久,抗震性能较好,对偶然荷载有较强的抵抗能力,施工简便,养护工作量小等优点,在目前铁路桥梁中应用广泛。桥墩按墩身横截面形状分主要有矩形桥墩、圆端形桥墩和圆形桥墩,如图 2-55所示。

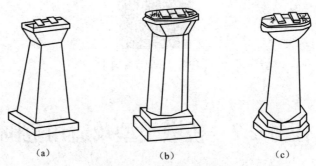

(a)　　　　　　　　(b)　　　　　　　(c)

图 2-55　常见的重力式桥墩

(a)矩形桥墩　(b)圆端形桥墩　(c)圆形桥墩

1. 矩形桥墩

矩形桥墩对水流阻碍较大,会引起较大的桥墩周围河床局部冲刷,但因其截面是矩形,外形简单,施工方便,圬工数量较省,如图 2-56 所示。其一般用于无水的旱桥和水流较小的跨谷桥。高桥墩高出设计频率水位的部分,因无水流的作用,也可采用矩形截面。

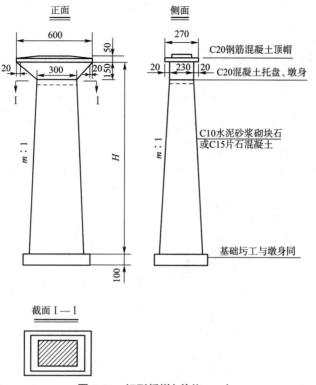

图 2-56 矩形桥墩（单位:cm）

2. 圆端形桥墩

圆端形桥墩的圆端部分对水流的阻碍较小,可减少水流对桥墩周围河床的局部冲刷,是铁路桥梁中应用最多的一种类型,一般用于水流与桥轴法线的交角小于 15° 的水中桥墩。

3. 圆形桥墩

圆形桥墩对水流的阻碍较小,各个方向都能适应水流,不过圆形截面用石料砌筑时较费工时。其适用于河道急弯、流向不固定,与水流斜交角不小于 15° 的桥梁。由于圆形截面横向与纵向具有相同的截面几何特性,故用于曲线时墩身圬工较为浪费,而在直线高墩上,由于纵向水平力的影响较大,圆形截面显然有利,且能节省圬工。

各种类型桥墩与水流的相互作用如图 2-57 所示。

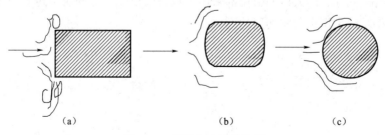

图 2-57 桥墩与水流的作用
（a）矩形桥墩 （b）圆端形桥墩 （c）圆形桥墩

2.7.2 轻型桥墩

重力式桥墩的缺点是结构粗笨,墩身及基础的圬工量大,墩身材料强度难以充分发挥和利用。为了节省圬工、减轻自重,充分发挥材料性能,可采用下列各种轻型桥墩。

1. 空心桥墩

墩高在 30 m 以上的高墩,可将实体墩改为厚壁混凝土空心桥墩,可比实体墩节省圬工 20%~30%。墩高在 50 m 以上的高墩,可采用钢筋混凝土空心桥墩(图 2-58),可节省圬工 50% 左右。近年来,滑动模板施工工艺的采用和发展为空心桥墩施工创造了较好的条件。

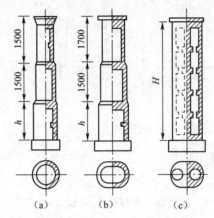

图 2-58　空心桥墩(单位:mm)

(a)单筒式圆形(台阶式)　(b)单筒式圆端形(台阶式)　(c)双筒式圆端形(等截面立柱式)

2. 桩柱式桥墩及双柱式桥墩

桩柱式桥墩亦称通天桩式桥墩,其墩身可以利用作为基础的桩延伸出地面的部分,顶帽就是连接桩柱的帽梁。其特点是构造简单,用料少,施工快,但纵向刚度较小,故它的建筑高度常受墩顶容许位移值的限制。其一般用于地基松软,跨度不大,桥墩在 8~10 m 范围内,水流流速不大的情况。

双柱式桥墩(图 2-59)的基础可为桩基或其他形式,墩身做成双柱式。墩顶的横梁与双柱组成固结在基顶上的横向刚架,圬工较省。其一般用于横向较宽的双线桥或一般引桥中,如南京长江大桥、九江长江大桥的引桥都采用了双柱式桥墩。它的使用高度一般在 30 m 以内,也有个别桥墩因采用多层刚架而达到 40 m。

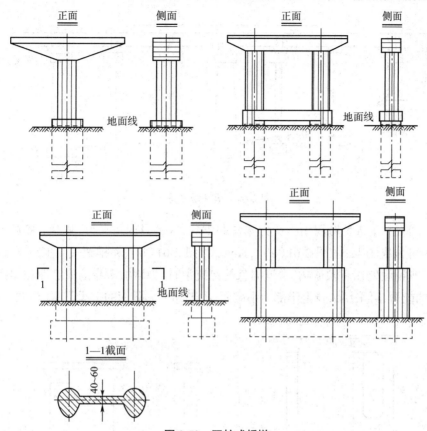

图 2-59 双柱式桥墩

3. 柔性墩

柔性墩(图2-60)是通过结构措施,将桥跨和墩台组成整体受力体系,使桥上的纵向水平力按墩台的剪力刚度分配后,只有很小一部分作用于柔性墩的墩顶。

我国目前采用柔性墩的桥梁是将简支钢筋混凝土梁或预应力混凝土梁两端均用固定支座与墩台分组联结,每隔若干孔(一般不超过5孔)设一活动支座,在两个活动支座之间结合地形设置一个截面尺寸较大的刚性墩,两端桥台也做成刚性台,其他桥墩均可做成纵向尺寸较小的柔性墩。

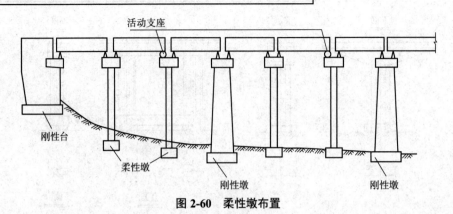

图 2-60　柔性墩布置

　　根据经验,一个柔性墩仅承担受力体系中 2%~3% 的纵向水平力,基本上接近于中心受压,其形式可做成刚架式[图 2-61(a)]、板壁式[图 2-61(b)]和排架式(图 2-62)。当墩身高度较大,或桥墩处在有漂流物、水流湍急的河流中时,为增加墩身的稳定性和加强抵抗漂流物撞击的能力,可采用墩身上半部为小截面、下半部为大截面的上柔下刚墩(图 2-63)。

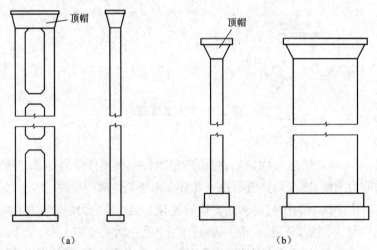

(a)　　　　　　　　　　　　　　　　(b)

图 2-61　刚架式和板壁式柔性墩

(a)刚架式　(b)板壁式

　　由于轻型桥墩结构轻巧,刚度较小,在通航或有流筏、流冰及漂流物的河流,墩身容易被撞坏、挤坏;在夹带有大量砂、石的河流上使用时,也容易磨损,故在上述情况下不宜采用。

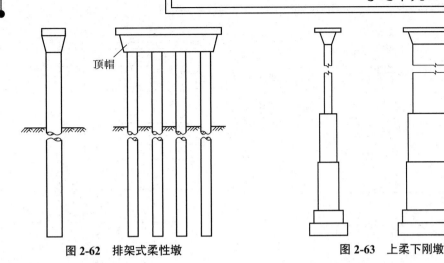

图 2-62　排架式柔性墩　　　　　　　　图 2-63　上柔下刚墩

2.7.3　拼装式桥墩

　　桥墩可就地建造或采用预制构件进行现场拼装而成。桥墩结构的拼装化,不仅能充分利用材料强度,节省圬工,还可以将构件集中在工厂或工地预制,与基础施工平行作业,再加上吊装作业的机械化,可大大加快施工进度。尤其在缺砂石、缺水以及自然条件恶劣,施工季节短的地区,采用拼装式桥墩更为合适。

　　中华人民共和国成立以来,在新建铁路线上曾采用过以混凝土砌块拼装的实体墩,然而优势不显著。在轻型桥墩方面曾做过板凳式拼装墩(图 2-64)、排架式拼装墩、预应力混凝土拼装式空心墩等。由于拼装化带来了一些需要特殊考虑的问题,例如接头部分既要牢靠又要构造简单、便于施工,另外对施工技术的要求也比较高,因此拼装式桥墩仅在特殊地区使用。

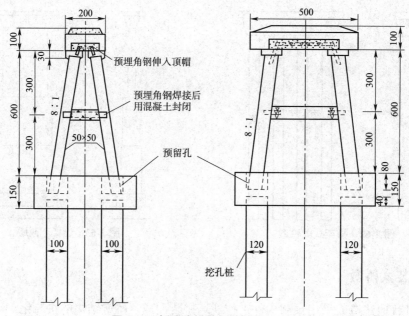

图 2-64　板凳式拼装桥墩(单位:cm)

【任务 2.7 同步练习】

任务 2.8　桥墩构造及主要尺寸拟定

桥墩结构设计的目的在于确定它的最经济合理的尺寸,使其能满足构造上的要求和强度、刚度、稳定性等方面长期使用的要求。下面介绍桥墩各部分的构造要求及主要尺寸的拟定。

2.8.1　顶帽

1. 顶帽的类型与构造

顶帽的类型有飞檐式和托盘式。8 m 及更小的普通钢筋混凝土梁配用的矩形或圆端形桥墩,其顶帽一般采用飞檐式,顶帽的形状均随墩身形状而定。10~32 m 的普通钢筋混凝土梁及预应力钢筋混凝土梁的桥墩,其顶帽常做成托盘式,以节省圬工。托盘式顶帽的顶帽形状除圆形墩采用圆端形顶帽外,其他桥墩的顶帽常采用矩形,托盘的形状则要按墩身形状的需要来确定。

顶帽的作用是安放梁的支座,将桥跨传来的集中压力均匀地分散给墩身;另外顶帽还要有一定宽度以满足架梁施工和养护维修的需要。因此,《铁路桥涵设计规范》(TB 10002—2017)对顶帽的构造有较多的规定,以保证其能发挥应有的作用。

顶帽应采用不低于 C30 的混凝土,厚度不小于 0.4 m,一般要求设置两层钢筋网,钢筋直径为 10 mm,间距为 20 cm。但对单线、等跨、跨度不大于 16 m 的钢筋混凝土梁的实体墩台顶帽,有下列情况之一时,也可不设置顶帽钢筋。

（1）无支座。

（2）当地气象条件不会使顶帽受到冻害影响,且顶帽与墩身为整体灌筑,顶帽不带托盘,厚度大于或等于 0.6 m 时。

顶帽顶面要设置不小于 3% 的排水坡(无支座的顶帽可不设)及安置支承垫石平台,垫石内应铺设 1~2 层钢筋网,钢筋直径为 10 mm,间距为 10 cm。垫石顶面应高出排水坡的上棱。设置平板支座的顶帽,宜将垫石加高 100 mm,以便于维修支座;设置弧形支座的顶帽,宜将垫石加高 20 cm,以满足顶梁时能在顶帽和梁底之间支放千斤顶。在支承垫石内还须安放固定支座底板用的支座锚栓,通常在施工时先按设计要求预留锚栓孔位,架梁时再埋入支座锚栓并固定。

采用托盘式顶帽时,托盘缩颈处是一个脆弱截面,且该截面也常为施工接缝处,故应在托盘与墩身的连接处沿周边布置一些直径为 10 mm、间距为 20 cm 的竖向短钢筋用于加强。托盘及设置短钢筋的墩身部分一般要用不低于 C30 的混凝土。图 2-65 所示为圆端形桥墩托盘式顶帽的构造,图 2-66 所示为托盘式顶帽钢筋布置图。

2. 顶帽尺寸的拟定

1）顶帽厚度

一般有支座的顶帽厚度都采用 50 cm(因顶梁或维修需要的支承垫石加高部分不包括在内),无支座的顶帽厚度可采用 60 cm。

2）顶帽平面尺寸

支座底板的尺寸及位置是决定顶帽平面尺寸的主要依据,为此应首先搞清梁的跨度 L、梁全长、梁梗中心线位置、支座底板尺寸及梁端缝隙的大小。此外,决定顶帽的平面尺寸时,还要考虑架梁和养护时移梁、顶梁的需要。

顶帽纵向宽度 C(图 2-67)可写为

$$C \geqslant c_0 + 2c_1 + c_2 + 2c_3 + 2c_4 \tag{2-1}$$

式中 c_0——考虑梁及墩台的施工误差、温度变化等因素而设置的梁缝,对钢筋混凝土或预应力混凝土简支梁,当跨度 $L \leqslant 16$ m 时,$c_0 = 6$ cm,当 $L \geqslant 20$ m 时,$c_0 = 10$ cm;

       c_1——梁跨伸过支座中心的长度,即梁全长减去跨度除以 2;

       c_2——支座底板的纵向宽度,可根据梁的资料确定;

c_3——支座底板边缘至支承垫石边缘的距离,一般为 15~20 cm,它是为了调整施工误差和防止支承垫石表面劈裂或支座锚栓松动所必需的距离;

c_4——支承垫石边缘至顶帽边缘的距离,用以满足顶梁施工的需要,当跨度 $L \leq 8$ m 时,$c_4 \geq 0.15$ m,当 8 m $< L <$ 20 m 时,$c_4 = 25$ cm,当 $L \geq 20$ m 时,$c_4 = 40$ cm。

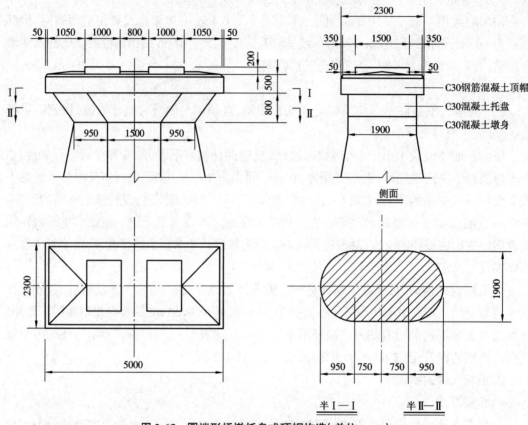

图 2-65　圆端形桥墩托盘式顶帽构造(单位:mm)

矩形顶帽的横向尺寸 B(图 2-67),可写为

$$B \geq c_5 + c_2' + 2c_3 + 2c_4' \qquad (2\text{-}2)$$

式中　c_5——梁梗中心横向间距;

c_2'——支座底板的横向宽度;

c_4'——支承垫石边缘至顶帽边缘的横向距离,为了养护作业的需要,矩形顶帽的 c_4' 不小于 0.5 m。

使用圆端形顶帽时,支承垫石角至顶帽最近边缘的最小距离 c_4' 与纵向的 c_4 相同。

对于分片式钢筋混凝土梁及预应力混凝土梁分片架立时,考虑到第一片梁横向移梁的需要及保证施工、养护人员的安全作业,顶帽横向宽度一般应采用下列数值:

(1)当跨度 $L \leq 8$ m 时,不小于 4 m;

（2）当跨度 8 m < L < 20 m 时，不小于 5 m；

（3）当跨度 L ≥ 20 m 时，不小于 6 m。

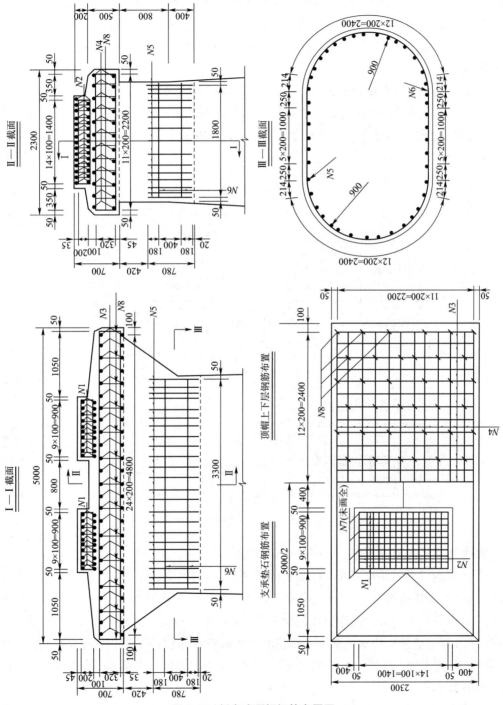

图 2-66　托盘式顶帽钢筋布置图

3）托盘式顶帽的托盘

在顶帽纵、横向尺寸较大时，为使墩身尺寸不致因此过分增大而多用圬工，常在顶帽下设置托盘将纵、横向尺寸适当收缩，一般在横向收缩较多，纵向不收缩或少收缩。

托盘顶面的形状与桥墩的截面形式有关，如矩形桥墩的托盘顶面仍是矩形，而圆形、圆端形桥墩的托盘顶面则为圆端形。托盘顶面纵、横向尺寸等于顶帽纵、横向尺寸减去两边飞檐的宽度。

托盘底面与墩身相接，它的形状应与墩身截面形状相同。托盘底面横向宽度不宜小于支座底板外缘的距离，托盘侧面与竖直线间的 β 角不得大于45°；支承垫石横向边缘外侧0.5 m 处顶帽底缘点的竖直线与该底缘点同托盘底部边缘处的连线夹角 α 不得大于30°，如图 2-67 所示。

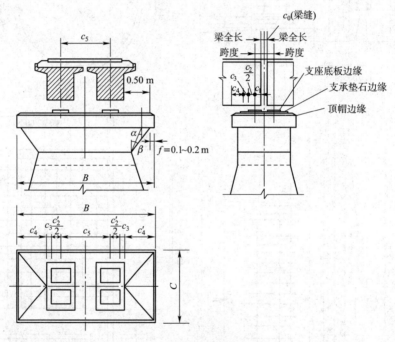

图 2-67　托盘式顶帽尺寸拟定

3. 曲线桥桥墩顶帽特点

曲线桥的梁常采用与直线上的梁相同的外形，以简化设计和制造。但为了适应曲线的线路，各孔梁应按折线布置，这就使相邻两孔梁之间的缝隙内窄外宽（其内侧梁缝的最小值要求与直线桥的相同），梁的端部和桥墩横向中心线不平行（图 2-68），梁端支座斜放在支承垫石上。因此，曲线上桥墩的垫石平面形状可做成梯形，但为了便于施工，实际上仍将垫石按曲线布置要求适当加宽加长而做成矩形。支座中心和锚栓位置则要根据曲线桥的实际布置另行计算确定。

现行各式桥墩的标准设计中，曲线上都采用如图 2-69 所示的横向预偏心桥墩。所谓预偏心,即将桥墩中心线向曲线外侧移动一定距离,而桥跨中线和支承垫石位置不动,目的是使桥跨的自重和列车竖向活载对桥墩的压力产生向曲线内侧的力矩,以平衡一部分由于列车在曲线上行驶而产生的离心力所引起的向曲线外侧的力矩。

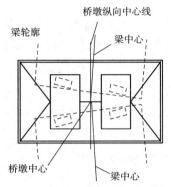

图 2-68 曲线上桥墩顶帽平面布置

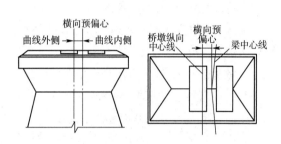

图 2-69 横向预偏心桥墩顶帽

4. 不等跨桥墩顶帽特点

当桥墩上相邻梁的跨度不等时,为了减少桥墩在荷载作用下的偏心力矩,通常将大跨梁的支座中心布置在离桥墩中心线较近的地方,使桥墩中心线与梁缝中心线错开一定的纵向距离形成纵向预偏心,如图 2-70 所示。另外,为适应不同的梁高,在小跨梁一端应加高顶帽做成小支墩。两相邻梁的梁缝规定最小为 100 mm(如在曲线上指内侧),小跨梁的梁端至小支墩的背墙距离为 50 mm,并使小支墩背墙位于梁缝中心线。顶帽(包括支墩加高部分)必须设置钢筋。

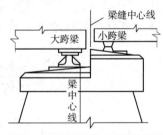

图 2-70 纵向预偏心桥墩顶帽

2.8.2 墩身

1. 墩身构造

实体墩身可根据材料供应情况采用混凝土或混凝土块砌体。为保证桥墩结构的耐久性,混凝土强度等级宜不低于C30,当采用砌体时,其水泥砂浆强度为 M20。为了节约水泥,在整体灌筑混凝土墩身时,可掺入不超过总体积20% 的片石(片石是用爆破方法开采的形状不规则的石块,石块中部最小尺寸一般不应小于 0.15 m),石料强度等级应不低于 MU50。

掺入片石的混凝土,通常称为片石混凝土。

2. 墩身尺寸的拟定

采用托盘式顶帽时,墩身顶面尺寸就是托盘底部的尺寸;采用飞檐式顶帽时,墩身顶面尺寸就是顶帽纵、横向尺寸减去两边飞檐的宽度。

墩身坡度一般用 $n:1$(竖:横)表示,n 愈大,坡度愈陡;n 愈小,坡度愈缓。当墩身较低时(约在 6 m 以内),其墩顶及墩底受力相差不大,为施工方便,可设直坡。墩身较高时,墩身的纵、横两个方向均做成斜坡,坡度不小于 20:1,具体数值应根据墩身的受力要求由试算决定。

墩身高度根据墩顶标高(由轨底标高减去梁在墩台顶处的建筑高度和顶帽高度求得)和基底埋置深度、基础厚度来确定。

墩身底部尺寸可根据墩身顶部尺寸加上 $2 \times 1/n \times$ 墩身高度来确定。

2.8.3 基础

基础承受墩身传来的上部荷载并将其传至地基,基础的类型和尺寸应根据上部荷载和地基的承载力而定,这里仅简单介绍对扩大基础的构造要求和尺寸的拟定。

为了将墩(台)所受的荷载安全地传至地基,常将基础平面尺寸自上而下予以扩大,以适应地基承载力的要求,这种基础称为扩大基础(图 2-71)。扩大基础一般是从地面直接开挖基坑而修筑的基础,故也称明挖基础。扩大基础埋置深度较浅、施工简单、应用较广。

1. 基础埋置深度

基础埋置深度是指基础底面至地面(河床无冲刷时)或局部冲刷线(有冲刷时)的距离(图 2-72)。为了保证墩台不致因外界自然现象的影响而失去稳定,《铁路桥涵地基和基础设计规范》(TB 10093—2017)对扩大基础的基底埋深有下列要求。

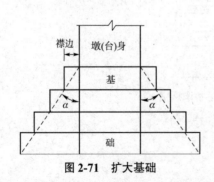

图 2-71 扩大基础

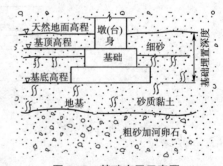

图 2-72 基础底层示意图

(1)由于水流在桥墩周围产生冲刷坑,基础必须埋设在最大冲刷线以下一定的深度。故《铁路桥涵地基和基础设计规范》(TB 10093—2017)规定,对于一般桥梁,基底最小埋深为墩(台)附近最大冲刷线下 2 m 加冲刷总深度(自计算冲刷的河床面算起的一般冲刷与局部冲刷深度之和)的 10%;对于特大桥(或大桥)或属于技术复杂、修复困难或重要的桥梁,最小埋深为最大冲刷线下 3 m 加冲刷总深度的 10%。

（2）土会因冻胀而隆起,因解冻而融沉,会使建在其上的墩台基础随之升降,并影响其正常使用甚至损坏。为此《铁路桥涵地基和基础设计规范》(TB 10093—2017)规定,对于冻胀土、强冻胀土和特强冻胀土,基底应埋置在冻结线(当地土层的最大冻结深度)以下不小于 0.25 m;对于弱冻胀土,应不小于冻结深度。有关季节性冻土的分类可见《铁路桥涵地基和基础设计规范》(TB 10093—2017)附录。

（3）地表土易受外界气温与湿度等因素的影响,也易受动植物的扰动,故即使无冲刷(或有铺砌防冲时)和冻胀等问题,一般情况下也要求基底埋深在地面以下不小于 2.0 m,特殊困难情况下不小于 1.0 m。

按上述三条规定来确定的基础埋深是保证基础不受自然现象危害的最小埋深,也是保证基础安全的先决条件和最低要求。结合土质条件,在最小埋深以下各土层中,找一个埋深较浅,承载力较高的土层作为支承基础的持力层,从而确定基础的埋置深度。当土层较复杂时,可能会有不同的埋深方案,这就需要从技术、经济和施工条件等方面加以比较后选定。

建于岩石上的基础,可以不受上述最小埋置深度的限制,一般仅需将风化层清理后,即可埋置基础。但对于抗冲刷性能较差和风化破碎严重的岩层,应根据具体情况确定基础的埋置深度。

实体桥墩基础的材料可采用混凝土块砌体、混凝土或片石混凝土,混凝土强度等级不得低于C25。在年最冷月份平均温度为 -15~-5 ℃或 -15 ℃以下的地区,其混凝土强度等级则不应低于C30;当采用砌体时,其水泥砂浆强度为M20。

2. 基础尺寸的拟定

在矩形或圆端形桥墩的基础中,基础的平面形状常做成矩形,圆形桥墩的基础则常做成八角形。

基础尺寸与上部传来的荷载大小(与桥跨类型和跨度,桥墩类型和高度等有关)及地基承载力的大小密切相关。为了便于施工和节省工程量,基础多采用每层厚 1 m 的逐层扩大的形式。当传来的荷载大时,基础就要厚些,也就是基础层数多些;当地基承载力大时,基础厚度可薄些,基础层数少些。如设置在岩层上的基础,一般有一层 1 m 厚的基础即可,而设置在非岩石地基上的基础,则应根据其荷载及地基土的好坏选用厚度为 1~4 m 的基础。

基础顶部位置可从初步拟定的基础埋深和厚度推算,但为了美观,推算所得的基顶位置不宜高于最低水位,如地面高于最低水位且不受冲刷时则不宜高于地面。

基础的台阶宽度(襟边宽度)最小为 0.20 m,以便于施工立模和调整可能出现的误差。台阶的最大宽度要满足材料刚性角的规定。单向受力基础(不包括单向受力圆端形桥墩采用矩形的基础)各层台阶两正交方向(顺桥轴方向和横桥轴方向)的坡线与竖直线所成夹角,对于混凝土基础不应大于 45°;双向受力矩形墩台的各种形状基础以及单向和双向受力的圆端形桥墩采用的明挖矩形基础,其最上一层基础台阶两正交方向的坡线与竖直线所成夹角,对于混凝土基础不应大于35°。

【任务 2.8 同步练习】

任务 2.9　桥台类型及适用范围

桥台是位于桥梁两端,支承桥梁上部结构,并和路堤相衔接的建筑物。其功能除传递桥梁上部结构的荷载到基础外,还具有抵挡台后的填土压力、稳定桥头路基、使桥头线路和桥上线路可靠而平稳地连接的作用。桥台一般是石砌或素混凝土结构,轻型桥台则采用钢筋混凝土结构。

桥台一般由台顶(顶帽、道砟槽)、台身、基础三部分组成,如图 2-73 所示。桥台的类型应根据台后路堤填土高度、桥梁跨度、地质、水文及地形等因素来确定。

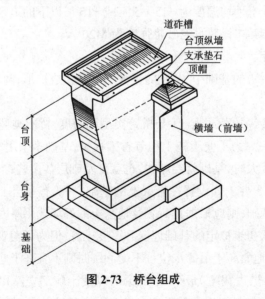

图 2-73　桥台组成

2.9.1　重力式桥台

1.U 形桥台

U 形桥台(图 2-74)的台身横截面是 U 形,桥台后面的中空部分用土料填实以节省部分圬工,但中间填土部分容易积水,如发生冻胀,还易使两翼墙裂损,影响使用寿命,所以翼墙间宜填充渗水性土壤,并应有良好的排水设施。一般单线 U 形桥台适用于填土高度 $H \leqslant 4$ m、梁跨度 $L \leqslant 8$ m 的情况。

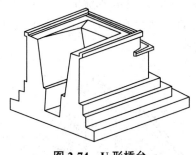

图 2-74 U 形桥台

2.T 形桥台

T 形桥台(图 2-75)台身由前墙和与其垂直的后墙组成 T 形,前墙支承上部结构,后墙平行线路,墙顶设道砟槽,承托桥跨和路堤间的线路上部建筑,具有结构合理、适应性较强、圬工量较省的优点。但 T 形桥台的纵向长度是根据锥体填土的构造要求和锥体填土的坡脚不超出桥台前缘的条件来确定的,故填土较高时,桥台纵向长度、台身及基础的长度也较长,导致圬工量增大。与 U 形桥台相比,T 形桥台适用的填土高较大($H = 4 \sim 12$ m),配用梁的跨度范围较广($L = 5 \sim 32$ m)。与下述埋式和耳墙式桥台相比,T 形桥台的基底面积较大,可适用于地基承载力较低的场地。

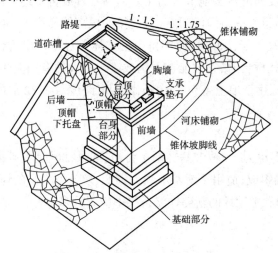

图 2-75 T 形桥台及锥体填土示意图

3. 埋式桥台

当填土高较大时,如仍限制锥体填土坡脚不超出桥台前缘,将使桥台很长而不经济。为了缩短桥台长度和节省圬工量,可将桥台前缘后退,使桥台埋入锥体填土中形成埋式桥台(图 2-76)。

埋式桥台台身横截面一般采用矩形,结构较简单,台身前后均有坡度,可根据其受力情况进行调整而做成向路堤方向后仰的形式。埋式桥台的锥体将伸入河中,减少过水面积,同时锥体也易被水流冲坏。所以,在桥台处有水流的情况下选用埋式桥台时,应比较其利弊,在跨越河谷的高架旱桥中使用埋式桥台常较为有利。后仰矩形埋式桥台可用于填土高度为 8~20 m、跨度为 16~32 m 的情况。

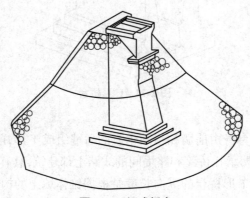

图 2-76　埋式桥台

4. 耳墙式桥台

耳墙式桥台(图 2-77)用两片钢筋混凝土耳墙代替台尾一部分实体圬工与路堤相连,从而缩短了实体台身长度而能较多地节省圬工。但两片耳墙位于地面较高部位,其施工工艺的要求较高,如施工质量不高,在耳墙与台身连接的根部较易产生裂缝,为此也要求耳墙不宜做得太长。当填土高大于 7 m 时,此类桥台的锥体往往也伸出桥台前墙形成埋式桥台。当耳墙式桥台形成埋式桥台时,它只能在干沟或流水不大并有相应防护措施的情况下才采用。耳墙式桥台一般可用于填土高为 3~10 m,配用梁跨度为 6~32 m 的情况。

2.9.2　桩柱式桥台

桩柱式桥台(图 2-78)是一种桩基轻型桥台,它的桩柱既是基础也是台身,台顶部分由帽梁、两侧耳墙及胸墙组成,适用于地基承载力较低、填土不太高的情况。其在我国公路桥梁中使用较早,在沿海软土地区的新建铁路桥梁中应用较多。

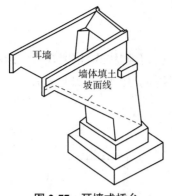

图 2-77　耳墙式桥台

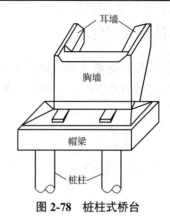

图 2-78　桩柱式桥台

2.9.3　锚碇板桥台

锚碇板桥台(图 2-79)是在台后设置由挡土板、拉杆和锚碇板组成的锚定结构来承受土压力,以达到本身轻型化的一种桥台。挡墙可用整体式或预制的钢筋混凝土立柱与挡土板拼装而成,钢拉杆一端与立柱连接,另一端与锚碇板连接。在图 2-79(a)中,墙后土体的侧压力通过墙传至拉杆,拉杆的力由土体抗剪强度对锚碇板所产生的抗拔力来平衡。它的台身与锚碇结构分开,土压力全部由锚碇结构承受,台身仅受桥跨传来的竖向压力和水平力,相当于一个桥墩的作用。这种分离式锚碇板桥台,受力明确,但构件较多,且施工工艺较复杂,操作也不方便。锚碇板桥台的另一种形式是将台身和挡墙合为一体,形成整体式桥台,如图 2-79(b)所示。整体式桥台与分离式桥台相比,它的构造简单,施工方便,材料也较省,但台顶位移尚难以较精确的估算。

锚碇板桥台采用锚碇结构承受土压力,改变了重力式桥台靠自重来平衡土压力的受力状态,使桥台向轻型化发展,可节省圬工 50%~70%,并大幅度降低造价(约 50%)。

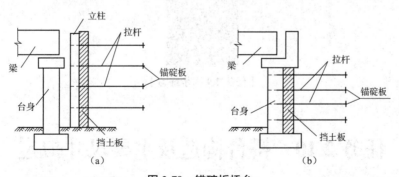

图 2-79　锚碇板桥台

(a)分离式桥台　(b)整体式桥台

2.9.4 拼装式桥台

拼装式桥台的形式和发展情况与拼装式桥墩差不多,有砌块式、排架式(图2-80)、构架式和桩柱式等,目前仅在一些缺乏砂、石、水的地区或多年冻土等特殊地区应用。

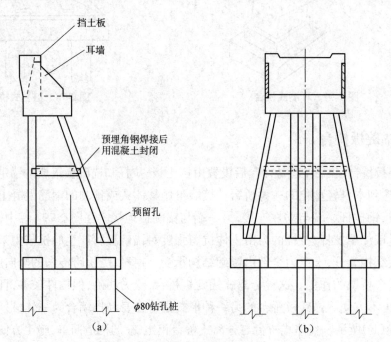

图 2-80 排架式拼装桥台
(a)侧面 (b)正面

【任务 2.9 同步练习】

任务 2.10 桥台构造及主要尺寸拟定

2.10.1 台顶部分

桥台顶帽底面线以上部分称为台顶部分,在 T 形桥台中,台顶部分由顶帽、道砟槽和承托道砟槽的台顶圬工组成。顶帽底面线在 T 形桥台后墙和 U 形桥台翼墙中,同时也是材料分界线,它的上下两部分采用了不同强度等级的圬工材料。

1. 台顶道砟槽

道砟槽是用来铺放道砟、承托轨枕和钢轨等线路设备的,道砟槽的两侧及前端有挡砟墙,以防道砟向外坍落。道砟槽宽度应使道砟坡脚落于挡砟墙内侧,为此要求新建 I 级铁路道砟桥面的道砟槽,挡砟墙内侧距线路中心不应小于 2.2 m,轨下枕底道砟厚度不应小于 0.3 m;新建 II 级铁路道砟桥面的道砟槽,挡砟墙内侧距线路中心不宜小于 2.2 m,轨下枕底道砟厚度不应小于 0.25 m。桥上应铺设碎石道砟,道砟桥面枕底应高出挡砟墙顶不小于 0.02 m,以便抽换道砟槽内的轨枕。U 形桥台利用翼墙顶作为侧面挡砟墙,耳墙式桥台利用耳墙顶部作为侧面挡砟墙,T 形桥台及埋式桥台因台身宽度较道砟槽窄而采用托盘式道砟槽。道砟槽前端直立的挡砟墙又叫胸墙,胸墙中心是桥台定位的控制点,胸墙线就是桥台的横向中心线。

为防止雨水渗入台顶圬工,引起圬工冻胀开裂并侵蚀道砟槽内的钢筋,影响结构的使用寿命,道砟槽顶面应有不小于 3% 的流水坡和防水层设施。现有标准设计的 T 形桥台及埋台的道砟槽顶面均做有人字形横向流水坡(流水坡垫层由贫混凝土做成),道砟槽两侧设泄水管,将水排入河床;但 T 形桥台或埋台在雨水极少的西北地区,桥台道砟槽顶面可在流水坡面上铺一层 10 mm 厚的沥青砂胶防水层。U 形桥台和耳墙式桥台的台顶则设纵向流水坡,但为了保证台顶水不流入路堤内,需在 U 形槽和台后路基的顶面上做由石灰、炉渣、黏土组成的三合土隔水层和泄水沟排水;U 形桥台的混凝土道砟槽(台顶和翼墙顶)和耳墙式桥台的道砟槽(台顶和耳墙切角及梗肋顶)铺设 10 mm 厚沥青砂胶防水层,它们的 U 形槽内均涂二层热沥青的防水层。

台顶道砟槽两侧应设置与桥跨一致的人行道,一般是采用角钢人行道支架及在支架上铺设人行道步板的形式。

2. 顶帽

桥台顶帽的作用和构造要求与桥墩顶帽基本相同,故桥台顶帽主要尺寸拟定的原则和各项规定与桥墩顶帽基本相同,如图 2-81 所示。

桥台顶帽的纵向尺寸为

$$d \geqslant c_0 + c_1 + \frac{c_2}{2} + c_3 + c_4 \tag{2-3}$$

式中 c_0——梁台缝(梁跨与桥台胸墙间的空隙),对跨度 $L \leqslant 16$ m 的梁,一般为 60 mm,对跨度 $L \geqslant 20$ m 的梁,一般为 100 mm;

c_1、c_2、c_3、c_4——各值与桥墩部分所述相同。

一般顶帽的飞檐为 0.10~0.20 m,故桥台前胸墙前缘至胸墙间的距离 $d_0 = d - d_5$。

桥台顶帽横向尺寸的拟定方法与桥墩顶帽相同。一般对跨度 $L \leqslant 8$ m 的梁,顶帽横向尺寸 B 不小于 4 m;对 8 m $< L <$ 20 m 的梁,B 不小于 5 m;对 $L \geqslant 20$ m 的梁,B 不小于 6 m。

3. 桥台长度

桥台长度是指胸墙前缘到台尾的长度,也是道砟槽的长度,它是根据填土高度和《铁路桥涵设计规范》(TB 10002—2017)对桥台与路堤连接的有关规定来确定的,其具体方法如下。

1)非埋式桥台

非埋式桥台(图 2-82)的锥体坡脚不超出桥台前缘,该式桥台长度的拟定步骤如下。

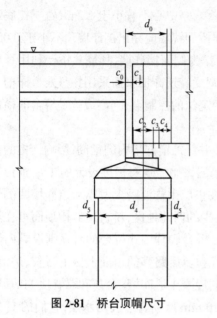

图 2-81　桥台顶帽尺寸　　　　图 2-82　非埋式桥台长度拟定

（1）在设计图上将桥台前缘与铺砌面或一般冲刷线的交点当作坡脚点①,这时将路肩至铺砌面或一般冲刷线的高度作为填土高度 H。

（2）为了保证锥体填土的稳定,锥体坡面与桥台侧面相交线的坡度应符合:在路肩以下第一个 6 m 的高度不得陡于 1:1;6~12 m 的高度,不得陡于 1:1.25;大于 12 m 时,不得陡于 1:1.5。根据填土高及锥体坡面的规定,自坡脚点①将锥体坡面线在设计图上作出,从而决定锥体在路肩高度处的位置②。

（3）桥台台尾上部应伸入路堤最少 0.75 m,以保证桥台与路堤的可靠连接。按此要求从②点水平地向路堤方向延伸 0.75 m 即可确定台尾位置③和求得桥台长度 d_1。

（4）为保护支座,使其不被冰雪或杂物污染阻塞,还应保证支承垫石后缘至锥体填土坡面的距离不小于 0.3 m。

2)埋式桥台

埋式桥台的锥体坡度、锥体坡面与垫石后缘的距离及台尾伸入路基的要求与非埋式桥台相同,但埋式桥台的锥体可伸出桥台前缘。

埋式桥台的长度拟定步骤是先按锥体坡面与垫石后缘不小于 0.3 m 的要求作 1:1 坡

面线与路肩线相交于①点;再自①点水平地向路堤方向延伸 0.75 m 定台尾位置②和得出桥台长度 d_1;然后按要求画全锥体坡面线,如图 2-83(a)所示。为了使伸入桥孔后的锥体能保持稳定,《铁路桥涵设计规范》(TB 10002—2017)要求锥体坡面线与桥台前缘相交处应高出设计频率水位 0.25 m。当按上述步骤拟定的桥台长度不能满足所述要求时,应在设计频率水位加 0.25 m 处增设一平台,将锥体坡面前移,如图 2-83(b)所示。如前移锥体影响桥孔,可适当加长桥孔将桥台后移。

此外,《铁路桥涵设计规范》(TB 10002—2017)规定,钢筋混凝土刚架桥和桩排架桥的锥体坡面的坡度(顺桥向)应不陡于 1:1.5。

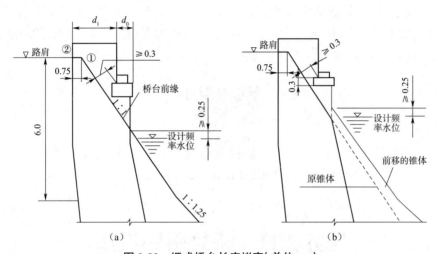

图 2-83　埋式桥台长度拟定(单位:m)
(a)埋式桥台的长度拟定　(b)锥体坡面前移情况

2.10.2　台身

台身是顶帽底面线以下基础顶面以上的部分。台身的横截面形状通常是桥台命名的根据,所以桥台类型确定后,也就确定了台身的截面形状。T 形桥台的前墙承托顶帽,后墙承托台顶道砟槽。

后墙背部常做成后仰的形式,使台身的底部重心前移,以减小竖向力所产生的向前力矩,也使台背的土压力有所减少。台身前墙表面常做成竖直的以免减小桥跨净空;但也有为了适应受力的需要,将台身前墙表面做成向前的斜坡,台身两侧表面常做成竖直的。

台身纵向尺寸与桥台长度有关,横向尺寸与台顶部分尺寸有关。为了节省圬工,在可能的条件下,桥台的顶帽及道砟槽下均做托盘以缩小台身的尺寸。至于台身高度,须在基础尺寸拟定后才能确定。

2.10.3 基础

桥台基础的基底埋深、刚性角、襟边宽度和基顶位置等构造要求均与桥墩相同。拟定尺寸时,通常先按冻胀、冲刷等自然条件确定最小埋深,然后再结合土层承载力情况选定合适的持力层。T形桥台基础平面形状为适应台身形状可做成T形,但当地基比较松软,所受荷载又较大,每层基础的台阶宽已按刚性角放足,而基底面积仍不能满足地基强度要求时,除了增加基础总厚度和扩大底面积外,也可将锥体填土所包盖的T形台身加宽为矩形,这时T形桥台的基础也做成矩形并加大基底面积。其他形式桥台基础平面形状一般均做成矩形。由于桥台后受土压力,拟定基础尺寸时应使基底形心适当前移,因此后端襟边常采用较小值,前端襟边则采用较大值。至于尺寸的具体拟定则应根据桥台所支承的梁的跨度、填土高度及地基承载力等因素,参考同类设计考虑。

【任务 2.10 同步练习】

任务 2.11　桥梁附属设施

在设计桥梁建筑物时,应考虑有关的附属设施。

2.11.1 检查设备

为经常检查桥梁建筑物各部位的情况和保证桥梁养护维修人员的正常工作及操作安全,需要在桥梁的不同部位配备与其相应的检查设备。

当梁的跨度大于 10 m,墩台顶帽面至地面的高度大于 4 m 或桥下是经常有水的河流时,墩台顶应设置围栏、吊篮及检查梯。检查墩台的侧面时可设移动的梯子或小船。

1. 围栏

围栏是保证养护人员操作安全的设备。围栏为栅栏式,一般高 1 m,立柱用圆钢或角钢埋入墩台顶帽。

2. 吊篮

吊篮供进行检查或维修时,穿越梁部左右侧及梁端部进行工作之用。通常桥台设单侧吊篮,桥墩设双侧吊篮(图 2-84)。一般采用预先焊好的角钢支架,以预埋的 U 形螺栓固定在桥墩台的托盘或顶帽上，吊篮里的步行板可铺设钢筋混凝土板。

3.检查梯

检查梯是便于从桥面下到达墩台顶及进行支座检查用的设备。

4.简易台阶

当桥头路堤高度大于3 m时，应根据需要在路堤边坡上设置简易台阶(图2-85)。大、中桥一般在上下游交错处各设置一个，小桥则在上游设置一个。

长、大及重要的桥梁应根据构造特点和需要，设置专门的检查设备。

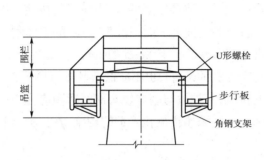

图 2-84　围栏、吊篮示意

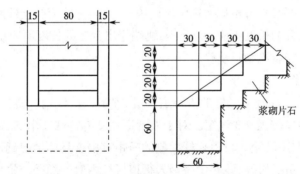

图 2-85　检查台阶(单位:cm)

2.11.2 桥上护轨及避车台

道砟桥面的构造与路基上的轨道基本相同，但还需要按规定铺设护轨、人行道、避车台。

1.护轨的作用

护轨设于基本轨内侧，当机车车辆在桥头或桥上脱轨时，能将脱轨车轮限制于护轨与基本轨之间的轮缘槽内，以免机车车辆撞击桥梁或自桥上坠下造成重大事故。此外，也有可能帮助已脱轨的机车车辆的车轮重新爬上基础轨，所以它是重要的安全设施。

2.护轨的类型

护轨分为桥梁护轨、道口护轨、道岔护轨、曲线防磨护轨、曲线防脱线护轨等五种。护轨一般规定采用旧轨。正线铺设的护轨一般不应小于38 kg/m。护轨接头应采用相同轨型的接头夹板连接,螺母应安装在轮缘槽外侧。

3. 护轨铺设的条件

《铁路桥涵设计规范》(TB 10002—2017)规定,在下列情况下应铺设护轨:

(1)桥长大于或等于 10 m 的小桥,当曲线半径小于或等于 600 m,或桥高(轨底至河床最低处)大于 6 m 时;

(2)特大桥及大中桥;

(3)跨越铁路、公路、城市交通要道的立交桥。

多线桥各线均应铺设护轨。三线及以上的桥,当各线的桥面分别设于分离式的桥跨结构上时,各线均应铺设护轨;当各线铺设于同一桥跨结构(如整体刚架桥)上时,可仅对两外侧线铺设护轨。桥上护轨宜采用不小于 43 kg/m 的钢轨。

护轨顶面不应高出基本轨顶面 5 mm,也不应低于基本轨顶面 25 mm。

不采用机械化养护的桥梁,其护轨与基本轨头部间净距应为 200 mm。当铺设 60 kg/m 基本轨时,其净距应为 220 mm。采用机械化养护的桥梁,其护轨与基本轨头部间净距应符合有关规定。

4. 护轨铺设的范围

护轨伸出桥台挡砟前墙以外,平行于基本轨部分的直段不应小于 5 m,当直线上桥长超过 50 m 及曲线上桥长超过 30 m 时,应不小于 10 m,然后弯曲交会于线路中心,并将轨端切成斜面联结。弯轨部分的长度不应小于 5 m,轨端超出台尾的长度不应小于 2 m。自动闭塞区间在护轨交会处应安装绝缘衬垫。

5. 人行道、避车台

道砟桥面桥梁应设置双侧带栏杆的人行道,以供养护人员使用。桥上线路中心至人行道栏杆内侧的最小净距应按表2-3确定。对于人行道宽度有特殊要求的特大桥和人烟稀少地区的桥梁,其桥上线路中心至人行道栏杆内侧的净距宜根据具体情况确定。在个别情况下,当桥上允许非养护人员通过时,线路中心至人行道栏杆内侧的净距应根据具体需要考虑,并在人行道与线路之间采取可靠的安全分隔措施。

在不考虑大型养路机械的桥上,养路机械可由避车台存放,人行道不考虑由于养路机械化的需要而加宽。特大桥上无电源时,避车台除考虑存放养路机械外,还应考虑养路机械发电机组作业的需要,每隔 500 m 宜加大一处避车台。采用大型养路机械的铁路桥梁不再设养路机械作业平台。在两台尾之间,沿桥梁全长每隔 30 m 左右,应在人行道栏杆外侧各设置避车台一座。单线桥应在两侧人行道上按间隔 30 m 左右交错设置避车台;双线及多线桥应在每一侧各相距 30 m 左右设置避车台。线路中心至避车台内侧的净距不小于 4.25 m,避车台应尽量设在桥墩处。

表 2-3　桥上线路中心至人行道栏杆内侧的最小距离　　　　　　　　　　　　　　单位:mm

类　别		桥上线路中心至人行道栏杆内侧的最小距离		
		直线上的桥和 $R > 3\,000$ m 曲线上的桥	曲线上的桥	
			600 m $\leq R \leq 3\,000$ m	$R < 60$ m
区间内的小、中、大、特大桥	明桥面	2.45	2.70	3.00
	道砟桥面	3.00	3.25	3.50
车站内的小、中、大、特大桥	明桥面	3.00	3.25	3.50
	道砟桥面	3.20	3.50	3.50
牵出线和梯线上的小、中、大、特大桥	明桥面	3.50	3.50	3.50
	道砟桥面	3.50	3.50	3.50

2.11.3　桥上通信和供电设备

通信、信号线路可采用在桥上设置通信、信号电缆槽的方式过桥。

电力线路过河,当河流水面不宽时,可采用架空明线过河;当河流水面较宽时,可采用桥上设置电力电缆槽的方式过桥。在电力牵引或预定为电力牵引的铁路上,当桥长在 40 m 以上时,应在墩台上设置或预留设置接触网支架的位置,曲线地段一般设在外侧,直线地段可根据桥梁两端连接情况确定设在左侧或右侧。线路中心线距接触网支柱内侧最小距离不应小于 2.8 m。

圬工梁上的电缆槽可设在人行道支架的下方或人行道的外侧。明桥面梁上的电缆槽为便于检查、维修与养护,可设在人行道的外侧。

2.11.4　锥体填土及锥体护坡

锥体填土的作用是加强桥台与路基的连接并包裹桥台,增加桥台的稳定性,锥体填土宜用渗水土填筑。锥体护坡的作用是保护锥体填土和桥头路堤免被水流冲刷,以保证线路的稳定,一般以全高防护,并根据水流流速、流冰、流木等情况决定防护标准,其坡脚埋入深度应考虑一般冲刷的影响。

2.11.5　台后填土及排水设施

为排除台后积水,保证台后线路稳定和减小台后土压力,缩小桥台与路堤之间的刚度差异,减小列车通过时桥台与路堤之间的变位差,降低列车与轨道结构之间的冲击影响,提高列车运行的平稳性、舒适度,延缓结构物和车辆的损坏,需在台后的一定距离之内设置过渡段(图 2-86)。台后基坑应以混凝土回填或以碎石分层填筑压实。

过渡段的基床表层填料和压实标准与相邻基床表面相同,基床表层以下应选用 A 组填料,压实标准应与基床表层相同。当过渡段浸水时,浸水部分的填料还应满足渗水土的要求。

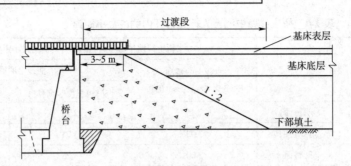

图 2-86 路桥过渡段设计图

【任务 2.11 同步练习】

复习思考题

2-1 选择梁的截面形式需考虑哪些因素？

2-2 钢桁梁由哪几部分组成？ 各部分的构造及作用是什么？

2-3 画出拱桥的构造布置图,指出各部分的名称及作用,并标出拱圈的净跨度、净矢高、计算跨度和计算矢高,说明伸缩缝的作用。

2-4 斜拉桥有何特点？ 它由哪些部分组成？

2-5 桥梁支座的作用是什么？ 布置支座时应注意哪些问题？

2-6 常见支座有哪些类型？ 各自的适用情况如何？

2-7 简述板式橡胶支座和盆式橡胶支座的构造。

2-8 桥墩的作用是什么？ 它由哪几部分组成？

2-9 桥墩有哪些类型？ 它们的特点及应用范围如何？

2-10 曲线桥墩顶帽有什么特点？

2-11 不等跨桥墩顶帽有什么特点？

2-12 顶帽横向宽度、支承垫石高度与桥梁施工或养护有什么关系？

2-13 桥台的作用是什么？ 它由哪几部分组成？

2-14 桥台有哪些类型？ 它们的特点及应用范围如何？

2-15 桥台长度指什么？ 如何拟定非埋式桥台或埋式桥台的长度？

2-16 桥梁的附属设备有哪些？

学习单元 3

涵 洞

任务 3.1 涵洞的类型与组成

3.1.1 涵洞的类型

涵洞是一种横穿路堤的建筑物,按照不同的分类标准,涵洞可进行以下分类。

1. 按用途分类

涵洞按用途可分为排洪涵、灌溉涵和交通涵。

2. 按水力性质分类

（1）无压涵洞［图 3-1（a）］:水体在经过涵洞的全部流程上保持自由水面。

（2）有压涵洞［图 3-1（b）］:涵洞入口处水位高于涵洞顶面,整个洞身为水流所充满。

（3）半有压涵洞［图 3-1（c）］:涵洞入口被水淹没,但在入口下游的全部流程上水体仍具有自由表面。

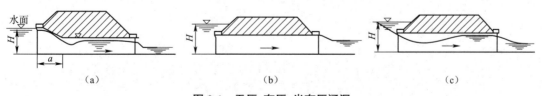

图 3-1 无压、有压、半有压涵洞

（a）无压涵洞 （b）有压涵洞 （c）半有压涵洞

3. 按洞身横截面形状分类

（1）圆形涵洞（简称圆涵）：其洞身是圆形的混凝土管、钢筋混凝土管、铸铁管或皱纹铁管等，目前新建的圆形涵洞一般均采用钢筋混凝土圆管，如图 3-2（a）所示。

（2）拱形涵洞（简称拱涵）：其洞顶结构部分具有拱形截面[图 3-2（b）]。拱形涵洞因所用材料不同可分为石拱涵、混凝土拱涵、钢筋混凝土拱涵，钢筋混凝土拱涵现在极少使用。

（3）矩形涵洞：其洞身截面具有矩形的过水断面[图 3-2（c）]。其构造特点是洞身或是钢筋混凝土的封闭式刚架结构，或是内侧竖直的边墙上支以水平的盖板。目前所称矩形涵洞一般指前者，后者称为盖板箱涵（简称板涵）。

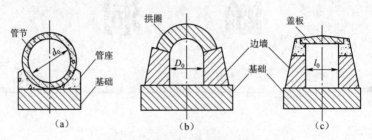

图 3-2　涵洞的洞身截面形式
（a）圆形涵洞　（b）拱形涵洞　（c）矩形涵洞

4. 按涵洞轴线与线路中线的交角分类

（1）正交涵洞：涵洞轴线与线路中线垂直。

（2）斜交涵洞：涵洞轴线与线路中线不垂直。

5. 按孔数分类

涵洞按孔数可分为单孔涵洞、双孔涵洞和多孔涵洞。

3.1.2　涵洞的组成部分

为适应过水、受力以及与路堤的衔接等方面的要求，涵洞由洞口和洞身两个主要部分以及附属工程部分组成（图 3-3）。

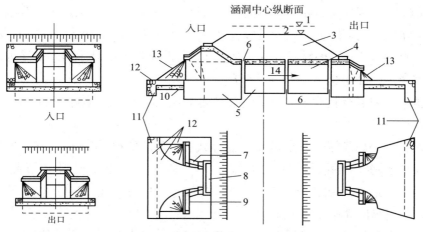

图 3-3　涵洞的组成（八字式洞口）

1—轨底；2—路肩；3—路堤；4—洞身；5—基础；6—沉降缝；7—翼墙；8—端墙；
9—雉墙；10—碎石垫层；11—垂裙；12—河床铺砌；13—锥体护坡；14—流向

1. 洞口

洞口位于洞身两端,起连接洞身和路堤边坡,并诱导水流顺利地进出涵洞等作用。位于上游端的洞口称为入口,位于下游端的洞口称为出口。

常见的洞口形式有以下两种。

（1）八字式洞口（图 3-3）：正八字式洞口由敞开斜置八字墙构成,敞开角宜采用 30°,且左右翼墙对称,适用于河沟平坦顺直,无明显沟槽,且沟底与涵底高差变化不大的情况。

（2）端墙式洞口（图 3-4）：由一道垂直于涵洞轴线的竖直的端墙以及盖于其上的帽石和设于其下的基础组成,端墙外有收敛路堤边坡的附属工程——锥体,其构造简单,但泄洪能力小。

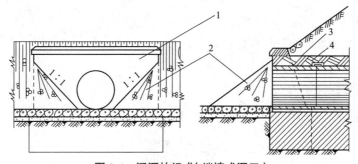

图 3-4　涵洞的组成（端墙式洞口）

1—端墙；2—锥体；3—保护层；4—防水层

2. 洞身

洞身是涵洞的主要部分,承担排水或交通任务,并承受路堤填土自重及由路堤填土传来的列车活载压力。

由于压力对洞身中部作用大，而对洞身端部的作用较小，因此位于非岩石地基上的涵洞，一般将洞身分段修建，其间设置沉降缝，以避免因受力不均匀导致洞身的不规则断裂。沉降缝用有弹性且不透水的材料填塞。为避免涵洞投入使用后，因洞身中部受力较大而形成中部下沉多、两端下沉少，以致中间积水淤积，或出现洞身下游逆坡现象，对于修建于非岩石地基上的涵洞，特将洞身中部的标高较理论设计标高再提高一数值 Δ，称为上拱度(图3-5)。

3. 基础

基础是洞口和洞身的一部分，主要有整体式和分离式两种(图3-6)。孔径较小的涵洞一般采用整体式基础，若孔径较大且地质情况良好，则可采用分离式基础，以节省圬工。

对于分离式基础，一般在分离的边墙与基础之间用片石砌成较薄的流水板，流水板与边墙基础之间留有纵向缝隙，板下设砂垫层。

对于圆涵及其他封闭式截面的涵洞，若基底为石质或砂质土壤，且质地均匀，下沉量不大，亦可采用无基涵洞(不设圬工基础)，但涵洞出入口仍应设置基础。

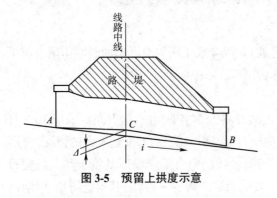

图3-5　预留上拱度示意

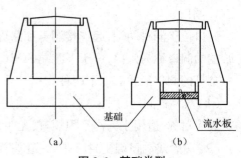

图3-6　基础类型
(a)整体式　(b)分离式

4. 附属工程

涵洞的附属工程包括：

(1)收敛路堤边坡并起导流作用的锥体；

(2)防止冲刷的河床及路堤边坡铺砌；

(3)改移和加固河渠的人工水道；

(4)便于养护人员工作的路堤边坡检查台阶等。

【任务3.1 同步练习】

任务 3.2 涵洞构造

3.2.1 圆形涵洞

圆形涵洞如图 3-7 所示。圆涵的孔径可为 0.75 m（单孔和双孔）、1.0 m、1.25 m、1.50 m、2.0 m、2.50 m（单孔、双孔和三孔）。圆涵的孔径是指洞身管节的内径。

下面介绍钢筋混凝土圆涵有关部分的构造。

1. 管节

置于路堤下的管节所受竖直荷载大，水平侧压力较小，导致上下管壁内侧受拉，左右管壁外侧受拉，因此孔径在 1.0 m 以上的管节均布置有双层螺旋主筋，用纵向分配钢筋及箍筋连成骨架。孔径为 0.75 m 的管节因所受弯矩较小，主筋设为单层。

各孔径管节长度均定型化为 1 m，管壁厚度因路堤填土高度的不同而不同。

2. 出入口

孔径为 0.75 m 的圆涵仅用作流量较小的灌溉涵，故采用端墙式出入口，其余孔径圆涵一律采用八字式出入口。

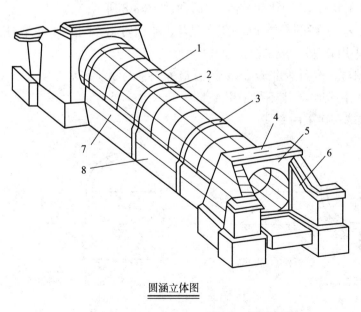

圆涵立体图

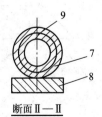

断面Ⅱ—Ⅱ

图 3-7 圆形涵洞

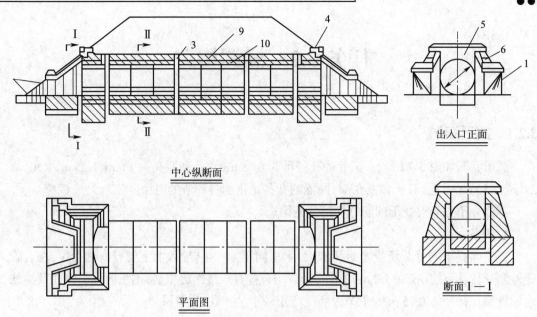

图 3-7 圆形涵洞（续）

1—管节；2—接缝；3—沉降缝；4—帽石；5—端墙；6—翼墙；7—混凝土管座；
8—浆砌片石基础；9—黏土层；10—防水层

3. 基础

圆涵洞身的基础分为无基和有基（一律为整体式）两种，如图 3-8 所示。

较好的岩石地基采用无基；一般的石质土、砂质土以及土质均匀、下沉量不大的黏性土地基原则上采用无基，亦可采用有基；一般黏性土地基采用有基。

若洞顶至轨底填方高超过 5 m 且为非岩石地基；或最大流量的涵前积水深度超过 2.5 m；或位于经常流水的河沟或沼泽地区，则不得采用无基。

出入口的端墙、翼墙、雉墙一律采用有基。

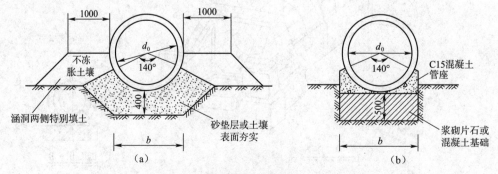

图 3-8 圆形涵洞基础（单位：mm）

（a）无基涵洞 （b）有基涵洞

4. 管节接缝、沉降缝和防水层

圆形涵洞的管节接缝、沉降缝和防水层如图 3-9 所示。

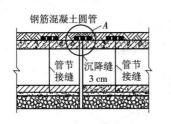
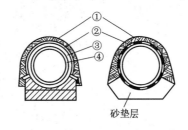

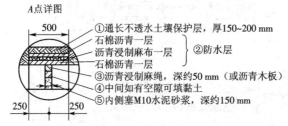

图 3-9　圆形涵洞的管节接缝、沉降缝、防水层和保护层（单位：mm）

（1）有基涵洞：非沉降缝的各管节接缝应尽量顶紧,内外侧均用 M10 水泥砂浆填塞。沉降缝外,管节内侧用 M10 水泥砂浆填塞,外侧用沥青浸制的麻绳填塞（深 50 mm）;基础用黏土或砂黏土填塞。接缝及沉降缝外面,自管座襟边以下 150 mm 开始,铺设一层沥青浸制的麻绳、两层石棉沥青的防水层,其宽度为 500 mm。

（2）无基涵洞：洞身不设沉降缝,仅在洞身与出入口相接处各设一道沉降缝。防水层做成封闭式,且接头处应搭接 100 mm。

涵洞的防水层外面,均需铺设通长的、拌和均匀的塑性黏土或砂黏土保护层,厚度为 150~200 mm。

3.2.2　拱形涵洞

1. 一般构造

拱形涵洞如图 3-10 所示。石拱涵和混凝土拱涵分单孔和双孔两种,孔径范围为 0.75~6.0 m。孔径是指涵身边墙与边墙或边墙与中墩之间的水平净距。

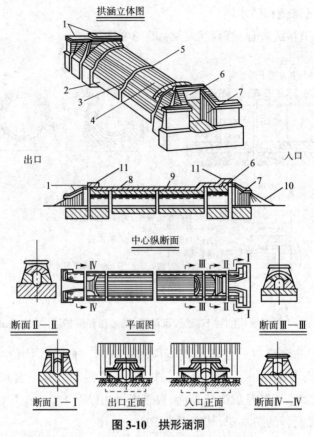

图 3-10 拱形涵洞

1—管节；2—基础；3—边墙；4—拱圈；5—沉降缝；6—端墙；7—翼墙；
8—黏土层；9—防水层；10—锥体护坡；11—路堤

拱涵的洞身主要由基础、边墙和拱圈组成，双孔尚有中墩。

拱涵的基础有整体式、分离式和板凳式。

整体式基础拱涵用于压缩性很小的各类地基和岩石地基上，不得用于湿陷性黄土地基。对于拱顶至轨底填方高 $H = 1\sim12\ \mathrm{m}$ 和 $H > 12\ \mathrm{m}$ 的情况，要求地基基本承载力分别大于 200 kPa 和 300 kPa。

分离式基础拱涵主要用于压缩性极小、土壤密实度在"密实"以上的各类地基和岩石地基上，基本承载力必须大于 500 kPa。

板凳式基础拱涵主要用于压缩性极小、土壤密实度基本在"密实"以上的砂土和"中密"以上的碎石土以及岩石地基，基本承载力必须大于 400 kPa。

拱涵的边墙为适应受力的要求，设计成上窄下宽的类似挡式拱圈，一律采用圆弧形。

对于孔径 1.5~2.5 m、填方高度大于 10 m 或孔径 3.0~6.0 m、填方高度大于 5 m 的拱涵，需在边墙与拱圈之间设置 400 mm 厚的拱座，拱座采用与拱圈相同的材料砌筑。

拱涵顶部的填方高度因路堤填料的不同而异，其中最小者为 1 m，最大者为 30 m。

拱涵的出入口节一律采用八字式,其中入口节又分提高节和非提高节两种形式,有提高节的涵洞较无提高节的涵洞有更高的泄水能力。此外,还有一种低边墙扁平式拱涵(采用整体基础),配合较低矮的路堤使用,入口形式仅有非提高节一种。

2. 建筑材料

(1)拱圈:根据填方高度和外力大小分别采用混凝土、浆砌片石或浆砌粗料石。

(2)边墙和中墩:根据填方高度和外力大小分别采用片石混凝土、浆砌片石或浆砌块石。

(3)洞身基础:片石混凝土或浆砌片石。

(4)出入口端墙、翼墙、雉墙及基础:浆砌片石。

以上各部分如采用片石圬工,水泥砂浆强度等级不得低于 M10。

3. 沉降缝和防水层

拱形涵洞的沉降缝和防水层如图 3-11 所示。拱涵沉降缝外侧填塞 50 mm 深的沥青浸制麻绳,内侧填塞 150 mm 深的 M10 水泥砂浆,中间空隙处填塞黏土。在沉降缝处,于拱背及边墙的外面(至襟边以下 150 mm)设两层石棉沥青,中间夹一层沥青麻布的防水层,宽500 mm,其余部分用水泥砂浆抹平以防积水,最后用 200 mm 厚的黏土将整个洞身抹平。

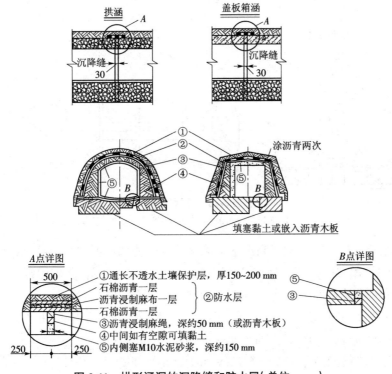

图 3-11　拱形涵洞的沉降缝和防水层(单位:mm)

3.2.3 盖板箱涵

盖板箱涵如图 3-12 所示,钢筋混凝土及混凝土石盖板涵的孔径范围为 0.75~6.0 m。

1. 出入口

0.75 m 孔径板涵采用端墙式,其余孔径板涵一律采用八字式。孔径为 1.0~3.0 m 者,入口分提高节和非提高节两种;孔径为 3.5~6.0 m 者,入口均采用非提高节。

2. 洞身

洞身由盖板边墙和基础组成。

0.75 m 孔径板涵可采用石、混凝土、钢筋混凝土盖板,其余孔径的板涵一律采用钢筋混凝土盖板,盖板顶面设人字形排水坡,盖板长度沿涵轴方向定型化为 1.0 m。

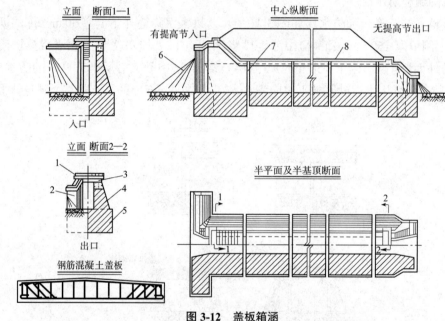

图 3-12 盖板箱涵

1—帽石;2—翼墙;3—盖板;4—边墙;5—基础;6—锥体护坡;7—沉降缝;8—防水层

各种孔径板涵的边墙依据其高度的不同可分为高边墙和低边墙两类,从墙顶到盖板底面以下 0.4 m 处,用 C15 混凝土灌筑,边墙其余部分为 M10 水泥砂浆砌片石。

板涵的基础分为刚性联合基础、分离式基础、钢筋混凝土联合基础三种。

（1）刚性联合基础:各种孔径板涵均可使用此种基础,材料采用 M10 水泥砂浆砌片石,基础厚度按材料刚性角 40° 确定,且不小于 0.6 m。

（2）分离式基础:用于孔径较大(≥2 m)的板涵,要求地基土质较好,基础厚度为 1.0 m,孔内流水板厚度为 0.5 m。

（3）钢筋混凝土联合基础:内部布置有适量的钢筋,用于单孔径为 3.0~6.0 m、土质较差的地基,基础的厚度不小于 0.5 m,材料为 C20 混凝土。

3. 防水层和保护层

盖板涵洞的防水层和保护层如图 3-11 所示。若涵洞中的板顶填方高小于 1.0 m,则自板顶面至板底面以下 0.2 m 的两侧边墙外面设甲种防水层。如涵洞中的板顶填方高大于或等于 1.0 m,则对钢筋混凝土板涵的上述部位只涂两层热沥青;对于钢筋混凝土及混凝土石盖板涵顶面只需抹 M5 水泥砂浆,最后在涵洞顶面及两侧防水层的外面以不透水土壤做成 150~200 mm 厚的通长保护层。

4. 沉降缝

板涵沉降缝外侧填塞 50 mm 深的沥青浸制麻绳,内侧填塞 150 mm 深的 M10 水泥砂浆,中间空隙处填塞黏土。

【任务 3.2 同步练习】

复习思考题

3-1 涵洞按洞身截面形式可分为哪几种?

3-2 涵洞主要由哪些部分组成? 它们的作用是什么?

3-3 简述三种常用涵洞的构造特点。

学习单元 4
铁路隧道结构

隧道通常是指修建在地层中的地下通道,被广泛应用于铁路、公路、矿山、水利、市政和国防等方面,因此单纯理解为"地下通道"的隧道概念,也可以扩大到地下空间利用的各个方面,即可以把各种用途的地下通道和洞室都称为隧道。

1970 年,国际经济合作与发展组织(Organization for Economic Co-operation and Development)将隧道定义为以某种用途在地面下采用任何方法按规定形状和尺寸修筑的断面面积大于 2 m² 的洞室。

铁路隧道是指专供铁路运输使用的地下建筑结构物,按照其穿越障碍或作用的不同,位于铁路线上的隧道可分为山岭隧道、水底隧道及地下铁道三种。

穿越山岭的隧道称为山岭隧道。在山区进行铁路建设时,修建山岭隧道有明显的优点,它可以克服平面和高程障碍,改善线路条件,缩短里程,节省运费,提高运输能力,使铁路平缓顺直,从而更好地满足现代化高速行车的要求。高速铁路中山岭隧道的应用效果更为突出,采取最小曲线半径为 4 000~8 000 m,同时采用低位置线路通过,能有效降低坡度。例如,衡广复线工程中,在坪石与乐昌之间由于修建了长度为 14.295 1 km 的大瑶山隧道,使铁路长度较既有线路缩短约 15 km,这一数字几乎为坪石至乐昌间既有铁路长度的 1/3。大瑶山隧道的长度目前在我国的双线铁路隧道中居于首位。

世界上已建成的水底隧道(包括铁路和公路)数量已超过上百座。圣哥达基线隧道是位于瑞士南部的铁路隧道,也是世界上最长的隧道(包含铁路隧道与公路隧道),全线贯穿阿尔卑斯山脉,主隧道为两条平行的单线隧道,长度超过 57 km。1993 年完工的英吉利海峡隧道全长 49.2 km(多佛—加莱),由两条直径均为 7.3 m 的铁路隧道与一条直径为 4.5 m 的后勤隧道组成,其中 37.5 km 在海底,11.2 km 在两端的陆地下面。它将孤悬的英国与欧洲大陆紧密地联系在一起,对欧盟的发展和国际经济、文化合作交流具有重大促进作用。

为了设计、施工及养护管理上的方便,《铁路隧道设计规范》(TB 10003—2016)按隧道长度,把铁路隧道分为以下四种:

(1)短隧道,全长 500 m 及以下;

(2)中隧道,全长 500 m 以上至 3 000 m;

(3)长隧道,全长 3 000 m 以上至 10 000 m;

(4)特长隧道,全长 10 000 m 以上。

隧道的长度通常是指进、出口洞门端墙之间的水平距离,即两端端墙面与路面的交线同路线中线交点间的距离。从交通安全出发,长度大于 100 m 时,隧道内应设置照明设施;长度在 500 m 以下时,隧道一般采取自然通风;长度大于 500 m 时,应当布设通风设备,设置交通管理和监控设施。此外,根据隧道所在地址的地形、地貌等,可将隧道分为傍山隧道、越岭隧道、水底隧道等。按照隧道施工方法,可将隧道分为矿山法隧道、盾构法隧道、沉管法隧道等。按照隧道洞身结构形式,可将隧道分为单拱隧道、连拱隧道、小间距隧道等。关于铁路隧道的分类,为了反映其不同方面的特点,还可以有其他的分类方法。

任务 4.1　铁路隧道结构认知

铁路隧道按照各部分功能不同,可分为两大部分:一为洞室结构,其是铁路隧道的主体部分;二为机电与维护部分,其是保证隧道安全运营部分,称为铁路隧道的附属部分。

铁路隧道主体部分是为了保持岩体的稳定和行车安全而修建的人工永久建筑物,通常指洞身衬砌和洞门构造物,如图 4-1 所示。洞身衬砌的平、纵、横断面的形状由铁路隧道的几何设计确定,衬砌断面的轴线形状和厚度由衬砌计算确定。在山体坡面有崩坍和落石的可能时,往往需要接长洞身或修建明洞。洞门的构造形式由多方面的因素决定,如岩体的稳定性、通风方式、照明状况、地形地貌以及环境条件等。铁路隧道主体构造物包括洞身衬砌和洞门构造物。

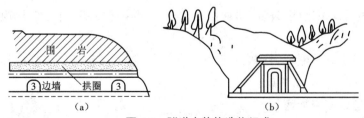

图 4-1　隧道主体构造物组成

(a)洞身　(b)洞门

铁路隧道附属结构物是主体构造物以外的其他构造物,是为了运营管理、维修养护、给水排水、供蓄发电、通风照明、通信、安全等而修建的构造物,包括人行道(或避车洞)、防水和排水、通风和照明、消防和救援、通信和监控设施,以及在电气化铁路上根据情况而设置的有关附属设施等。

4.1.1 铁路隧道限界与净空

1.隧道限界与净空

为了确保火车在铁路线路上安全运行,防止机车车辆撞击邻近线路的建筑物和设备,需要对火车、铁路建筑物和铁路设备的轮廓线加以限制,规定不允许超过的轮廓线尺寸,称为限界。

铁路基本限界可分为机车车辆限界和建筑接近限界。

1)机车车辆限界

机车车辆限界也就是火车横断面的最大容许尺寸的轮廓,为了保证火车运行安全,要求火车本身及其装载的货物不能超过铁路上规定的轮廓尺寸线。机车车辆限界也规定了火车不同部位的宽度、高度的最大尺寸和底部零件至轨面的最小距离。

机车车辆限界和桥梁、隧道等限界起相互制约作用,当机车车辆在满载状态下运行时,也不会因产生摇晃、偏移等现象而与桥梁、隧道及线路上其他设备相接触,从而保证火车运行安全。

2)建筑接近限界

建筑接近限界是一个和线路中心线垂直的横断面,为了保证火车的安全运行,它规定了火车安全通过所需要的最小断面尺寸。铁路上也规定,一切建筑物、设备都不得侵入铁路上的建筑限界,如果是与火车有直接相互作用的设备,那么也不允许超过规定的最小范围。

隧道是铁路线上的永久性建筑物,一旦建成就不便改动。如果某一部位或是某些附属设施不慎侵入了限界,就可能发生刮碰事故。因此,在一般的"建筑接近限界"的基础上,再适当地放大一点,留出少许空间,用以安装一些如照明、通信和信号等设备。我国 2020 年10 月 11 日颁布的《标准轨距铁路限界 第 2 部分:建筑限界》(GB 146.2—2020)是设计隧道支护结构的依据。考虑到列车在运行中会发生左右摇摆,隧道施工时会有尺寸上的误差,衬砌建成后会有稍稍的固结变形,测量时会有在容许范围内的误差,线路敷设时会有偏离中心线的误差等,为了预留这些可能因素的位置,在施工设计时,实际净空要比规定的隧道建筑限界稍稍放宽一些。

铁路隧道净空是指隧道衬砌内轮廓线所包围的空间,隧道净空是根据隧道建筑限界确定的。

2.曲线隧道的净空加宽

1)加宽原因

当列车在曲线上行驶时,由于车体内倾和平移,使得所需横断面面积有所增加。为了保证列车在曲线隧道中安全通过,隧道中曲线段的净空必须加大。铁路曲线隧道的净空加宽值由以下需要决定。

（1）车辆通过曲线时，转向架中心点沿线路运行，而车辆是刚性体，其矩形形状不会改变，这就使车厢两端产生向曲线外侧的偏移（$d_{外}$），车厢中间部分则向曲线内侧偏移（$d_{内1}$），如图 4-2 所示。

（2）由于曲线上存在外轨超高，导致车辆向曲线内侧倾斜，使车辆限界的各个控制点在水平方向上向内移动一个距离（$d_{内2}$），如图 4-3 所示。

因此，曲线隧道净空的加宽值由三部分组成，即 $d_{内1}$、$d_{内2}$、$d_{外}$。

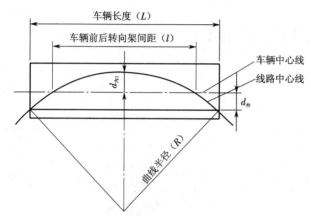

图 4-2　曲线隧道内外侧加宽

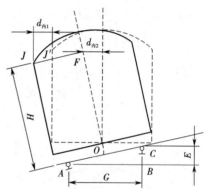

图 4-3　曲线隧道外轨超高造成加宽

2）加宽计算

I. 单线铁路隧道的加宽值计算

$$d_{总} = d_{内1} + d_{内2} + d_{外}$$
$$= 4\,050/R + 2.7E + 4\,400/R$$
$$= 8\,450/R + 2.7E \tag{4-1}$$

式中　R——曲线半径，m；

　　　E——外规超高值，cm，其最大值不超过 15 cm。

$$E = 0.76\frac{v^2}{R} \tag{4-2}$$

式中　v——铁路远期行车速度，km/h。

相关计算中，车辆前后转向架间距 l 取 18 m，标准车辆长度 L 取 26 m。

II. 双线铁路曲线隧道的加宽值计算

双线铁路曲线隧道的内侧加宽值 $d_{内}$ 及外侧加宽值 $d_{外}$ 与单线曲线隧道加宽值计算相同。

内外侧线路中线间的加宽值 $d_{中}$ 按以下情况计算（图 4-4）。

当外侧线路的外轨超高大于内侧线路的外轨超高时：

$$d_{中} = \frac{8\,450}{R} + \frac{H}{150} \times \frac{E}{2} \tag{4-3}$$

式中　R——曲线半径,cm;

　　　H——车辆外侧顶角距内轨顶面的高度,cm,取 360 cm;

　　　E——外侧线路的外轨超高值,cm。

从以上计算可知,曲线隧道内外侧加宽值不同(内侧大于外侧),断面加宽后,隧道中线向曲线内侧偏移了一个距离 $d_{偏}$,单线隧道的偏移值(图 4-5)为

$$d_{偏} = \frac{d_{内} - d_{外}}{2} \tag{4-4}$$

双线隧道的偏移情况如图 4-5 所示,其中内侧线路中线至隧道中线的距离为

$$d_{偏内} = 200 + \frac{d_{内} - d_{外} - d_{中}}{2} \tag{4-5}$$

外侧线路中线至隧道中线的距离为

$$d_{偏外} = 200 + \frac{d_{内} - d_{外} + d_{中}}{2} \tag{4-6}$$

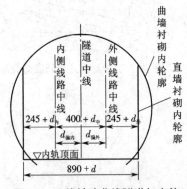

图 4-4　双线铁路曲线隧道加宽值

图 4-5　曲线隧道中线偏移值

3)铁路曲线隧道加宽的平面布置

隧道曲线加宽段的范围按以下方式进行。

位于曲线地段的隧道加宽范围,除圆曲线部分按 $d_{总}$ 加宽以外,缓和曲线部分被视为既非直线又非圆曲线,所以把它分为两段,一段属于接近直线的性质,另一段属于接近圆曲线的性质,分别给以不同的加宽值。具体来说,自圆曲线终点至缓和曲线中点,并向直线方向延伸 13 m,这一段采用圆曲线的加宽断面,即加宽 $d_{总}$。缓和曲线的其余半段,自缓和曲线终点向直线方向延伸 22 m,这一段采用圆曲线加宽值的一半,即 $d_{总}/2$。

上述规定的理由是当列车由直线进入曲线,车辆前转向架进到缓和曲线起点后,由于缓和曲线外轨设有超高,故车辆开始向内倾斜,车辆的后端也已偏离线路中心,所以从车辆的前转向架到车辆后端点的范围内应按圆曲线加宽值的一半加宽,此段为两转向架间距 18 m

加转向架中心到车辆后端部点的距离 4 m 共 22 m。当车辆的一半进入缓和曲线中点时,其车辆后端偏离中线,应按前面转向架所在曲线的半径及超高值决定加宽值 $d_{总}$。此时,前面转向架中心已接近圆曲线,故车辆后半段,即车长的一半 26/2 = 13 m 的范围内,应按圆曲线的加宽值 $d_{总}$ 予以加宽,如图 4-6 所示。

在直线段上,隧道衬砌的断面是一致的,到了曲线段就要加宽,因此断面就各自不同了。在衔接处,可以用错台的方式分段变换,也可以在 1 m 范围内逐渐过渡。前者施工方便,但突变台阶增大了隧道内风流的阻力,对通风有些不利。

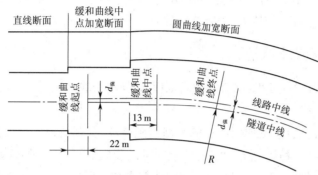

图 4-6　隧道曲线加宽段

$d_{偏}$—隧道中线向曲线内侧偏移距离;R—曲线半径

3. 隧道衬砌断面

隧道的净空限界确定以后,就可以据此进行隧道衬砌断面的初步拟定。由于隧道衬砌是一个超静定结构,不能直接用力学方法计算出应有的截面尺寸,而必须先拟定一个截面尺寸,按照这个截面尺寸来验算荷载作用下的内力。如果截面强度不足,或是截面富余太多,就得调整截面,重新计算,直至合适为止。所以,在设计隧道衬砌时,需要根据经验初步拟定一个用以计算的结构截面形状以及它的尺寸。

拟定衬砌结构尺寸时,需要考虑三个方面:一是选定什么样的净空形状,也就是选定结构的内轮廓;二是选定什么样的计算结构轴线,也就是抽象出来据以进行计算的几何体系;三是选定各个截面的厚度,也就是选定用以核算强度的截面面积。

在隧道断面形状设计时,需考虑的因素有以下几点。

(1)隧道的内轮廓必须符合前述的隧道建筑净空限界,结构的任何部位都不应侵入限界。同时,隧道内轮廓还应考虑通风、照明、安全、监控等内部装修设施所必需的富余量。

(2)采用的施工方法能确保断面形状及尺寸,有利于隧道的稳定。

(3)从经济观点出发,内轮廓线应尽量减小洞室的体积,使土石开挖量与圬工砌筑量为最省,因此内轮廓线一般紧贴限界。但其形状又不能如限界般曲折,要平顺圆滑,以使结构在受力及围岩稳定方面均处于有利条件。

(4)结构的轴线应尽可能与荷载作用下压力线相吻合。若是两线重合,结构的各个截面都只承受单纯的压力而无拉力当然最为理想，但事实上很难做到。一般总是结构的轴线接近于压力线，使各个截面上主要承受压力，而极少的断面承受很小的拉力，从而充分利用混凝土材料的受压性能。

总之，内轮廓线应最大限度地保证所确定的断面形式及尺寸安全、经济、合理。

从以往的理论和工程实践可得出，当隧道衬砌承受径向分布的静水压力时，结构轴线以圆形最为合宜。当衬砌主要承受竖向荷载和不大的水平荷载时，结构轴线上部宜采用圆弧形或尖拱形，下部可以采用直线形（即直墙式）；当衬砌在承受竖向荷载的同时，又承受较大的水平荷载时，衬砌结构的轴线上部宜采用圆弧形或平拱形，下部可采用凸向外方的圆弧形（即曲墙式）。如果还有底鼓压力，则结构底部应有凸向下方的仰拱为宜。

4.1.2 铁路隧道的基本构造

隧道工程主要由洞身工程、洞口和洞门工程、附属构筑物组成。

1. 洞身工程

隧道开挖以后，坑道周围地层原有的平衡遭到破坏，引起坑道的变形甚至崩塌。因此，除在岩体坚固完整又不易风化的稳定岩层中可以只开成毛洞以外，在其他地层中的隧道都需要修建支护结构，即衬砌。支护的方式有：外部支护，即从外部支撑坑道的围岩（如模筑混凝土整体式衬砌、砖石衬砌、装配式衬砌、喷射混凝土支护等）；内部支护，即对围岩进行加固以提高其稳定性（如锚杆支护、压入浆液等）；混合支护，即内部支护与外部支护同时采用的衬砌（如喷锚支护）。从衬砌施工工艺方面可将隧道衬砌的形式分为以下四类。

1）整体式模筑混凝土衬砌

整体式模筑混凝土衬砌是指就地灌筑混凝土衬砌，其工艺流程为立模→灌筑→养生→拆模。模筑衬砌的特点是对地质条件的适用性较强，易于按需要成形，整体性好，抗渗性强，并适用于多种施工条件，如可用木模板、钢模板或衬砌模板台车等。

2）装配式衬砌

装配式衬砌是将衬砌分成若干块构件，这些构件在现场或工厂预制，然后运到坑道内用机械将它们拼装成一环接着一环的衬砌。这种衬砌的优点是拼装成环后立即受力，便于机械化施工，改善劳动条件，节省劳力，目前多在使用盾构法施工的城市地下铁道中采用。

3）喷锚支护

喷射混凝土是以压缩空气为动力，将掺有速凝剂的混凝土拌和料与水汇合成浆状，喷射到坑道的岩壁上凝结而成的。当岩壁不够稳定时，可加设锚杆、金属网和钢架，这样构成的一种支护形式，简称为喷锚支护，如图4-7所示。

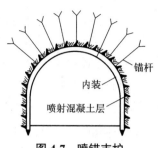

图 4-7　喷锚支护

喷锚支护是一种符合岩体力学原理的支护方法,它与围岩密贴,支护及时,柔性好,同时封闭了围岩壁面,防止风化,并能封闭围岩的张性裂隙和节理,提高围岩的固有强度,控制围岩的变形,能充分调动围岩本身的自稳能力,从而更好地起到支护作用。另外,喷锚支护有效地利用了洞内净空,提高了作业的安全性和作业效率,并能适应软弱和膨胀性地层中的隧道开挖,还能用于整治塌方和隧道衬砌的裂损。

喷锚支护包括锚杆支护、喷射混凝土支护、喷射混凝土锚杆联合支护、喷射混凝土钢筋网联合支护、喷射混凝土与锚杆及钢筋网联合支护、喷射钢纤维混凝土支护、喷射钢纤维混凝土锚杆联合支护以及上述几种类型加设型钢支撑(或格栅支撑)而成的联合支护等。

喷锚支护是目前常用的一种围岩支护手段,适用于各种围岩地质条件,但是若作为永久衬砌,一般考虑在 Ⅰ、Ⅱ 级等围岩良好、完整、稳定的地段中采用。

不宜采用喷锚支护单独作为永久衬砌的情况如下:

(1)最冷月平均气温低于 −5 ℃ 地区的冻害地段;

(2)对衬砌有特殊要求的隧道或地段,如洞口地段,要求衬砌内轮廓很整齐、平整;

(3)辅助坑道或其他隧道与主隧道的连接处及附近地段;

(4)有很高防水要求的隧道;

(5)围岩及覆盖太薄,且其上已有建筑物,不能沉落或拆除者等;

(6)地下水有侵蚀性,可能造成喷射混凝土和锚杆材料的腐蚀。

4)复合式衬砌

复合式衬砌不同于单层厚壁的模筑混凝土衬砌,它把衬砌分成两层或两层以上,可以是同一种形式、方法和材料施作的,也可以是不同形式、方法和材料施作的,目前多数是外衬和内衬两层,所以也有人称其为"双层衬砌"。按内、外衬的组合情况,其可分为以下几种:

(1)喷锚支护与混凝土衬砌;

(2)喷锚支护与喷射混凝土衬砌;

(3)可缩性钢拱架(或格栅钢构拱架)喷射混凝土与混凝土衬砌;

(4)装配式衬砌与混凝土衬砌。

目前最通用的是外衬为喷锚支护,内衬为整体式混凝土衬砌。

复合式衬砌是先在开挖好的洞壁表面喷射一层早强的混凝土(有时也同时施作锚杆、

钢筋网或局部钢筋网），凝固后形成薄层柔性支护结构（称初期支护）。它可以满足初期支护施作及时、刚度小、易变形的要求，且与围岩密贴，从而能保护围岩和加固围岩，促进围岩的应力调整，充分发挥围岩的自承作用。它既能容许围岩有一定的变形，又能限制围岩产生有害变形。其厚度多为 5~20 cm，一般待初期支护与围岩变形基本稳定后再施作内衬，通常为就地灌筑混凝土衬砌（称二次衬砌）。为了防止地下水流入或渗入隧道内，可以在外衬和内衬之间设防水层，其可选用软聚氯乙烯薄膜、聚氯乙烯片、聚乙烯等防水卷材，或喷涂乳化沥青及"88"等防水剂。总之，复合式衬砌是一种较为合理的结构形式，适用于多种围岩地质条件，有广阔的发展前途。

2. 洞口和洞门工程

1）一般规定

（1）洞口位置应根据地形、地质条件，同时结合环境保护、洞外有关工程及施工条件、营运要求，通过经济、技术比较确定。

（2）隧道应遵循"早进洞、晚出洞"的原则，不得大挖大刷，确保边坡及仰坡的稳定。

（3）洞口边坡、仰坡顶面及其周围，应根据情况设置排水沟及截水沟，并和路基排水系统综合考虑布置。

（4）洞门设计应与自然环境相协调。

2）洞口工程

（1）洞口位置的确定应符合下列要求。

①洞口的边坡及仰坡必须保证稳定。有条件时，应贴壁进洞；受条件限制时，边坡及仰坡的设计开挖最大高度可参考表 4-1。

表 4-1　洞口边坡及仰坡的设计开挖最大高度

围岩分级	I-II			III		IV			V-VI	
边坡及仰坡坡率	贴壁	1：0.3	1：0.5	1：0.5	1：0.75	1：0.75	1：1	1：1.25	1：1.25	1：1.5
设计开挖最大高度/m	15	20	25	20	25	15	18	20	15	18

注：设计开挖最大高度从路基边缘算起。

②洞口位置应设于山坡稳定、地质条件较好处。

③位于悬崖陡壁下的洞口，不宜切削原山坡，应避免在不稳定的悬崖陡壁下进洞。

④跨沟或沿沟进洞时，应考虑水文情况，结合防排水工程，充分比选后确定。

⑤慢坡地段的洞口位置，应结合洞外路堑地质、弃渣、排水及施工等因素综合分析确定。

⑥洞口设计应考虑与附近的地面建筑及地下埋设物的相互影响，必要时采取防范措施。

（2）洞口工程的设计应遵循下列规定。

①洞口边坡、仰坡应根据实际情况采取加固防护措施,有条件时应优先采用绿化护坡。

②当洞口处有塌方、落石、泥石流等时,应采取清刷、延伸洞口、设置明洞或支挡构造物等措施。

3)洞门工程

（1）隧道应修建洞门,洞门形式的设计应保证营运安全,并与环境协调。设在城镇、旅游区附近的隧道,应注意与环境相协调,有条件时洞门周围应植树绿化。

（2）洞门宜与隧道轴线正交。

（3）洞门构造及基础设置应遵循下列规定。

①洞口仰坡坡脚至洞门墙背的水平距离不宜小于 1.5 m,洞门端墙与仰坡之间水沟的沟底至衬砌拱顶外缘的高度不小于 1.0 m,洞门墙顶高出仰坡脚不小于 0.5 m。

②洞门墙应根据实际需要设置伸缩缝、沉降缝和泄水孔,洞门墙的厚度可按计算或结合其他工程类比确定。

③洞门墙基础必须置于稳固地基上,应视地形及地质条件,埋置足够的深度,保证洞门的稳定。

④基底埋入土质地基的深度不应小于 1.0 m,嵌入岩石地基的深度不应小于 0.5 m;基底高程应在最大冻结线以下不小于 0.25 m;地基为冻胀土层时,应进行防冻胀处理。基底埋置深度应大于墙边各种沟、槽基底的埋置深度。

⑤松软地基上的基础,可采取加固基础措施。

⑥洞门结构应满足抗震要求。

4)明洞工程

明洞是用明挖法修建的隧道。明洞一般修筑在隧道的进出口处,当遇到地质差且洞顶覆盖层较薄,用暗挖法难以进洞时;或洞口路堑边坡上受塌方、落石、泥石流等威胁而危及行车安全时;或铁路、公路、河渠必须在线路上方通过且不宜做立交桥或暗洞时;或为了减少隧道工程对环境的破坏影响,以保护环境和景观,洞口段需延长时,均需要修建明洞。它是隧道洞口或线路上能起到防护作用的重要建筑物。不同于前述的一般隧道,明洞不是在地层内先挖出坑道,然后修建结构物,而是在露天的路堑地面上,或是在敞口的基坑内,先修筑结构物,然后再回填覆盖土石,如图 4-8 所示。其在我国的新建铁路线上被广泛采用。其构造形式常因地形、地质和危害程度的不同而有许多种,采用最多的是拱式明洞和棚式明洞。

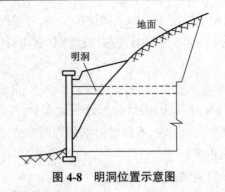

图 4-8　明洞位置示意图

I. 拱式明洞

拱式明洞的结构形式与一般隧道基本相似，也是由拱圈、边墙和仰拱或铺底组成，其内轮廓也和隧道一致。但是，由于其周围是回填的土石，得不到可靠的围岩抗力的支持，因而结构的截面尺寸要略大一些。当洞口的地形或地质条件，如洞口附近埋深很浅，施工时不能保证上方覆盖层的稳定，或是深路堑、高边坡上有较多的崩塌落石，对行车有威胁时，难以用暗挖的方法修建隧道，通常需要修筑拱式明洞来防护。

拱式明洞结构坚固，可以抵抗较大的推力，其适用范围较广。按荷载分布的不同，拱式明洞可以分为路堑对称型、路堑偏压型、半路堑偏压型和半路堑单压型。

明洞顶上的回填土石是为缓冲落石对衬砌的冲击而设置的，它的厚度应视落石下坠的实际情况通过计算而定，一般不应小于 1.5 m。在填土面上应留有不小于 1：1.5 的流水坡，填土的上面及拱顶上方都要做一层黏土隔水层，以防水渗入。

由于外墙尺寸较大，所以圬工量较多。如果基底地质较好，外墙可以做成连拱形，以节省圬工。如果明洞外侧覆盖土不厚，还可以掏成侧洞，使露天的光线可以射进来，外界的新鲜空气可以流进来，改善明洞内的环境条件，如图 4-9 所示。

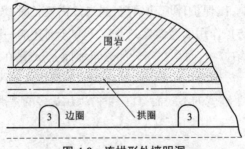

图 4-9　连拱形外墙明洞

当在隧道洞口有公路或水渠横越而又不宜做立交桥时，为了保持公路的通行和不致中断灌溉农田的水道，可以修建带有渡槽的拱式明洞。在有滑坡而路线又必须通过时，也可以配合挡墙、抗滑桩等修建抗滑明洞，作为综合治理滑坡的措施之一。拱形明洞应设置横向贯穿的伸缩缝，其间隔为 6~20 m，视实际情况而定。如有侧洞，伸缩缝应避开侧洞位置。

II. 棚式明洞

当山坡的塌方、落石数量较少,山体侧向压力不大,或因受地质、地形限制难以修建拱形明洞时,可以修建棚式明洞,简称棚洞。

棚式明洞常见的结构形式有盖板式、刚架式和悬臂式三种。

(1)盖板式棚洞是由内墙、外墙及钢筋混凝土盖板组成的简支结构,顶上不是拱圈而是平的盖板,其上回填土石,以保护盖板不受山体落石的直接冲击。内墙一般为重力式墩台结构,厚度较大,用以抵抗山体的侧向压力,它的基础必须放在基岩或稳固的地基上。

(2)当地形狭窄、山坡陡峻、基岩埋置较深而上部地基稳定性较差时,为了使基础置于基岩上且减小基础工程,可采用刚架式外墙,即刚架式明洞(有时也可采用长腿式明洞)。该种明洞主要由外侧刚架、内侧重力式墩台结构、横顶梁、底横撑及钢筋混凝土盖板组成,并做防水层及回填土石处理。

(3)对稳固而陡峻的山坡,在外侧地形难以满足一般棚洞的地基要求而且落石不太严重的情况下,可以修建悬臂式棚洞。它的内墙为重力式,上端接筑悬臂式横梁,其上铺以盖板,在盖板的内端设平衡重来维持结构受外荷载作用下的稳定性。同时,为了保证棚洞的稳定性,要求悬臂必须伸入稳定的基岩内。对于落石块度不大、数量不多、冲击不大的情况比较适合。但是,由于对内墙的稳定性要求很严,施工必须十分谨慎,又因其是不对称结构,所以应当慎重选用。

明洞虽然是在敞开的地面上修建的,但是由于它的圬工量较大,上覆回填也较费工,所以它的造价比暗挖的隧道要高些。过去,很多隧道由于力求缩短洞身,在施工后发现洞口保证不了安全,于是只得一再地接长明洞,原本想节省投资反而增加了费用,还给洞口施工带来了干扰。所以,决定洞口位置时,应体现"早进晚出"的原则,不宜以事后增修明洞作为补救的办法,必须有计划、有比较的全面考虑。

3. 附属构筑物

1)避车洞

为了保证隧道内行人和维修人员的安全,隧道内应设置小避车洞;为了存放工具材料,还需设置大避车洞。大避车洞形状与小避车洞相似,只是尺寸较大。小避车洞和大避车洞分别如图 4-10 和图 4-11 所示。

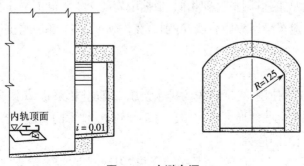

图 4-10 小避车洞

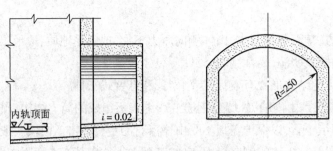

图 4-11 大避车洞(单位:cm)

Ⅰ. 避车洞净空尺寸及布置原则

(1)避车洞净空尺寸如下。

①小避车洞尺寸:宽 2.0 m,深 1.0 m,中心高 2.2 m。

②大避车洞尺寸:宽 4.0 m,深 2.5 m,中心高 2.8 m。

(2)避车洞布置原则如下。

①大、小避车洞均应交错排列在隧道两侧的边墙上,按规定每侧相隔 60 m 设置一个小避车洞。

②对于碎石道床每侧相隔 300 m,对于整体道床每侧相隔 420 m 设置一个大避车洞。

③隧道长度小于 300 m 时,可不设大避车洞,长度为 300~400 m 时,可在隧道中部设一个大避车洞。

④布置避车洞时,如洞口两端与桥梁或路堑相接,在桥上无避车台或路堑两侧沟外无平台,则应与隧道统一考虑布置大避车洞。

⑤避车洞应尽量避开不同衬砌类型或不同加宽断面的衔接处,小避车洞中线离开接头处不小于 2 m,大避车洞中线离开接头处不小于 3 m。

⑥所有沉降缝、工作缝及伸缩缝均不得穿过避车洞。

Ⅱ. 避车洞底部高程的确定

避车洞底部应与洞内侧沟、电缆槽盖板顶面或道床面(碎石道床、整体道床)齐平,隧道内有人行道时,则应与人行道顶面齐平。当避车洞位于曲线地段时,由于受曲线外轨超高的影响,曲线内侧及外侧的避车洞底面应分别降低及抬高一定距离。

避车洞衬砌类型与隧道洞身衬砌相似,根据围岩的级别不同而异。另避车洞均应铺底,当地质条件较差时,避车洞尚应做后墙,特别是在松软围岩中,还应将铺底加厚,使之成为封闭式衬砌。

2)防排水设施

为了保证隧道正常使用,必须设置防排水设施,以防止因隧道漏水或结冰危及行车安全和损坏洞内设备,防止侵蚀性地下水对隧道衬砌和轨道、枕木的腐蚀。在严寒地区还要防止地层冻胀对衬砌和轨道的危害。

隧道防排水应采取"防、排、截、堵"相结合和"因地制宜、综合治理"的原则,采取切实可行的设计、施工措施,达到防水可靠、排水畅通、经济合理的目的。

3)电力及通信设施

电力及通信设施主要包括电缆槽及无人增音站(洞)。

Ⅰ.电缆槽

当铁路通信、信号电缆通过隧道时,为了避免电缆被损坏、腐蚀,应在隧道内设置电缆槽。

Ⅱ.电缆槽设置要求

(1)通信、信号电缆可设在同一电缆槽内,也可以分设。

(2)通信、信号电缆和电力电缆必须分槽,如分槽铺设有困难,电力电缆可沿隧道墙壁架设。

(3)电缆槽应设盖板,与水沟并行时,宜分设盖板。

(4)为使电缆槽内不积水,每隔 3~5 m 设流水槽一道。

(5)尺寸:铺设通信或信号其中一种电缆时为 12 cm × 14 cm;同时铺设两种电缆时为 15 cm × 14 cm。

Ⅲ.电缆槽类型

根据隧道衬砌类型、电缆槽位置与洞内水沟异侧或同侧等情况,分为甲、乙、丙三种。

Ⅳ.余长电缆槽

当隧道长度大于 500 m 时,为便于电缆维修,电缆应留余长,并需在电缆槽同侧的大避车洞内设余长弧形电缆槽;长度在 500~1 000 m 时,在隧道中间设置一处;长度在 1 000 m 以上时,在隧道 中每隔 500 m 增设一处。为便于电缆维修时使用余长电缆,槽内除电缆以外位置全部用粗砂回填。

4)运营通风设施

隧道运营的通风有自然通风与机械通风。自然通风是利用洞内的天然风流和列车运行所引起的活塞风来达到通风的目的;机械通风是当自然通风不能满足要求时,采用通风机械将洞内外气体进行交换,来达到通风的目的。

【任务 4.1 同步练习】

任务 4.2　高速铁路隧道认知

4.2.1　概述

　　高速铁路(简称高铁)在不同国家、不同时代有不同规定。中国国家铁路局对高速铁路的定义为新建设计开行速度 250 km/h(含预留)及以上动车组列车,初期运营速度不小于 200 km/h 的客运专线铁路。其新建时速不低于 250 km/h,且具有客专性。国际铁路联盟(International Union of Railways,UIC)对高速铁路的定义:高速铁路是指通过改造原有线路(直线化、轨距标准化),使营运速度达到 200 km/h 以上,或者专门修建新的"高速新线",使营运速度达到 250 km/h 以上的铁路系统。

　　中国铁路等级分为高速铁路、城际铁路、客货共线铁路(包括国铁Ⅰ级、国铁Ⅱ级、国铁Ⅲ级和国铁Ⅳ级)。铁路旅客列车等级的确定对行车调度十分重要,等级低的列车速度低,等级高的列车速度高,因此等级低的列车在被等级高的列车追上时要在车站内为等级高的列车让路,这被称为等级高的列车踩等级低的列车,这也是铁路运行中秩序美的体现。

　　高速铁路行车速度高,对基础设施建设标准要求高,线路曲线半径要求大,因而建设高速铁路必然会出现大量的隧道工程。例如,线路平面的最小曲线半径在多数情况下都大于 4 000 m、坡度变缓等。表 4-2 是几个国家高速铁路中的隧道情况的对比。

表 4-2　几个国家高速铁路中的隧道情况对比

项目	日本				法国		德国		意大利
	东海道	山阳	东北	上越	东南	大西洋	曼海姆—斯图加特	汉诺威—维尔茨堡	罗马—佛罗伦萨
线路长度/km	516	562	470	270	426	284	99	327	236
开始建设时间	1959 年	1967 年	1972 年	1971 年	1976 年	1985 年	1976 年	1973 年	1970 年
开始运营时间	1964 年	1975 年	1982 年	1982 年	1983 年	1990 年	1991 年	1991 年	1988 年
运营方式	客运专线				客运专线		客货混运		客货混运
设计速度/(km/h)	210	260	260	260	270	300	250	250	250
线间距/m	4.20	4.30	4.30	4.30	4.20	4.20	4.70	4.70	4.00

续表

项目	日本				法国		德国		意大利
	东海道	山阳	东北	上越	东南	大西洋	曼海姆—斯图加特	汉诺威—维尔茨堡	罗马—佛罗伦萨
隧道宽度/m	最大9.60 基底7.99	最大9.60 最小7.99	最大9.60 最小8.40	最大9.60 最小8.40	无隧道	双线10.0 单线8.24	基底12.50	最大12.50	最大9.44
隧道有效面积/m²	60.5	63.4	63.4	63.4	—	双线71.0 单线46.0	直墙82.0 曲墙94.0	直墙82.0 曲墙94.0	53.8
隧线比例	13.0	50.0	23.0	39.0	0	6.0	30.0	37.0	32.5
堵塞比	0.21~0.22	0.20~0.21	0.20	0.20	—	双线0.13~0.15 单线0.20	0.13	0.13	0.18

　　高速铁路隧道的勘测、设计、施工和维修养护管理与一般铁路隧道相比有许多共同点，但高速铁路由于列车运行速度很高，许多低速运行时可以忽略的问题在高速时会变得十分重要。列车与隧道内空气的相互作用就是一个突出的例子。高速列车在隧道内行驶时所诱发的种种空气动力学效应，如隧道中的气动压力波、列车风（绕流）、列车的空气动力阻力、微压波等问题会对高速列车在隧道中的运行产生极其重要的影响，不仅涉及行车安全，而且还涉及隧道中作业人员和过往人员的安全。因此，高速铁路隧道的横断面形状、净空面积、出入口段的结构类型等与普通铁路隧道存在较大差异。

4.2.2　高速列车在隧道内运行引起的空气动力学效应问题

1. 瞬变压力和微气压波

1）瞬变压力

　　高速列车通过隧道时就好比活塞在管道中向前推进，会产生一系列的压力波动，尤其是列车从开敞的线路刚进入隧道时，列车周围的空气压力由于突然受到隧道有限空间的约束而在短时间内产生巨大变化，这种空气压力变化现象称为瞬变压力。

　　影响瞬变压力变化的各种因素有列车的速度、列车的横断面面积、列车的长度、列车头部的形状、列车外表的形状和粗糙度、隧道的横断面面积、隧道长度、隧道壁的粗糙度、隧道横断面的突变性、交会两列车进入隧道口的时间差等。

　　当瞬变压力由列车外部压力传播到列车内部，再传到人体内时，会使旅客产生生理上的不适，即耳膜压感不适，从而大大降低乘客的舒适度。然而人们对这种瞬变压力的舒适感是有值域区分的，在一定值范围内，人体不会有明显感觉，超过一定值时，会有明显不适。因此，控制瞬变压力即压力波动（简称阈值）是以旅客乘车舒适度为基准的。

　　从旅客乘车舒适度要求出发，最大瞬变压力临界值控制标准在一般情况下可取为不大于 3.0 kPa/3 s，即每 3 s 内最大压力变化值在 3 kPa 以内。表 4-3 为一些国家采用的压力波动临界值。

表 4-3　一些国家采用的压力波动临界值

国家	阈值	说明
日本	$p < 1$ kPa/s $p < 200$ Pa/s	适用于密闭车辆,可以放宽到 300 Pa/s
美国	$[p] < 700$ Pa/1.7 s $p < 410$ Pa/s	适用于地下铁道
英国	$[p] < 3$ kPa/3 s $[p] < 4$ kPa/4 s $[p] < 2.5$ kPa/4 s $[p] < 3.0$ kPa/4 s $p < 450$ Pa/s 700 Pa 上限	1986 年英国铁路(British Railways,BR)修订 海峡联络线单线隧道 海峡联络线双线隧道(非密闭车辆、运行速度 225 km/h)
德国	$p < 1$ kPa/s $p < 300 \sim 400$ kPa/s	原定 200 kPa/s,后来放宽标准

注:p 为压力变化绝对值;$[p]$ 为某一段时间内的压力变化,即 $\Delta p / \Delta t$。

需要指出的是,上述标准均为极端值。有人认为这难以全面反映旅客在通过隧道时的总体舒适度状况,建议根据列车通过隧道时的压力波动时态曲线获得表征整体压力波动程度的统计值代替极端值。因此提出了"极端情况下"和"正常情况下"两种不同的临界值,并且根据运营条件将隧道分为 4 类,对各类隧道采用不同的临界值控制标准。表 4-4 给出了建议的临界值及相应的"不舒适度"极限值,不舒适度是按 7 级给出的。

表 4-4　建议的临界值

运营类型	极端情况/(kPa/4 s)	正常情况/(kPa/4 s)	不舒适度
A 常规型 隧道占全长 10%,不密闭车辆	4.0	2.5	4.5
B 常规型 隧道占全长 25%,不密闭车辆	3.0	2.0	3.5
C 高舒适度型 隧道占全长 25%,密闭车辆	1.25	0.8	2.5
D 地铁及城市轨道运输 隧道占全长 50%,不密闭车辆	1.0	0.7	2.0

2）微气压波

隧道的微气压波是列车进入隧道时形成的压缩波,在隧道内传播,到达出口处向外放射脉冲状的压力波,其发生的实态如图 4-12 所示。

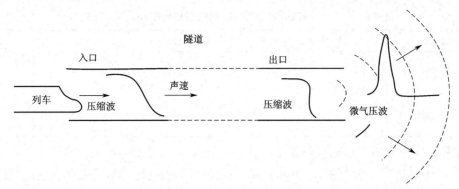

图 4-12　隧道微气压波的发生

　　为了全面地研究隧道的微气压波问题,日本从现场测试、模型试验及数值模拟等多方面进行了大量的研究,取得了重要的成果。从新干线运营以来,日本曾在数座隧道中进行了隧道微气压波的测试,分别测试了微气压波的波形、隧道内的压力波形、微气压波的最大值等。

　　微气压波的波形是一个中央具有峰值的、呈山形的压力脉冲。图 4-13 是日本大仓隧道的测试实例。图中的 v 是列车的入洞速度,测点距离是指测点至隧道出口的距离。由图可知,列车入洞速度越大,压力最大值也越大,压力脉冲的时间间隔变小。日本在比较了山阳(碎石道床)和东海道(板式道床)新干线的微气压波测试结果后还得出:东海道的微气压波是单一的脉冲波,而山阳的微气压波有一个约 12 Hz 的后波。东海道的微气压波的时间幅大些,山阳的小些。作为参考,表 4-5 列出了微气压波的压力最大值、时间幅与列车入洞速度的关系。

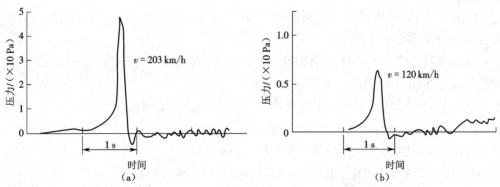

图 4-13　日本大仓隧道微气压波测试实例(测点距离 18 m)
(a)列车入洞速度大时　(b)列车入洞速度小时

表 4-5　　微气压波的压力最大值、时间幅和列车入洞速度的关系

隧道名称	压力最大值/(×10 Pa)	时间幅/ms	列车入洞速度/(km/h)
大仓隧道	4.49	85	203
	0.69	170	120
备后隧道	12.6	22	197
	209	58	167

从测试结果看,在比较短的隧道中,隧道长度的影响很小;但隧道变长后,由于隧道的壁面摩擦,产生隧道壁的热交换,而使其衰减,并使波面前面的压力坡度变陡。壁面摩擦的衰减效果决定于隧道的壁面状态(包括隧道底部),其效果是碎石道床比板式道床的大。非线性效果与隧道内压缩波的大小有关,列车入洞速度越大效果越大。

微气压波的发生和大小与许多因素有关,其中主要有列车速度、列车横断面面积、列车长度、列车头部形状、隧道横断面面积、隧道长度、隧道内道床的类型等。因此,在研究微气压波影响因素时必须综合考虑。

2. 瞬变压力和微气压波的影响

高速列车进入隧道后将隧道内原有的部分空气排开,由于空气黏性及隧道内壁、列车外表面摩阻力的存在,被排开的空气不能像露天线路空气那样及时、顺畅地沿列车周侧形成绕流,列车前方的空气受到压缩,而列车尾部进入隧道后会形成一定的负压,因此产生了压力波动过程。这种压力波动以声速传播至隧道口,大部分发生反射,产生瞬变压力;而另一部分则形成向隧道外的脉冲状压力波,即微气压波。这些都会对高速列车运营、人员舒适度和环境造成一系列影响。

(1)高速列车经过隧道时,瞬变压力使旅客和乘务人员耳膜明显不适,舒适度降低,并对铁路员工和车辆产生危害。

(2)高速列车进入隧道时,会在隧道出口产生微气压波,发出轰鸣声,使隧道口附近建筑物门窗发生振动,产生扰民的环境问题。

(3)行车阻力增大,从而使运营能耗增大,并要求机车动力增大。

(4)形成空气动力学噪声(与车速的6~8次方成正比)。

(5)列车风加剧,影响隧道维修养护人员的正常作业。

(6)列车克服阻力所做的功转化为热量,在隧道中积聚引起温度升高等。

4.2.3　高速铁路隧道的横断面

高速铁路隧道的设计特点主要体现在隧道横断面的设计上,其横断面面积除了通常要考虑的隧道建筑限界和列车运营要求外,还必须考虑满足列车及隧道的空气动力学要求。根据设计标准,要满足最大瞬变压力控制标准值 $[p]$ = 3.0 kPa/3 s 的要求。下面简要说明隧道横断面设计要解决的主要问题。

1. 堵塞比

从各国的实践经验看,隧道横断面主要是采用堵塞比 β,即列车横断面面积与隧道横断面面积的比值来决定。这里的隧道横断面面积,通常是指轨道面以上的横断面面积。也就是,在列车尺寸、形状一定的条件下,如何根据列车速度确定合理的堵塞比,然后再根据列车断面面积决定合理的隧道横断面面积。表 4-6 为部分国家高速铁路上的一些隧道横断面面积及堵塞比参数,表 4-7 为法国高速铁路隧道横断面的堵塞比研究结果,表 4-8 列出了一些国家高速铁路隧道采用的参数。我国第一条高速铁路隧道堵塞比 β 为 0.10~0.12。

表 4-6　高速铁路的隧道横断面面积及堵塞比

线路	列车速度/(km/h)	隧道横断面面积/m²	堵塞比 β
东海新干线	210	64	0.21
山阳新干线	230	64	0.21
上越新干线	240	64	0.20
巴黎—大西洋干线	300	单线46,双线71	—
汉堡—慕尼黑干线	250	82	0.14
罗马—米兰干线	210	54	—
意大利	275	76	—
西班牙	250	15	—
北陆新干线	260	—	0.18
中央新干线	500	—	0.12

表 4-7　法国高速铁路隧道横断面堵塞比的研究结果

列车速度/(km/h)	160	230	270	300
隧道横断面面积/m²	53	55	71	100
堵塞比 β	0.23	0.22	0.17	0.12

表 4-8　一些国家高速铁路隧道的基本参数

国家	法国	德国	意大利		日本		西班牙
列车最高速度/(km/h)	270	250	250	300	220	240	300
列车横断面面积/m²	10	10.3	9.7	—	12.6	12.6	10
隧道横断面面积/m²	71	82	53.8	76	60.5	63.8	75
堵塞比 β	0.13~0.15	0.13	0.18	0.13	0.21~0.22	0.20~0.21	0.13
线间距/m	4.2	4.7	4.0	5.0	4.2	4.3	4.5~4.7

2. 隧道横断面

高速铁路隧道的横断面不仅要满足空气动力学特性的要求,还要满足在隧道内高速行车安全的要求,如检查道、避难路及通风、照明、通信等设施的空间需求。

1)横断面的内部空间

高速铁路隧道的横断面主要由下列空间构成:隧道建筑限界、线路数量、线间距、应预留的空间、考虑空气动力学影响所需的空间、设备安装空间等。

2)隧道建筑限界

隧道建筑限界一般应符合动态的标准建筑限界和扩大标准建筑限界。我国采用的高速铁路隧道建筑限界基本尺寸及轮廓如图 4-14 所示。由于高速铁路的曲线半径均较大,故位于曲线上的隧道原则上不考虑曲线加宽。

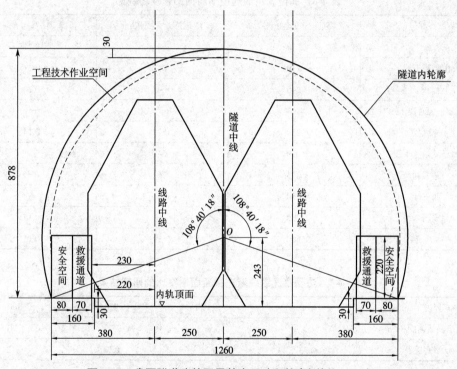

图 4-14 我国隧道建筑限界基本尺寸和轮廓(单位:mm)

3)线路数量

线路数量指隧道是采用单洞双线断面还是采用双洞单线断面。通常情况下,考虑到空气动力学的特性,高速铁路隧道都采用单洞双线断面,较少采用双洞单线断面,但在某些情况下,如隧道长度很长、同时考虑维修养护条件及防灾的需求等,有时也采用双洞单线方案。一般来说,在满足空气动力学要求的前提下,双线断面要比单线断面更有利些。两座单线隧道横断面面积总和要比一座双线隧道横断面面积大。

法国的比较研究结果是在列车速度为 300 km/h 的情况下,两座单线隧道的横断面总面积是 140 m²,一座双线隧道的横断面面积是 100 m²;在列车速度为 250 km/h 的情况下,相应的横断面面积分别是 100 m² 和 72 m²。

横断面面积的差异将造成土建工程成本的差异,因此在目前情况下,我国的高速铁路隧道拟采用单洞双线断面为宜。

4)线间距

线间距与列车速度和车辆形式等有关,一般情况下都应大于4.0 m。我国京沪高速铁路的线间距,在列车速度为350 km/h的条件下拟采用5.0 m。在列车速度为250 km/h时,德国规定的线间距为4.7 m。

5)预留空间

隧道横断面设计时应预留的空间如下。

Ⅰ.安全空间

一般单线隧道在电缆槽侧、双线隧道在危险区外侧都要留出一个安全区,安全区的尺寸至少是高2.20 m、宽0.80 m,安全区的边界应带有反光的白色线条标志。如果不设安全区,就必须设避车洞。

Ⅱ.避难和救援通道的空间

在隧道中必须在线路两侧设置一个贯通的避难和救援通道直通到隧道外,这一通道应位于有安全空间的侧面,并距轨道中线至少2.20 m,避难和救援通道宽度至少为0.80 m,高2.20 m。

Ⅲ.线路和上部建筑维修空间

为了便于进行上部建筑维修作业,应留出一定的维修空间。

Ⅳ.架设接触网设备空间

在电气化铁道上需预留架设接触网等设备的空间。

Ⅴ.考虑空气动力学影响所需空间

为减少空气动力学的影响,一般情况下宜采用单洞双线隧道。我国规定在给定的断面条件下,列车速度小于160 km/h时不考虑空气动力学的影响。德国规定,在列车速度小于140 km/h时,可以不考虑空气动力学的影响。

根据上述要求,我国初步确定的隧道横断面内轮廓(双线隧道)如图4-15所示,其断面面积为100 m²。德国在对第一代高速铁路隧道横断面进行大量研究的基础上,将第二代新线上的隧道横断面面积从64 m²增至82 m²,其第二代隧道横断面如图4-16所示。

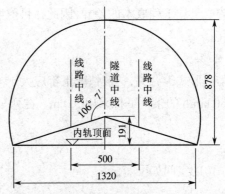

图 4-15　我国初步确定的隧道横断面内轮廓（单位：cm）

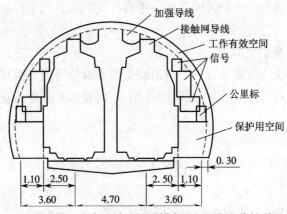

图 4-16　德国第二代高速铁路隧道横断面（双线隧道）（单位：m）

4.2.4　减少隧道空气动力效应的工程对策

为降低隧道空气动力效应的影响，可采取以下措施。

1. 扩大隧道横断面和减小堵塞比

通过分析国内外有关高速铁路隧道的试验研究报告，增大隧道横断面、减小堵塞比是降低瞬变压力的有效途径，但工程造价会相应提高。

隧道横断面的大小与高速铁路设计的运行速度目标值有关。对长度超过 1 km 的隧道所需要的断面，可通过深入分析现有的国际铁路联盟试验研究所的报告确定，其给出了可供应用的计算公式：

$$\frac{A_2}{A_1} \approx \frac{a_1}{a_2} \frac{v_2}{v_1}^{1.5} \tag{4-7}$$

式中　A_1、A_2——隧道横断面面积（m^2）；

　　　a_1、a_2——机车横断面面积（m^2）；

　　　v_1、v_{12}——列车行驶速度（km/h）。

2. 改变隧道入口形式

为了降低瞬变压力和微气压波引起的洞口附近的噪声干扰,国外对隧道入口形式采取了以下对策。在传统的隧道入口处,外接一段明洞(图 4-17),并在其墙壁上开设通气孔。英美有些专家认为,这种入口边墙上的最佳开孔率为隧道横断面的 75%,且沿边墙等距离排列。有的隧道把这种明洞做成喇叭形入口,喇叭口端部的面积为隧道横断面面积的 2.5倍。试验研究表明:这些式样的明洞入口,可使列车进入时产生的空气压力峰值减少20%~35%。

日本的尾泽等还提出,在隧道入口处加接一个大于隧道直径的短遮后,效果显著,如图4-18 所示。

此外,德国有的隧道利用地形,建成斜洞口式的隧道入口,也是降低瞬变压力和微气压波引起的洞口附近的噪声干扰的一种办法。

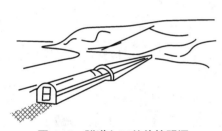

图 4-17　隧道入口处外接明洞

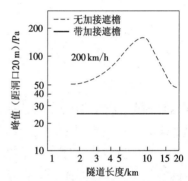

图 4-18　采用遮檐后取得的显著效果

3. 设置通风竖井

在隧道内合理设置通风竖井,可将因高速行车产生的瞬变压力幅值降低 50% 左右。当考虑修建竖井(或斜井)时,应尽可能利用施工中留下的竖井,因此在确定施工竖井的位置时,最好能兼顾到高速列车中降低瞬变压力的要求。

通过将隧道任何位置上由通风竖井引起的波进行叠加分析,发现竖井最有利的位置在下列区域里:

$$\frac{4M^2}{(1-M)^2} < \frac{X_s}{L} < \frac{2M}{1+M}$$　　　　（4-8）

式中　　M——列车马赫数;

　　　　X_s——竖井至隧道入口端的距离;

　　　　L——隧道长度。

研究还表明,不同隧道都具有各自最恰当数量的竖井。对于单向运行的隧道,只要位置合理,有一两个竖井就行,但对于双线隧道,就需要更多的竖井,因为列车可能从任何一个方向通过,而竖井的位置对一个方向来说是理想的,而对另一方向可能是不理想的。至于两个竖井的最小间距,大致应等于两个竖井的长度。竖井的最大直径不超过隧道直径的35%为最佳。

在长隧道中设置多座竖井,不但能缓和列车通过时所发生的瞬变压力,而且也能降低行车的空气阻力。这是由于竖井的存在使列车前方压力较大的空气不仅由隧道出口排出隧道,而且也可由列车前方的竖井排出隧道;列车后方的负压不仅吸引空气由隧道入口流入隧道,而且也可由列车后方的竖井流入隧道。于是列车前方与后方的空气压力差较无竖井的情况要小,因而在有竖井的隧道中列车的空气阻力也较无竖井的小。

4.修建平行辅助隧道

对于特长的隧道,往往因埋深很大而不宜设置竖井,则可在行车的主隧道旁修建一座小断面的平行辅助隧道,且每隔一定距离用横通道与主隧道连通,如图4-19所示。

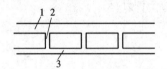

图4-19 修建平行辅助隧道

1—主隧道;2—横通道;3—平行辅助隧道

在这种情况下运行时的主要特征是每当列车经过一个横通道口就产生一次压力脉冲,虽其瞬变压力变化频繁,但强度较弱,使旅客较易承受。

列车在主隧道中运行时,列车前方的空气经由横通道循环流至列车后方,于是列车前方与后方的空气压力差较无横通道的情况小,因而列车的空气动力阻力也相应减小。

平行辅助隧道及其横通道除用以降低瞬变压力和空气阻力外,还可服务于通风、排水,且当隧道发生火灾时,又可为旅客及隧道内养护作业人员提供安全出口。修建平行辅助隧道应与施工阶段的需要结合考虑。

5.其他措施

(1)尽量隐蔽设置,使隧道表面平整光滑,减少列车运行时的阻力对设施的破坏。

(2)改善轨道结构,提高洞内列车运行的稳定性和舒适度。在高速运行的条件下,轨道基础的良好状态是至关重要的。为此,除在轨道结构上想办法外,在多数情况下隧道衬砌都要设置仰拱,施工中要加强对轨道基础的质量控制。

(3)使机车具有良好的空气动力学特性的形状。为减少隧道横断面面积和列车运行时的阻力,必须改进现行车辆的车体横断面面积和车辆头部的形状。因此,在进行隧道列车空气动力学特性研究的同时,还要加强对车辆形状的研究。

4.2.5 高速铁路隧道的特点

(1)高速铁路隧道不同于一般的铁路隧道,当高速列车在隧道中运行时要遇到空气动力学问题,主要表现为空气动力效应所产生的新特点及现象。为了降低及缓解空气动力学效应,除了采用密封车辆及减小车辆横断面面积外,还必须采取有力的结构工程措施,增大隧道有效净空面积及在洞口增设缓冲结构;另外还有其他辅助措施,如在复线上双孔单线隧道设置一系列横通道,以及在隧道内适当位置修建通风竖井、斜井或横洞。

(2)高速铁路隧道的横断面较大,受力比较复杂,且列车运行速度较高,隧道维修有一定的时间限制,复合式衬砌和整体式衬砌比喷锚衬砌安全,且永久性好,故永久性衬砌一般不采用喷锚衬砌。目前,世界隧道界对喷锚衬砌作为永久性衬砌尚有不同看法,随着对喷锚技术的不断深入研究和技术质量的不断提高,喷锚衬砌的应用也会更加广泛。但在目前情况下,特别在高速铁路隧道中仍不宜采用喷锚衬砌。

(3)大断面隧道的受力情况不利,尤以隧道底部较为复杂,而两侧边墙底直角变化容易引起应力集中,需要对边墙底与仰拱连接处进行加强。

(4)隧底结构在长期列车重载作用及地下水侵蚀的影响下极易发生破坏,从而引起基底沉陷、道床翻浆冒泥等病害,不但增加养护维修工作量,而且严重影响运营安全,尤其是高速铁路对隧道底部强度的要求较普通铁路更高,且高速铁路隧道的断面跨度较大,因此要求提高高速铁路对底板厚度和仰拱、底板混凝土强度的要求。

(5)隧道渗漏水的危害主要会引起洞内金属设备及钢轨锈蚀,隧道衬砌丧失承载力,隧底翻浆冒泥、破坏道床或使整体道床下沉开裂,有冻害地区的隧道衬砌背后积水会引起衬砌冻张开裂,衬砌漏水会引起衬砌挂冰而侵入净空,因此从运营安全上要求提高对隧道防排水的要求。

(6)对隧道衬砌混凝土的耐久性控制提出要求。隧道衬砌混凝土的地质环境复杂,对耐久性、抗渗性、抗冻性等耐久性指标应严格控制。

(7)为减少养护维修工作量,保障运营安全,需加强对隧道病害的监测、诊断及评定、整治。

(8)在高速运行的条件下,对隧道技术的要求主要是空气动力学特性方面的,其次才是由于断面的扩大和隧道长度的增加使得隧道施工难度增加方面的,常常成为全线工期控制的关键。

【任务 4.2 同步练习】

复习思考题

4-1 什么是铁路隧道净空？它是怎么确定的？

4-2 隧道的长度如何界定？

4-3 曲线隧道净空为什么需要加宽？如何加宽？加宽后隧道中线与线路中线有什么关系？

4-4 铁路隧道的洞身衬砌有哪些类型？各适用于什么情况？

4-5 什么是明洞？明洞的形式有哪些？其使用条件是什么？

4-6 高速铁路隧道与一般铁路隧道有何不同？

学习单元 5

桥涵养护及病害整治

任务 5.1　桥面的种类

桥面是桥梁直接承受列车载重的部分,它把列车活载比较均衡地传递给桥跨结构。桥面状态是否完好,直接关系到列车在桥上运行是否平稳和安全,关系到桥梁各部分的受力状况及其使用寿命。所以,桥面在构造上必须坚固性好、整体性强、各部尺寸准确、经久耐用,并经常保持良好状态。

桥面有道砟桥面、明桥面和无砟桥面三种。

5.1.1　道砟桥面

道砟桥面是把钢轨铺设在石砟道床和枕木上,在圬工桥上一般采用这种桥面。

5.1.2　明桥面

明桥面由基本轨(又称正轨)、护轮轨、护木、桥枕、步行板、人行道及各种联结零件组成。桥梁枕木直接铺设在钢梁(或木梁)上,钢轨钉在桥枕上,其构造如图 5-1 所示。一般钢桥(或木桥),特别是大跨度钢桥都采用这种桥面。

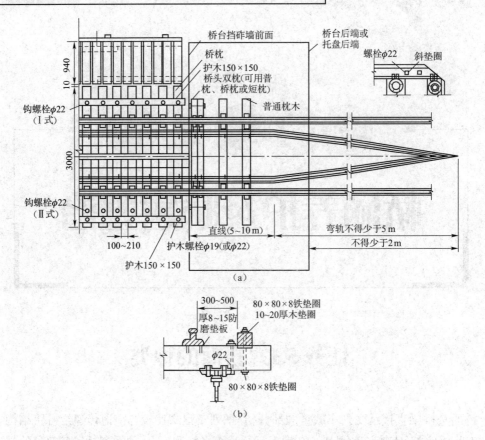

图 5-1　明桥面（单位：mm）

（a）平面　（b）横断面

1. 明桥面的主要优点

（1）重量轻。一般为道砟桥面重量的 1/3 左右，可以减轻桥跨结构的载重。

（2）弹性好。由于桥梁枕木具有很好的弹性，因而可以减缓列车活载对钢梁的冲击。

（3）能与各种不同构造类型的钢梁紧密联结。

2. 明桥面的主要缺点

（1）木质容易腐朽。按照现行防腐养护方法，一般的使用期限为 20 年左右。

（2）不能防火。在蒸汽机车行驶的桥上需有专门的防火设施。

（3）养护工作量大。

5.1.3　无砟桥面

无砟桥面可分为无砟无枕桥面和无砟有枕桥面两种，多用在预应力钢筋混凝土梁桥上。

1. 无砟无枕桥面

无砟无枕桥面具有以下主要优点。

（1）减轻了梁的重量。与有砟桥面相比，无砟无枕桥面少了梁上道砟、枕木的自重，使梁身截面的高度和厚度相应的减少，从而使梁身自重减轻很多。例如跨度为 31.7 m 无砟无枕梁的重量比等跨的有砟梁减轻约 43%。

（2）节约原材料。

（3）轨道稳定，养护工作量减少。由于钢轨借助于扣件固定在梁体桥面混凝土内，所以轨道稳定，大大减少了养护维修工作量，同时还有利于铺设无缝线路。

无砟无枕桥面存在以下问题。

（1）钢轨直接固定在梁上，轨距、轨顶标高不能做较大的调整，拨道和起道工作受到一定限制。

（2）扣件定位及承轨台平整较难，加上技术要求较高，维修很困难。

（3）目前扣件还不够完善。如解决曲线上梁的平面矢距及近、远期超高度的设置问题较为复杂，所以在曲线桥上使用无砟无枕桥面受到一定限制。

2. 无砟有枕桥面

无砟有枕桥面与无砟无枕桥面所不同的是，其钢轨铺设在嵌入钢筋混凝土上的楔形短枕上，楔形短枕可用钢筋混凝土或木材做成。对于这种桥面，应特别注意使楔形短枕牢固地固定在桥枕槽内，基本轨与短枕的扣件应连接牢固。

【任务 5.1 同步练习】

任务 5.2　桥上线路

5.2.1　线路纵断面、平面

线路纵断面要符合线路坡度以及根据钢梁跨度和刚度所确定的钢轨上拱度，要经常保持平顺，没有坑注，特别要防止钢梁两端与衔接处发生突变。线路平面应符合原设计状态，应为一直线或为一定半径的曲线。

桥上线路的中心线应和梁的中心线相吻合，如因修建墩台、架设钢梁、铺轨钉道或维修工作的差错产生偏差，其偏差值：对于钢梁不应超过 50 mm，对于圬工梁不应超过 70 mm，超过上述限度时就应检算梁的受力状态。如影响规定载重等级、使下承梁侵入限界或发现线路平面上有甩弯等情况应及时进行调整。因为钢梁若有 50 mm 偏差,计算应力就会较设计高约 5%;圬工梁若有 70 mm 偏差,计算应力就会较设计高约 8%。在有断面联结系及上下平纵联的作用下,虽然实测数值比上述小,但作为养护工作者,亦应尽可能地减小这些偏差,以防止梁身超应力。

1. 钢轨接头位置

钢轨接头是线路上的弱点,列车通过时车轮在接头部位产生的冲击对梁、拱、支座、墩台及涵管都不利。为了减轻对桥梁结构的影响,桥梁在下列位置应避免有钢轨接头。

(1)钢梁、木梁端,拱桥温度伸缩缝及拱顶前后各 2 m 范围内。

(2)横梁顶上。

(3)桥梁长度在 20 m 以内的明桥面上(可使用 25 m 长的钢轨)。

(4)设有温度调节器的钢梁,在其温度跨度范围内(该温度跨度伸缩应全部集中到调节器上)。

为避免上述范围内有钢轨接头,可采取在接近桥梁的路基上使用长度在 6 m 以上的短轨进行调整;如果仍不能避免,应将钢轨接头焊接(气压焊或铝热焊)。一时无法焊接时,可采用以下临时性措施。

(1)用月牙垫片把轨缝挤严,即根据钢轨圆形螺栓孔或椭圆形螺栓孔与螺栓直径的差,轧制月牙形垫片,顶严轨缝。垫片的厚、高、长、内径、外径须根据实际情况设计,尺寸要正确,制造要精细,最好用车床加工,其次为锻模和手工加工。安装垫片时要先调节轨缝,在轨温适中或春秋雨季内进行为宜,可利用气温调节或列车摩擦调节,也可用轨缝调整器逐步进行至全部挤严。轨缝顶紧后即可塞进月牙形垫片。安装螺栓应用与螺栓直径相同的冲子过冲试验,必要时更换不同厚度的垫片,直至不紧不松刚刚适中。垫片要在钢轨接缝两端成对安装。如工作不细致,厚度不适宜,则填塞就不严密,当列车行驶作用在钢轨上的水平力超过鱼尾螺栓与鱼尾板和钢轨间的摩阻力及道钉扣压力时,每个接头可能被拉开 1~2 mm 的缝隙,从而影响列车运行效果。

(2)直接用高强度螺栓联结,顶严轨缝,能取得较好效果。

(3)将鱼尾板加工锻压,缩短鱼尾板中间两个孔间的距离,使其恰好等于在钢轨接缝为 0 时,钢轨两个端孔近侧边距加 1 个鱼尾螺栓直径的距离。这种挤严方法效果好,但锻压时尺寸要正确,否则达不到预期效果。除设有温度调节器或使用特种钢轨扣件(如 K 型分开式扣件)外,桥上焊接或挤严的轨缝一般不能连续超过 2 个接头,其余桥上钢轨接头的缝隙都应和当时温度相适应,且无论如何不能超过构造极限(表 5-1)。

桥上钢轨接头应采用相对式,不用错接式,因为错接会增加一倍的冲击次数,对桥梁不利。桥上所铺设的钢轨长度不得小于区间线路上所铺设的钢轨长度。

表 5-1　几种常见钢轨构造容许最大轨缝　　　　　　　　　　　　　　单位:mm

钢轨类型	钢轨螺栓孔径 d_1	鱼尾板螺栓孔直径 d_2	鱼尾螺栓直径 d_0	钢轨第一螺栓孔中心距轨端的距离 L_1	鱼尾板两中央螺栓孔中心距离 L_2	构造允许最大轨缝 δ_{max}
P-50	31(35)	26	24	66	140	17(21)
P-44.6	31	24	56	120	19	—
P-43	31	24	22	56	120	19
P-38	31	24	22	56	120	19
中-38	28	26	22	67	140	19

2. 无缝线路

在桥上铺设无缝线路能减少列车对桥梁的冲击,改善桥梁的运营条件,特别在行车速度较高的情况下,优点尤为明显。我国从 1963 年以来已在一些跨度为 16~32 m 的无砟桥、有砟桥及无砟无枕桥上铺设了温度应力式无缝线路,并先后在武汉、南京长江大桥上铺设无缝线路,目前正在不断扩大铺设范围。

桥上无缝线路按桥跨结构类型可分为三类:大跨度钢桥上无缝线路、中跨度无砟桥上无缝线路、中跨度有砟桥上无缝线路。

大跨度钢桥无缝线路,按其处理问题不同,又有以下三种类型。

（1）南京长江大桥每联桁梁的两端设置伸缩调节器,跨中有伸缩纵梁,无缝线路按联分段。

（2）武汉长江大桥每联桁梁的两端设伸缩调节器,跨中纵梁不断开,无缝线路按联分段。

（3）连续梁与桥台相邻的一端不设伸缩调节器,另一端设置调节器,跨中纵梁不断开。这种无缝线路铺设前,必须计算沿梁跨的温度力、伸缩附加力、挠曲附加力的分布,并检算固定支座所在桥墩的墩台偏心及墩身混凝土的应力,在保证冬季钢轨折断时轨缝不超过规定允许的条件下尽可能减小轨道阻力。

对于中跨度(主要指跨度为 32 m)无砟桥上无缝线路,因为长钢轨通过扣件固定在桥枕上,桥枕又通过钩螺栓、防爬角钢、护木固定在钢梁上,所以钢梁的伸缩和挠曲必然引起钢轨产生附加纵向力,即伸缩附加力和挠曲附加力。与此相应,钢轨对钢梁也施加大小相等、方向相反的反作用力,并通过支座传递到墩台上。所以,设计时既要防止冬季钢轨折断时不产生过大的轨缝以免影响行车安全,同时还要尽可能减小轨道阻力以减少传到支座、墩台上的附加纵向力。

对于中跨度有砟桥上无缝线路,过去人们认为有砟桥上铺设无缝线路应不受限制,与在路基上一样,但后来从有关单位的试验结果中发现,这些看法存在片面性。从测定资料看,有砟桥上的无缝线路同样承受挠曲附加力和伸缩附加力,其规律与无砟桥相同,但数值均较小。因为有砟桥通过松散道砟层传递纵向水平力,在结构上与无砟桥有本质的区别,而且温度变化或荷载作用、梁端位移量均较小,混凝土的热传导系数比钢材要小得多。根据实测,混凝土梁的梁体温度变化往往滞后于外界温度变化 4 h 左右,通常钢板梁在夏季下午 2~3 点钟的位移最大,但混凝土梁到下午 6~7 点钟的位移才达到最大,而此时气温已经降低。所以,一天之内混凝土梁的端位移越小,相应伸缩附加力越小。根据实测,预应力混凝土梁在荷载作用下的挠度也越小,相应的挠曲附加力也就越小。尽管有砟桥的伸缩附加力、挠曲附加力均较小,但是在墩身高度较高的情况下,墩台检算可能控制桥上铺设无缝线路的设计,因此必须加以检算。

因为铺设无缝线路,桥上钢轨将额外承受因梁身伸缩及挠曲所引起的纵向附加力,并使支座及墩台承受大小与之相等、方向与之相反的额外水平力,所以对铺设无缝线路的桥梁,有如下要求。

(1)没有浅基,没有孔径不足,无偏心,无等级不足,支座、墩台等无病害。

(2)有砟桥上铺设无缝线路时,对高墩应检算墩台偏心容许应力,钢轨接头要离桥头 10 m 以外。

(3)无砟桥应处于无缝线路固定区内,桥头两端各 100 m 范围内按伸缩区标准锁定。桥长大于 200 m 或跨度大于 24 m 以及墩台高度大于 10 m 时,应针对桥梁结构的特点做个别设计。钢梁任何一孔跨度超过 60 m 时,需要安装钢轨伸缩调节器。桥上宜采用 K 型分开式扣件。为防止钢轨折断后拉斜桥枕发生意外,桥上不宜安装防爬器。

(4)铝热焊接头强度低,最好设在桥外,如桥长无法避开,应布置在钢轨受拉应力较小的地方。

3.桥上无缝线路的养护维修

桥上无缝线路的养护维修除应按一般无缝线路的有关规定办理外,为保证行车安全和线桥设备状态的良好,还应做好以下工作。

1)无砟桥

(1)应按设计规定拧紧扣件。

(2)桥头附近线路因承受附加力,所以要保持道床肩宽足够,轨枕盒内石砟充足,并彻底锁定线路。维修作业应在锁定温度 ±10 ℃范围内进行。

(3)对铝热焊及气压焊接头应定期进行探伤并做方向、高低检查。

(4)严格控制桥上作业轨温,防止胀轨跑道或钢轨折断事故的发生。进行单根抽换桥枕、支座垫砂浆、垫防磨木垫板、上盖板油漆、改正轨距等移动钢轨作业时,要在锁定轨温为 -15~+5 ℃时进行,并应尽量缩短作业时间,迅速恢复线路完好状态。上盖板油漆、垫防磨木垫板等作业抬起钢轨高度不应超过 50 mm,同时松开扣件不得超过规定的桥枕根数,必要时,应制定安全措施再施工。

(5)铺有温度调节器的钢梁由于钢轨和钢梁可以共同伸缩,除有伸缩纵梁时无缝线路应按设计拧紧扣件外,一般情况下钢轨仅有轨温与钢梁温度差所发生的温度应力,所以作业轨温可不受限制。

（6）建立经常的观测制度，进行两端桥面钢轨爬行的观测，定期检查墩台有无裂纹及变化，支座锚固螺栓有无弯折剪断等情况，并积累梁温及轨温的观测资料。

2）有砟桥

由于目前有砟桥面的道床厚度和宽度不完全符合铺设无缝线路的要求（轨枕头外侧应有 30 mm 以上的道砟宽度），是无缝线路的薄弱环节，所以要采取如下措施。

（1）要控制作业轨温。如扒道床、起道、拨道、抽换枕木等要在锁定轨温为 -15~+10 ℃时进行，必要时可用石砟压住枕木头以增加道床阻力。

（2）加强钢筋混凝土梁的技术改造，加宽加高道砟槽边墙，使石砟达到宽度和厚度标准的要求。

（3）桥头两端各 50 m 以内加强防爬锁定。

5.2.2　曲线超高

曲线上明桥面线路外轨超高的设置可采用以下方法。

（1）在桥枕刻槽容许范围内设置超高（超高较小时）。

（2）在墩台顶面做成超高，使钢梁带有横向坡度，采用此法时需检算钢梁斜放后的应力和稳定性，并注意排除钢梁积水。

（3）楔形桥枕，根据曲线半径大小而定。在缺乏大木料时，也可采用两根枕木组合的形式，下面一根采用标准桥枕，上面一根在轨底处的最小厚度为 140 mm。

曲线上道砟桥面外轨超高用道砟厚度调整。

5.2.3　桥面上的钢轨防爬措施

明桥面上线路一般不安装防爬器，仅在桥两端锁定线路（桥梁前后各 15 m 的线路要增加防爬设备），桥上使用道钉扣件。当桥上钢轨仍有爬行，或温度跨度较大的钢桥挤严的轨缝被拉开，且影响调节器的正常使用时，才容许安装防爬器。

明桥面采用或部分采用 K 型分开式扣件（每根桥枕扣压力可达 15 kN,而普通道钉仅40 N），能有效防止钢轨爬行，如图 5-2 和图 5-3 所示。

1. 多跨 40 m 简支钢梁桥一般轨道钢轨的防爬措施

1）防爬设施设置标准

防爬设施设置标准见表 5-2。

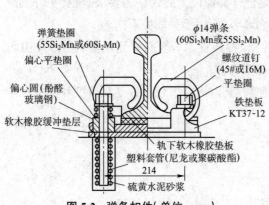

图5-2 弹条扣件(单位:mm)

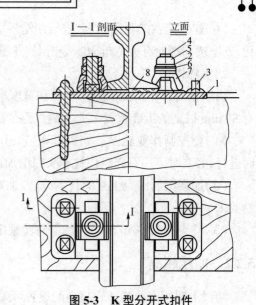

图5-3 K型分开式扣件

1—垫板;2—平垫圈;3—螺纹道钉;4—轨卡螺栓;
5—螺母;6—弹簧垫圈;7—轨卡;8—轨下垫板

表5-2 防爬设施设置标准

线路特征		通过总重<1 500 Mt/km 或最高行车速度<50 km/h		通过总重≥1 500 Mt/km 或最高行车速度≥50 km/h	
		每片梁K型分开式扣件扣紧数量	每片梁防爬器数量/对	每片梁K型分开式扣件扣紧数量	每片梁防爬器数量/对
双线区间单方向运行的线路	重车方向	1/4	6	1/3	10
	轻车方向		2		8
单线线路两方向运量大致相等地段		1/4	两方向均为 4	1/3	两方向均为 8
单线线路两方向运量显著不同地段	重车方向	1/4	1/3	1/3	10
	轻车方向		2		8
桥上护轨应在每25 m 范围钢轨上至少设置1正1反防爬器					

2)对防爬设施铺设、养护的要求

(1)根据轨温变化计算的要求,将桥上的钢轨轨缝拉匀(有伸缩调节器时则应挤严),钢轨接头夹板螺栓扭矩按《铁路路基工程施工安全技术规程》(TB 10302—2020)的规定确定,例如 50 kg/m 钢轨为 500~600 N·m。

(2)按照表5-2的标准,配置应扣紧轨底的 K 型分开式扣件数量(其余则采用不扣轨底的 K 型分开式扣件或普通道钉相配合)或配置防爬器。

(3)K 型分开式扣件或防爬器应安装在桥梁跨中的 25 m 或 12.5 m 钢轨上,当一根钢轨跨相邻两孔梁时,K 型分开式扣件或防爬器应配置在较长的一端,同时不宜设置在距梁端

2 m 的范围内。

（4）K 型分开式扣件轨卡螺栓扣紧轨底的螺母扭矩应为 80~120 N·m。安装防爬器时，为了避免拉坏桥枕，应安装在钢板梁的防爬角钢处。

（5）经常检查，使 K 型分开式扣件轨卡螺栓扣紧轨底，螺母扭矩保持正常，防爬器应经常打紧，并随时打紧浮起道钉。

（6）铁垫板下垫层不宜过厚，采用胶垫层以 4~12 mm 为好。当采用木、竹、塑料垫板时，可增加厚度，但一般不宜超过 20 mm。

（7）认真执行支座养护标准，并检查支座锚栓状态。

2. 明桥面钢轨防爬设施布置安装的基本原则

在任何多跨简支钢梁桥上，一般钢轨防爬的关键技术是合理确定桥上轨道扣压力的大小及分布；合理调节钢轨接头阻力的大小，以保证桥上线路在具有足够防止钢轨爬行的纵向阻力的前提下，最大限度地减小梁轨之间的相互作用力，即减小作用在梁支座、墩台上的作用力。

其他不同跨度、不同形式的明桥面轨道防爬设施标准可依照上述原则进行试验后确定。

【任务 5.2 同步练习】

任务 5.3　伸缩调节器

钢轨伸缩调节器（又称温度调节器）是一种调节钢轨伸缩的设备。在轨道上安设钢轨伸缩调节器，可利用尖轨或基本轨相对错动调节轨线的胀缩，常用在大跨度钢梁桥上、桥头上和无缝线路需调节钢轨伸缩量的地段。钢轨伸缩调节器是在铁路的钢轨伸缩时，保持其轨缝变化不致过大，以维持线路通顺的装置。在特大跨度铁路桥梁上，特别是在悬索桥上，除考虑结构伸缩给桥面带来的影响外，还应考虑结构的角变位影响。

5.3.1　桥上线路铺设伸缩调节器的条件

（1）温度跨度超过 100 m 的桥梁。

（2）跨度超过 60 m 或 100 m 的连续钢桁梁桥或简支梁无砟桥上铺设无缝线路。

以上两项均应铺设调节器，调节器应安设在活动支座附近。对于连续梁应安设在钢梁与桥台及两联钢梁接头处。

（3）在跨度为 30~40 m 的无砟桥上铺设无缝线路,如附加纵向力很大,为防止其超过容许值,常采取措施减小扣件纵向阻力,使钢轨在一定范围内伸缩。在扣件阻力较小的情况下,为防止冬季钢轨折断时断缝过大,可在桥上设伸缩调节器。

（4）在钢筋混凝土桥上（有砟桥或无砟无枕桥）铺设无缝线路,如遇到以下三种情况之一,需铺设伸缩调节器：

①桥上设有闭塞信号机；

②与大跨度钢梁桥连接；

③桥头有小半径曲线或道岔等结构物。

长轨节在桥上断开时,为减小列车通过接头的振动冲击,长轨节之间应尽可能采用伸缩调节器连接,长轨端与伸缩调节器应直接焊接,这样列车通过时垂直方向簧下加速度可比普通接头小 80%。

（5）伸缩调节器应避开半径小的曲线地段。

5.3.2 伸缩调节器的结构及类型

伸缩调节器如图 5-4 所示。

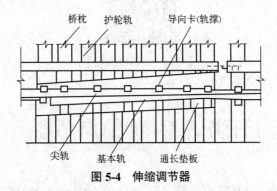

图 5-4 伸缩调节器

（1）调节器按平面形式可分为曲线型、斜线型和折线型三种。

（2）调节器按断面构造形式可分为以下三种。

①尖轨与基本轨均采用普通钢轨,尖轨与基本轨的结合采用切底式（图 5-5）。

②尖轨采用高型特种断面钢轨,基本轨采用普通钢轨,尖轨与基本轨的结合采用爬底式（图 5-6）。

③尖轨采用矮型特种断面钢轨,在尖轨底加一块滑床板（图 5-7）。

图 5-5　切底式

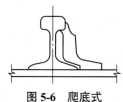

图 5-6　爬底式

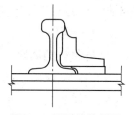

图 5-7　矮型特种断面

（3）调节器的垫板。在无砟桥上铺设伸缩调节器多采用通长大垫板,也可采用分开式小垫板。在钢筋混凝土桥上或桥头线路上铺设时,为养护维修方便,采用分开式小垫板。垫板轨底坡度为 1:20 或 1:40。

5.3.3　伸缩调节器的使用

（1）在温度跨度超过 100 m(位于无缝线路上的桥梁跨度超过 60 m)的钢桥上,每一温度跨度安装一组伸缩调节器。安装时应使调节器尖轨尖端与重车方向一致,但曲线型伸缩调节器不受此限制。

（2）最大伸缩量在大跨度钢桥上应满足当地最高、最低温度时钢梁长度的变化另加活载通过时的影响。

在多跨简支梁桥或桥头路基上采用有伸缩调节器的无缝线路时,由于长轨节的位移量大小与当地温度幅度、伸缩调节器的阻力、扣件阻力和行车条件有关,所以在复线铁路单向行车的情况下,长轨节的始端与它的终端伸缩量经常是不相等的,夏季终端伸缩量大,冬季始端伸缩量大。在年通过总重为 50~60 Mt·km/km 时,使用 50 kg/m 钢轨、混凝土宽轨枕,伸缩阻力约为 100 kN,扣件纵向单位阻力为 2 940~5 880 N/m 的线路上,测得长轨节顺行车端位移量是逆行车端位移的 2~3 倍,所以伸缩调节器应有充分伸缩预留量。

（3）斜线型及折线型调节器的尖轨尖端处轨距须与当时温度和钢梁的温度跨度相适应。

（4）禁止使用有下列缺点之一的伸缩调节器:

①基本轨垂直磨耗量超过 6 mm;

②在尖轨轨头顶面宽度为 50 mm 以上的断面处,尖轨发生垂直磨耗,其轨顶低于基本轨顶面 2 mm;

③基本轨或尖轨轨头剥落掉块长度超过 30 mm,深度超过 8 mm;

④轨头侧面磨耗,影响伸缩调节器范围内轨距调整,轨距偏差经常超过容许限度。

5.3.4　伸缩调节器的养护维修工作

（1）定期擦拭、涂油,保持清洁和伸缩灵活。

（2）检查尖轨尖端与基本轨密贴情况,如出现 1 mm 间隙,必须及时调整处理,如调整轨撑和铁座间的调整片厚度,在导向卡与尖轨间加铁线卡使其密贴等。如导向卡磨耗或螺栓损坏,应进行更换。

（3）拧紧松动螺栓。

（4）及时消除尖轨或基本轨因车轮碾压而产生的肥边（用砂轮打磨或风铲铲除）。

（5）经常检查"切底式"基本轨开始切割部位有无裂纹,检查并及时消除大垫板端部附近枕木的吊板。

（6）防止调节器异常伸缩,斜线型和折线型调节器要防止基本轨纵向位移,曲线型调节器要防止尖轨纵向位移,避免调节器的轨距变化。

（7）在大垫板上刻标记或安装标尺,每日定时（接近日最高、最低温度时）测量尖轨尖端至基本轨弯折点的距离（曲线型调节器为大垫板端部至基本轨端部的距离）及当时钢梁温度和钢轨温度,并做好记录,再与理论尺寸对照,如超过容许范围应查明原因进行整正。

5.3.5　伸缩调节器的更换

调节器主要部件损坏时,可进行个别更换,但为使调节器两侧基本轨尖轨高度一致,不因新旧不一发生高差,常常整组更换。整组更换需要较长封锁时间,具体施工程序如下。

1. 准备工作

（1）搬运新调节器至铺设地点附近,使尖轨顺重车或行车方向安放。

（2）测量新旧调节器轨温,计算 $f+a$ 值,核对调节器全长,普通钢轨制作的尖轨应根据确定的尖轨长度进行锯轨钻孔。

（3）分股组装并稍缩小 a 值,使新调节器全长略短于旧调节器的全长以利于换入。

（4）松紧旧调节器各种螺栓一次,如有轨距杆先拆除。

（5）更换引桥上的调节器,如需同时更换调节器下枕木,应去除枕木底以上道砟,经清筛后连同需补充的道砟用土箕装好放在附近地点。

2. 封锁后更换工作

（1）按规定设置防护。

（2）在正桥上更换时,一组工人拆除旧调节器,另一组工人利用桁梁断面联结系挂倒链滑车将新调节器分股吊到小车上,小车支承在护轨上,推小车至铺设地点,用同样方法起吊落位。

（3）在引桥上连同枕木更换时,一组工人拆除旧调节器及枕木,另一组工人在邻近正轨上拼装好成组（包括枕木）调节器,在线路钢轨上涂油将新调节器拖拉就位（铺设地点处临时放置两根钢轨支承）,用起道机顶起调节器,抽出钢轨然后落位,回填石砟。

（4）用轨缝调整器拉动调节器尖轨（或基本轨）,消除轨缝后安装夹板及螺栓,检查轨距水平并钉道。

（5）撤除防护。

采用上述方法施工时，根据某桥实际情况，正桥上更换一组调节器，封锁时间约需1 h，引桥上更换一组调节器（连枕木）约需1.5 h，施工人员12~16人。

3. 清理场地

施工完毕后，清理场地，运出旧调节器。

【任务5.3同步练习】

任务5.4 护轨养护

护轨是指在轨道上钢轨内侧加铺的不承受车轮竖直荷载的钢轨，按铺设地点不同有不同的作用。在道岔辙叉处的护轨，铺在辙叉有害空间相对的钢轨内侧，引导车轮通过有害空间，避免撞击叉心尖端；在桥梁上的护轨可防止已脱轨的车辆撞击桥梁或坠于桥下，在小半径曲线上在内轨内侧铺设护轨，可减少外轨侧面磨耗。

5.4.1 护轨的作用

当机车车辆在桥头或桥上脱轨时，护轨可将脱轨车轮引导并限制于护轨与基本轨之间的轮缘槽内继续顺桥滚出，以免机车车辆向旁偏离撞击桥梁或自桥上坠下，造成严重事故。此外，也有可能帮助已脱轨的机车车辆的车轮重新爬上基本轨，所以它是重要的安全设施。

5.4.2 护轨的铺设条件

在下列情况下，桥上应铺设护轨。

（1）特大桥及大中桥。

（2）桥长等于或大于10 m的小桥，当曲线半径小于或等于600 m，或桥高大于6 m时。

（3）跨越铁路、重要公路、城市交通要道的立交桥。

（4）多线桥上的各线均按上述第（1）、（2）、（3）条铺设护轨，多线连续框架桥可只在两外侧线路铺设护轨。

5.4.3　护轨的铺设要求

（1）护轨铺设于基本轨内侧，护轨与基本轨头部间净距：对于明桥面为（220±10）mm，铺设 60 kg/m 以上基本轨时，其净距为（220±10）mm。

（2）护轨顶面不应高出基本轨顶面，也不应低于基本轨顶面 25 mm，护轨一般应采用与基本轨同类型的钢轨，但目前多使用旧轨，比基本轨矮，当护轨高度过低时，应更换适当类型的钢轨或在护轨下加垫垫板。当垫板厚度小于 20 mm 时可用纵向长木垫板（道砟桥面也可用横向木垫板），每股护轨应在每隔一根桥枕上和每根线路枕木上钉两个道钉（在一根枕木上钉成"八"字形）；垫板厚度超过 20 mm 时，每股护轨应在每根桥枕上钉两个道钉；当垫板厚度为 30 mm（最大不得超过 35 mm）时，必须采用铁垫板（可以切边）和加长道钉。

（3）每个护轨接头安装 4 个螺栓，螺栓帽应全部安装在线路中心一侧。

（4）在调节器部位的护轨接头应有伸缩装置（用一端带长孔的夹板），其伸缩量与基本轨相同。

（5）护轨伸出桥台挡砟墙以外的直轨部分应不小于 5 m（直线上桥长超过 50 m，曲线上桥长超过 30 m 的桥梁为 10 m），然后弯曲交会于线路中心，轨端切成不陡于 1∶1 的斜面，用螺栓穿联牢固做成梭头。弯轨部分的长度不小于 5 m，任何情况下护轨应满铺全部桥台长度，轨端超出台尾的长度不小于 2 m。

（6）自动闭塞区间，在护轨交会处或最外钢轨接头处安装绝缘衬垫，防止养护作业时护轨与基本轨间因偶然有导电物体搁置造成短路，使自动闭塞信号显示错误。

（7）护轨有爬行时，允许安装防爬器。

5.4.4　护轨的养护工作

（1）经常保持护轨夹板螺栓、道钉及垫板的安装符合规定，完整无缺，不失效。

（2）经常保持护轨与基本轨间的距离和轨顶高差符合规定，护轨平行于基本轨。明桥面护轨高度不足，使用木垫板时，其长度不短于 2 个桥枕间距，接头应在桥枕上，木板应做防腐处理，轨底悬空大于 5 mm 的处所不超过 5%。

（3）在自动闭塞区间，护轨铁垫板（或道钉）与基本轨铁垫板间应有不小于 15 mm 的净距。

（4）维修时应进行护轨夹板涂油。靠基本轨一侧接头错牙不大于 5 mm。

（5）大跨度钢桥安装伸缩调节器的部位，护轨伸缩应正常，护轨如发生爬行，要进行拉轨并适当安装防爬器。

（6）保持梭头连接牢固，原为木梭头者均应逐步更换。梭头应置于枕木上，尖端悬空不大于 5 mm。

【任务 5.4 同步练习】

任务 5.5　桥枕养护

5.5.1　桥枕的作用及规格

桥枕是明桥面上最重要的设备,其作用如下。

(1)直接承受由钢轨传来的竖向力和水平力,并把这些力均衡地分布到钢梁上。

(2)固定钢轨位置,防止钢轨倾覆或纵向及横向移位,保持轨距。

桥枕的标准断面和长度,应根据主梁或纵梁中心距的不同,按表 5-3 的规定选用。

表 5-3　桥枕规格

主梁或纵梁中心距/m	桥枕标准断面		长度/mm	附注
	宽度/mm	高度/mm		
1.5~2.0	200	240	3 000	1. 双腹板或多腹板的主梁以内侧腹板间距为准;
2.0~2.2	220	260	3 000	
2.2~2.3	220	280	3 200	2. 现设计纵梁间距一般为 2 m
2.3~2.5	240	300	3 200 或 3 400	

5.5.2　桥枕铺设的技术标准

(1)为使桥枕受力均衡,桥枕应与线路中线垂直。在斜桥及曲线桥上,可在桥头或钢梁端部采取措施,如加厚挡砟墙、接长纵梁或采取扇形布置等使桥枕逐渐转成与钢梁中线垂直。

(2)两桥枕间净距为 100~180 mm(横梁处除外),专用线上可放宽到 210 mm,并尽可能使桥枕净距保持均匀。

桥枕净距不能大于规定的尺寸,因为桥枕过稀,不但会增加单个桥枕负担,而且当列车脱轨时,轮缘会卡在枕木间,不易拉出桥外,甚至会把桥枕切断,造成严重后果。但是,桥枕净距也不能小于规定尺寸,因为桥枕过密,既浪费木材,又给抽移桥枕及清扫钢梁等作业造成困难。

（3）桥枕不能铺在横梁上，因为如果桥枕铺在横梁上，会使横梁直接承受车轮压力和冲击，不利于清扫和排水，会加重横梁上盖板的锈蚀，对横梁的结构不利。同时，由于横梁上的桥枕弹性比支承在两根纵梁上的桥枕弹性小，会造成轨道软硬不均，对行车也不利。

靠近横梁的桥枕，枕与横梁翼缘边缘之间应留出 15 mm 及以上的缝隙，以利于横梁的排水和清扫。

如横梁两侧桥枕间净距在 300 mm 及以上，且桥枕顶面距横梁顶面在 50 mm 以上，那么应在横梁上垫短枕承托，短枕与护轨可靠连接，短枕与正轨之间应留出空隙（一般为 5~10 mm）。这样，既能防止脱轨车轮陷入桥枕间或切断桥枕而造成严重后果，又能使横梁不致直接承受车轮压力和冲击。

（4）桥枕与钢梁联结系之间应留有一定空隙（至少 3 mm 以上），保证在列车通过时，桥枕底部不接触钢梁联结系的任何部分（包括联结铆钉）。如有接触，可以在桥枕下挖槽。如果钢梁上平联结系位置较高，应将其改造降低，因为联结系杆件比较薄弱，如直接承压，将产生弯曲、裂纹和铆钉松动等病害。

（5）有桥面系的上承钢梁，桥枕只能铺设在纵梁上，但是，设计允许铺设在主梁翼缘上者除外。

（6）桥台挡砟墙上应铺设双枕，以改善和加强明桥面与桥台连接段的轨道受力状况。双枕可用短枕、普枕或桥枕，并用螺栓联结固定在挡砟墙上，但不能用钢筋混凝土轨枕。

5.5.3 桥枕的失效标准及更换要求

桥枕状态达到下列条件之一时，即为失效桥枕。

（1）标准断面桥枕因腐朽、挖补、削平和挖槽累计深度超过 80 mm（按全宽计）。

（2）道钉孔周围腐朽严重，无处改孔，不能持钉及保持轨距。

（3）桥枕内部严重腐朽。

（4）通裂严重，影响共同受力。

有连续两根及以上的失效桥枕时应予立即抽换，钢轨接头处的 4 根桥枕不容许失效。

一孔梁上的桥枕失效达 25% 及以上时应进行整孔更换，单根抽换时，可使用整修后的桥枕。

5.5.4 桥枕的更换作业

1. 全面更换桥枕

全面更换桥枕首先要进行桥面抄平，抄平应用水准仪进行。通过抄平，测出钢梁上各放置桥枕位置的标高，然后根据上拱度设置要求，以及考虑线路坡度、曲线超高的影响，确定每根桥枕高度，即可依此加工刻槽制作新桥枕。一般均需封锁线路，其方法可分为以下两种。

（1）大揭盖。将桥上线路拆开，移除钢轨，然后将旧桥枕逐根更换为新桥枕，最后铺好桥上钢轨。这个方法需要的时间较长。为了缩短封锁时间,一般按一节钢轨的长度逐一进行更换,即取下一节钢轨,撤走铁垫板及旧桥枕,随即铺好新桥枕,立即安装基本轨恢复线路,然后再度封锁,撤换下一节钢轨下的旧桥枕。

（2）逐段抽换。在一定长度内松开桥上钢轨与桥枕的连接,用千斤顶顶起钢轨及护轨并用垫木楔住。旧桥枕和新桥枕都由两侧横向移出或穿入,最后落下钢轨恢复线路,这种方法可视封锁时间的长短,掌握每次抽换数量,条件是桥梁两侧应有人行道。

2. 单根抽换桥枕

单根抽换桥枕可以在不拆卸钢轨的条件下进行,因目前多数桥梁都有三角侧向支架的人行道,站在上面即可顺利地抽出旧桥枕换入新桥枕。

对于下承式板梁,因两边有腹板挡住,桥枕从两侧抽不出来,所以一般要拆去一股钢轨才能进行。但当纵梁间距及主梁中心距都足够大时,也可以不拆除钢轨,从纵梁与钢轨间抽穿桥枕。下承式板梁抽换桥枕作业流程如图 5-8 所示。

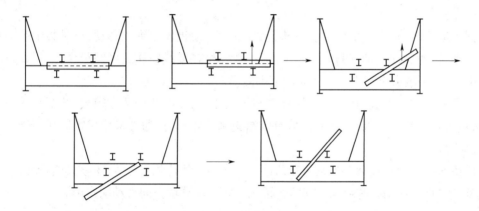

图 5-8 下承式板梁抽换桥枕作业流程图

3. 更换桥枕作业

1）准备工作

先按钢梁长度计算确定桥枕根数与间距,然后把新桥枕运到工地,并按顺序编号。对抽换桥枕的工具要进行检查,并预先安放好,拆除桥上步行板、护木,隔一根桥枕拆下一个钩螺栓,同时起掉冒起道钉。

2）基本作业

拆除一次所需更换桥枕上的钩螺栓,用千斤顶抬起钢轨及护轨（或将其拆去）,用抽换桥枕工具依次抽出旧桥枕,清扫钢梁上盖板,以同样方法及相反的步骤换入新桥枕,落道,拆除千斤顶（或抬回基本轨与护轨）,恢复线路,检查轨距、水平,新桥枕每股轨打入两只道钉,安装一半或 1/3 的螺栓,让列车通过。

3）整理工作

补齐并拧紧螺栓，钉齐道钉，装上护木、步行板等，使桥面与线路恢复完好状态。清理工具，运走旧桥枕等材料，更换桥枕的质量要求应符合验收标准。

【任务 5.5 同步练习】

任务 5.6 防爬设备养护

列车运行时，常常产生作用在钢轨上的纵向力，使钢轨做纵向移动，有时甚至带动轨枕一起移动，这种纵向移动，叫作爬行。爬行一般发生在复线铁路的区间正线、单线铁路的重车方向、长大下坡道上和进站时的制动范围内。

线路爬行往往引起轨缝不匀，轨枕歪斜等现象，对线路的破坏性很大，甚至造成小涨轨跑道，危及行车安全。因此，必须采取有效措施来防止爬行，通常采用防爬器和防爬撑来防止线路爬行。

明桥面防爬设备包括护木及防爬角钢。护木固定桥枕相互位置，不使其爬行和偏斜，同时起到第二护轨作用。防爬角钢起防止桥枕连同护木顺桥方向移动的作用。

5.6.1 护木

护木标准断面为 150 mm×150 mm，在与桥枕联结处刻 20~30 mm 深的槽口与枕木卡紧。当桥面上护木螺栓与钩螺栓不共用时，护木在每隔一根桥枕上以及纵梁两端安装防爬角钢和护木搭接的桥枕上均应用直径为 20~22 mm 的螺栓联结牢固，上下均配以 80 mm×80 mm×8 mm 的铁垫圈及 80 mm×80 mm×10~20 mm 的木（或 6~10 mm 厚的橡胶）垫圈。螺栓顶超过基本轨顶不得大于 20 mm。护木采用半木搭接设于桥枕上（图 5-9）。

护木内侧与基本轨头部外侧距离：Ⅰ式布置时最小距离为 200 mm，最大距离为 500 mm；Ⅱ式布置时最小距离为 300 mm，最大距离为 500 mm。

护木应为一直线，如因钢梁类型不一必须错开时，在接头处靠外面一根护木的内侧加三角形木块并用螺栓联牢（图 5-10），使脱轨车轮能贴护木内侧通过，防止撞击或越出护木。护木在钢梁活动端应断开并留一定空隙，使其能与钢梁共同移动。护木的防腐及养护同桥枕，制作时应涂防腐浆膏或热防腐油两度。

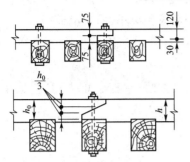

图 5-9　护木搭接图(单位:mm)

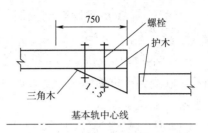

图 5-10　护木端错开图(单位:mm)

5.6.2　防爬角钢

跨度在 5 m 及以上的钢梁,每孔梁两端各安装一对防爬角钢,如跨度较长,仅在端部安装尚不能阻止桥面爬行或两端防爬角钢有切入桥枕的现象时,可在中部每隔 5~10 m 再安装一对。

有桥面系的钢梁,每个节间纵梁两端各安装一对,当节间长度在 4 m 以下时,可在每两个节间纵梁的两端各安装一对。

防爬角钢最小尺寸为 120 mm × 80 mm × 12 mm,钢梁两端防爬角钢的水平肢应装成相反方向,桥枕与防爬角钢垂直肢间应垫 15~30 mm 厚的木板,并用直径为 20~22 mm 的螺栓与桥枕联牢。

【任务 5.6 同步练习】

任务 5.7　钢桥养护

5.7.1　钢桥的基本知识

凡桥的上部结构是由钢制作的统称为钢桥,对长大跨度的桥梁采用钢桥比较经济合理。

1.钢桥的特点

1)钢桥的主要优点

(1)强度大而且质量轻,钢材的密度与许用应力的比值是各种常见材料中最小的,也就是说在抵抗同样外力的情况下,钢结构需要的断面积和体积最小,质量也最轻。

（2）运送、拼接和架设都比较简便,可以全部在工厂中制造后直接运送到工地拼装架设。

（3）在活载增加或桥梁部分损伤时,修理加固比较方便,一般都可以在维持通车的条件下进行。在受到严重损坏或遭受破坏时,能够在较短时间内修复。

2）钢桥的主要缺点

（1）容易生锈,需要涂刷油漆保护。

（2）需要采用明桥面,桥枕直接搁置在钢梁上,钢梁受到的活载冲击要比圬工梁拱大,养护费用较高。

因此,目前中、小跨度的钢梁已基本上被钢筋混凝土梁所取代。

2. 钢桥的材料

以往广泛用于桥梁的结构钢主要是甲 3 桥(A3q)碳素结构钢或 16 桥(16q)碳钢,它们都适合于焊接。为了减轻钢桥自重,目前已大量采用高强度的 16 锰桥(16Mnq)普通低合金钢及 15 锰钒氮桥梁钢(15MnVNq)。这种钢的含碳量与甲 3 桥钢相比并未增多,但是含锰量高,所以它的强度比甲 3 桥钢增加了 50%。

钢桥中其他各部分所用的钢料规格如下:

（1）铆钉采用铆螺 2(ML2)号钢;

（2）精制、普通螺栓采用甲 3(A3)号钢、铆螺 3(ML3)号钢。

（3）高强度螺栓采用螺栓用 40 硼(40B)钢、20 锰钛硼(20MnTiB)钢,螺母及垫圈用 45 号优质碳素钢、15 锰钒硼(15MnYB)钢。

（4）支座上下摆、摇轴和座板等采用 25 号铸钢。

（5）铰、辊轴采用 35 号锻钢。

3. 钢桥的连接

钢桥是通过一定的连接方式将各个杆件连成整体,钢结构的连接方式有铆接、焊接、普通螺栓连接和高强度螺栓连接。一般在工厂制造的时候,先将各部件组成构件,到了工地后再将各构件拼装成整孔的钢梁。根据连接方式的不同,钢梁可分为铆接梁、焊接梁、铆焊梁及工地采用高强度螺栓连接的栓焊梁。目前跨度在 100 m 以下的新建钢桥已逐渐采用栓焊梁。

1）铆接

铆接自 19 世纪中期即开始用于钢桥,在各种连接中使用历史最久,积累的经验最多,20 世纪 50 年代以前建造的钢桥,大多数是铆接的。铆接一般分为强固铆接、紧密铆接和密固铆接三种。在铆接钢梁中,杆件内力是靠铆钉的剪切或承压来传递的。铆接的缺点是制造和安装工艺复杂,拧铆时噪声大,劳动强度高,工效低。由于有钉孔削弱及需要使用拼接材料,故结构的耗钢量多。目前铆接除用于少数大跨度钢桥外,已逐步被焊接及高强螺栓连接所取代。

2）焊接

焊接连接是现代结构最主要的连接方法,它的优点有:不削弱构件截面,节省钢材;焊件间可直接焊接,构造简单,加工方便;连接的密封性好,刚度大;易于采用自动化生产。但是焊接连接也有如下缺点:在焊缝的热影响区内钢材的力学性能发生变化,材质变脆;焊接结构中不可避免地产生残余应力和残余变形,它们对结构的工作往往有不利影响;焊接结构对裂纹敏感,一旦局部产生裂纹,便有可能迅速扩展到整个截面,尤其在低温下更易发生脆断。

3）螺栓连接

Ⅰ.普通螺栓连接

普通螺栓连接是指用低碳钢制成的粗制螺栓及精制螺栓的连接,一般用来连接两个板层不太厚的构件。普通螺栓连接是钢结构中最古老的一种连接方法,它的优点是装拆方便,螺栓长度不受限制,缺点是栓杆与栓孔不密贴,结构会产生比较大的非弹性变形,承载力也不及铆钉。

Ⅱ.高强度螺栓连接

顾名思义,高强度螺栓是指螺栓用特种高强度钢制成。高强度螺栓形状与普通螺栓相似,但作用不同。普通螺栓虽也能拧紧,但栓杆的预拉力很小,受力后板束容易滑动。因此,普通螺栓连接全靠螺栓杆与孔壁间的挤压和螺栓杆的受剪来传递杆件内力,而高强度螺栓则是通过拧紧螺帽使栓杆产生很大的预拉力(即夹紧力),从而使板束间产生很大的摩擦力,杆件内力是靠钢板表面的摩擦力来传递的。由于高强度螺栓比同直径的铆钉承载力要大,而且内力传递靠摩擦力,故在受力相同时,需要的高强度螺栓数目比铆钉少。高强度螺栓的连接靠钢板表面间的摩擦力,由于传递面积大,它既没有焊接梁存在的焊接应力及变形问题,也没有铆接梁存在的钉孔处的应力集中现象,可以提高构件的疲劳强度,这就是高强度螺栓连接的特点。图 5-11 为铆接、高强度螺栓连接与焊接示意图。值得注意的是,高强度螺栓的承载能力是以抗滑强度来表示的,所以被连接的钢板面应符合设计要求,扭矩值必须达到一定的预应力值。

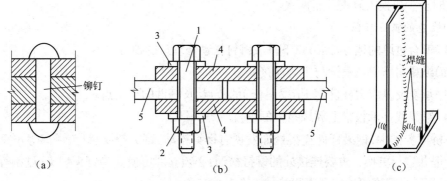

图 5-11　铆接、高强度螺栓连接与焊接

（a）铆接　（b）高强度螺栓连接　（c）焊接

1—高强度螺栓;2—高强度螺母;3—垫圈;4—拼接板;5—杆件

铆接的最大优点是具有极良好的弹塑柔韧性,而采用焊接则可避免因钉孔而削弱杆件截面。焊接钢梁与铆接钢梁比较,可以节约钢材 15%~20%;在养护方面,不需要抽换松动铆钉;且因焊接梁构件简单平整,不再有窄小缝隙和铆钉头,减少了涂刷除锈油漆的工作强度。焊接是刚性连接,存在焊接应力与焊接变形问题,应特别强调对焊缝质量的检查。工厂采用焊接能保证焊接质量,工地采用高强度螺栓连接,施工简便,既能节约钢材(比铆接节省15% 左右),又可免除工地复杂的焊接操作和焊缝质量检查,也不必像铆接那样需要熟练的铆工,而且所需工具简单,可提高工效 40%,所以高强度螺栓连接法从架设施工到养护都较方便。

5.7.2 钢结构的修理

1. 铆钉的检查及更换

1)铆钉的检查方法

钢梁铆钉松动是最常见的病害,也是铆接钢梁的主要病害之一。

判断铆钉是否松动一般可用下列三种方法。

(1)目视。铆钉头处有流锈或周围油漆有裂纹时,铆钉可能松动。铆钉头与钢料不密贴,钉头飞边、缺边、裂纹、锈蚀烂头及歪斜等可用肉眼观察或用塞尺、拉弦线检查。

(2)听声。用 0.2~0.4 kg 的检查小锤敲打两侧的钉头,若发出哑声或震动的响声,即可判别是松动的铆钉。但这个方法不易掌握,要多敲多听,重敲细辨,屏气静听,认真进行分辨。

(3)敲摸。检查时按着一端钉头或把手指靠在铆钉头的一边,用检查锤在另一侧敲打,如感到震手或铆钉颤动,即可判定是松动的铆钉。检查时也可使用一根圆头杆(长 120 mm 的铁棒,圆头直径为 12 mm)放在不敲的一边,如果敲打时圆头杆没有跳动,说明铆钉没有松动。

实际检查中,常常三种方法结合使用。要正确判断铆钉是否松动须有一定的实际经验,故检查时至少应换人复查一至两次。

2)检查的重点部位

(1)铆合过厚的地方、因节点下垂或铆钉松动修理过的地方。

(2)纵梁与横梁及横梁与主梁连接处。

(3)承受反复应力杆件(如桁梁斜杆)的节点、长杆件的交叉点。

(4)纵梁或上承板梁上翼缘角钢的垂直肢等。

在桥梁养护中,钢梁杆件连接处如发现有铆钉松动、钉头裂纹、钉头浮离等不良状态应做好标记并进行更换。主要连接处的铆钉松动,必须立即更换。铆钉头烂头、过小等不良状态,应根据不良程度再确定是否更换。

3）更换铆钉

更换铆钉时须采用机铆,更换铆钉的工作可分为拆除旧钉、烧钉和铆合新钉三个步骤。

在行车线上拆除铆钉时,连接处少于 10 个铆钉时,每次只准拆除一个;多于 10 个时,每次只容许拆除 1/10;主梁或纵梁上翼缘角钢垂直肢的组合铆钉,每次只准拆除一个。若经计算许可,方可一次拆除比以上所述个数多的铆钉。在行车线上不可能长时间封锁线路,铲除旧铆钉后应立即以精制螺栓上紧,必要时,可使用不多于 30% 的冲钉。铆合应在列车运行的间隔内进行,冲钉、螺栓应拆一个铆一个。

2. 钢梁焊缝及邻近钢材裂纹的修理

1）焊缝的检查

（1）目视法。观察焊缝及邻近部位的漆膜状态,发现可疑处时将漆膜除去,用 10 倍放大镜检查。

（2）铲去表面金属法。将可疑处的漆膜去除,铲去一薄层金属观察是否有裂纹,如未发现裂纹,不得重铲。

（3）硝酸酒精浸蚀法。将可疑处漆膜去除,打光,用丙酮或苯洗净,滴上体积分数为 5%~10% 的硝酸酒精溶液(该浓度视钢材表面粗糙度而定,表面粗糙度高时,浓度宜低)浸蚀,如有裂纹即有褐色显示。

（4）着色探伤法。将可疑处漆膜去除,打光、洗净(用丙酮或苯)、吹干后喷涂渗透液,隔 5~10 min,最长 30 min(时间根据表面粗糙度与气温而定)后,用洗净液除去多余的渗透液,擦干,再喷涂白色显示液,干燥后在缺陷处即可显示红色痕迹,这个方法也可用于杆件裂纹的检查。着色探伤法液体配方见表 5-4。

表 5-4　着色探伤法液体配方

液体	配方
渗透液	硝基苯 100 mL,煤油 700 mL,苯 200 mL,红色染料(苏丹红)Ⅲ号 9 g
显示液	珂珞酊(火棉胶)700 mL,苯 200 mL,丙酮 100 mL,氧化锌白(或油质氧化锌白)50 g (注:700 mL 的珂珞酊配制方法是将 21.2 g 硝化棉溶于 567 mL 乙醚和 133 mL 蒸馏酒精混合液中)

2）检查的重点部位

（1）主、横梁连接处及纵、横梁连接处的焊缝及母材。

（2）对接焊缝。

（3）受拉或受反复应力作用的杆件焊缝及邻近焊缝热影响区的钢材。

（4）杆件断面变化处焊缝。

（5）联结系节点焊缝。

（6）加劲肋、横隔板及盖板处焊缝。

其中应特别注意对受反复应力的杆件及其接头处焊缝的检查。

3）焊缝裂纹的处理

经检查发现在焊缝及附近的钢材上有裂纹时，应做以下工作。

（1）立即向负责人汇报并根据裂纹的严重程度，采取保证列车安全运行的措施，如限速、限制过桥机型等。

（2）加强观察，必要时派专人监视。检查人员应在裂纹的尖端与裂纹垂直方向用红漆做出箭头标记，箭头指向裂纹的位置并与之相距 3~4 mm，在箭杆端部标明日期，并将裂纹的位置、长度、发展情况及检查日期记入"桥梁检查记录簿"（工桥 -1）内。

（3）防止裂纹发展的临时措施是在裂纹的尖端钻一个与钢板厚度大致相等的圆孔（直径一般为 10~12 mm），但最大不超过 32 mm。裂纹的尖端必须落入孔中。

（4）永久性的加固措施是采用高强度螺栓加固，加固前裂纹尖端处凡能钻孔者均应钻孔，必要时更换杆件或换梁。在不能保证焊缝质量的情况下，桥上焊缝不得补焊。

3. 高强度螺栓的更换

1）质量标准

栓焊梁的高强度螺栓连接部分不得有淌锈现象，高强度螺栓不得超拧（实际预拉力大于设计预拉力 10% 及以内）、欠拧（实际预拉力小于设计预拉力 10% 及以内）、漏拧、松动断裂或短缺，杆件不得有滑移。

2）检查工作

养护时，应经常对高强度螺栓进行细致的观测，切实掌握其技术状态。如发现异状，应及时分析原因，进行妥善处理，并记入"桥梁检查记录簿"（工桥 -1）内。

检查可用目视法和敲击法、应变仪测定法或扭矩测定法，在检查时还应选择具有代表性的节点，拆卸其螺栓总数的 2%（至少 1 个）细致检查螺栓及栓孔内壁锈蚀的情况，做好记录。

检查重点部位：主、横梁连接处及纵、横梁连接处，受拉、受反复应力作用的杆件节点及联结系节点处。

3）病害处理

（1）对经检查判明有严重锈蚀、裂纹或折断的高强度螺栓应立即更换。

（2）对延迟断裂的高强度螺栓还应详细记录断裂的时间、温度、所在部位、螺栓断口锈蚀情况，同时将实物送交有关单位分析原因。

（3）对经检查判明有严重欠拧、漏拧或超拧的高强度螺栓应予拆下。如卸下的螺栓无严重锈蚀、严重变形（指不能自由插入栓孔）和裂纹的，或施拧未超过设计预拉力 10% 以上的，可除锈涂油后再用，否则应予更换。

（4）安装高强度螺栓时，应将栓孔内壁清除干净。

（5）更换高强度螺栓时，对于大型节点，同时更换的数量不得超过该节点螺栓总数的 10%。

（6）对于螺栓数量较少的节点,则要逐个更换,并在桥上无车通过时进行。

4. 钢结构保护涂装

1）钢表面洁净度等级标准

Ⅰ. 喷射或抛射除锈

（1）Sa1——轻度的喷射或抛射除锈:钢材表面应无可见的油脂和污垢,并且没有附着不牢的氧化皮、铁锈和油漆层等附着物。

（2）Sa2——彻底的喷射或抛射除锈:钢材表面应无可见的油脂和污垢,并且氧化皮、铁锈和油漆涂层等附着物已基本清除,其残留物应是牢固附着的。

（3）Sa2.5——彻底的喷射或抛射除锈:钢材表面应无可见的油脂、污垢、氧化皮、铁锈和油漆涂层等附着物,任何残留的痕迹应仅是点状或条纹状的轻微色斑。

（4）Sa3——使钢材表面洁净的喷射或抛射除锈:钢材表面应无可见的油脂、污垢、氧化皮、铁锈和油漆涂层等附着物,钢材表面应显示均匀的金属色泽。

Ⅱ. 手工或动力除锈

（1）St2——钢材表面应无可见的油脂和污垢,并且没有附着不牢的氧化皮、铁锈和油漆涂层等附着物。

（2）St3——钢材表面应无可见的油脂和污垢,并且没有附着不牢的氧化皮、铁锈和油漆涂层等附着物。St3 级除锈应比 St2 级更为彻底,钢材显露部分的表面应具有金属光泽。

2）钢结构表面清理等级及粗糙度规定

Ⅰ. 清理等级要求

（1）热喷锌、铝或涂装环氧富锌底漆时,钢表面清理应达到 Sa3 级。

（2）涂装酚醛红丹、醇酸红丹、聚氨酯底漆或维护涂装环氧富锌及热喷锌时,钢表面清理应达到 Sa2.5 级。

（3）箱形梁内表面涂装环氧沥青底漆时,钢表面清理应达到 Sa2 级。

（4）人行道栏杆、扶手、托架、墩台吊篮、围栏等附属结构及铆钉头、螺栓头或局部维护涂装使用红丹底漆时,钢表面清理应达到 St3 级。

Ⅱ. 清理粗糙度要求

（1）涂装涂料涂层时,钢表面粗糙度 $R_Z = 25\sim60\ \mu m$;选用最大粗糙度不得超过涂装体系干膜厚度的 1/3。表面粗糙度超过要求时,需加涂一道底漆。

（2）热喷锌或铝金属时,钢表面粗糙度 $R_Z = 25\sim100\ \mu m$;当表面粗糙度 R_Z 超过 100 μm 时,涂层应至少超过轮廓峰 125~150 μm。

3）钢梁涂装标准

Ⅰ. 维护涂装

（1）钢梁涂膜粉化劣化达 3 级时,应清除涂层表面污渍,用细砂纸除去粉化物,然后覆盖相应的面漆二道。当涂膜粉化达 4 级、底漆完好时,也应按上述要求处理。

（2）钢梁涂膜起泡或裂纹或脱落的面积率 F 满足 $5\% \leqslant F < 33\%$ 时，清理钢表面损坏及周围疏松的涂层后，涂相应的底漆和面漆。

（3）钢梁涂膜生锈的面积率 F 满足 $0.5\% \leqslant F < 5\%$ 时，清除松散涂层，直到良好结合的涂层后，涂相应的底漆和面漆。

（4）钢梁热喷锌涂层生锈的面积率 F 满足 $0.5\% \leqslant F < 5\%$ 时，清除松动的锌涂层和涂料涂层，直到良好结合的锌涂层为止。在钢表面热喷锌涂层，或改涂环氧富锌底漆两道，然后涂相应的中间漆和面漆。

（5）涂膜局部严重损坏应及时清理和涂装。

Ⅱ.重新涂装

运营中的钢梁保护涂装起泡或裂纹、脱落的面积达 33%，点锈面积达 5%，粉化劣化达 4 级时，应进行整孔重新涂装。

4）钢梁涂装技术和施工条件

Ⅰ.涂装技术

（1）涂装用漆应符合《铁路钢桥保护涂装及涂料供货技术条件》（Q/CR 730—2019）的要求，并有复查合格证。施工前应对油漆的颜色及外观、弯曲性能、附着力、细度、干燥时间、流出时间等主要技术指标进行复验，还应进行试涂，符合要求后方可正式涂装。

（2）钢梁初始涂装和整孔重新涂装时，钢表面清理等级及粗糙度应达到规定的标准，涂装体系应根据杆件的部位和环境地区确定。

（3）涂膜维护涂装时，应对局部劣化部位按要求进行清理，按原涂装体系逐层进行涂装，新旧涂层间应有 50~80 mm 的过渡带，局部修理处干膜总厚度不应小于原涂装干膜的厚度。

（4）用涂料涂装时，应注意不同溶剂涂层的搭配。在节点和上盖板交界处，封孔层、中间层及聚氨酯盖板漆等强溶剂不允许涂在其他漆上。进行维护涂装时，如不可避免涂在其上时，应妥善处理。

（5）涂料涂层施工时，应严格按要求的道数及涂层厚度进行涂装，每道干膜厚度达不到要求时，应增加涂装道数，杆件边棱和难以涂装的部位应加厚或加涂一道。

（6）桥梁人行道栏杆、托架、墩台吊篮及围栏等附属结构，可按《铁路桥隧建筑物大修维修规则》中的Ⅰ、Ⅱ涂装体系涂装，其厚度可酌情低于表中所列数值。

（7）涂料中可加稀释剂调整施工黏度，稀释剂的品种应与所用涂料相适应，涂装时可根据涂料说明书实施。

Ⅱ.涂装施工条件

（1）严禁在雨、雪、凝露和相对湿度大于 80% 及风沙天气进行钢表面清理。

（2）环氧富锌、无机富锌、环氧沥青、聚氨酯等漆不允许在 10 ℃ 以下施工。

（3）钢表面清理后 4 h 内涂第一道底漆或热喷涂锌、铝层，热喷涂锌、铝层后须及时涂封孔剂。

（4）涂装涂层的最小间隔时间为 24 h，最大间隔时间为 7 d。如果超过 7 d，须用细砂纸打磨涂层表面后方能涂下一道漆。

5）涂装质量标准

（1）油漆涂层不允许有脱落、咬底、漏涂、起泡等缺陷。涂层应均匀、平整、丰满、有光泽，厚度应符合标准。

（2）热喷涂锌、铝金属涂层，不允许有碎裂、脱落、漏涂、分层、气泡等缺陷，涂层应致密、均匀，厚度应符合标准。

5. 钢结构涂装的修理

1）钢结构锈蚀的危害性

（1）造成钢梁杆件断面削弱。

（2）造成钢结构联结松弛。

（3）降低钢结构的承载能力。

（4）缩短钢结构的使用年限。

钢结构锈蚀严重者，将危及行车安全。

2）钢结构锈蚀的原因

钢结构锈蚀主要是指钢结构与大气中所含的氧气、水分、盐类，二氧化碳、二氧化硫、氮氧化物等酸性物质，及具有化学活性的物质发生化学或电化学作用的结果，这种现象被称为钢铁的腐蚀，这些变化通常会在钢铁表面产生松散堆积物——铁锈。钢铁腐蚀分为化学性腐蚀与电化学腐蚀两种。

3）漆膜失效的检查鉴定方法

漆膜粉化、露底、裂纹、剥落、起泡、吐锈等都是失效的现象。漆膜失效的检查鉴定方法如下。

Ⅰ. 肉眼观察

明显的面漆粉化、露底或龟裂、起泡、剥落、锈蚀等是容易发现的，但细小的裂纹及针尖状的吐锈等不容易被发现，可借助放大镜检查。另外，当发现漆膜表面有不正常的鼓起时（角落部位用光照射有凹凸不平时），下面可能有锈蚀。

Ⅱ. 用手触摸

用手指揩擦漆膜表面，如有粉末沾手，表示漆膜粉化。对角落隐蔽部位如手摸感到粗糙、凹凸不平，则可能有锈蚀存在。

Ⅲ. 刮膜检验

对有怀疑的部位，铲除表面漆膜检查钢料是否锈蚀，对有脱皮处，可用刮刀检查其失效范围。如用刮刀铲起漆膜，漆膜成刨花状卷起，底漆色泽鲜艳，则漆膜良好；如漆膜用刮刀一触即碎或呈粉末状，底漆色泽暗淡，或一并带起，说明漆膜已经失效或接近失效。

Ⅳ. 滴水检验

在漆膜表面喷水,如水珠很快流淌,无渗透现象,则漆膜完好;如水很快往里渗透或扩散,则表示漆膜粉化,渗水的深度即为漆膜失效的厚度。

4)除锈方法

钢梁除锈及表面处理的目的在于去除尘埃、油垢、水、氧化皮、铁锈或旧的不坚固的漆膜,以增强新涂漆膜与钢梁表面或旧漆膜间的附着力,提高漆膜质量。任何氧化皮或铁锈的余痕均会促使钢梁继续生锈,影响漆膜和钢梁的使用寿命。

常采用的除锈方法如下。

Ⅰ. 手工除锈

手工除锈一般指用各种钢丝刷、平铲、凿子或钢刮刀进行除锈,这个方法劳动强度大,效率低,一般在工作量不大时采用。

Ⅱ. 小型机械工具除锈

小型机械工具除锈指使用风钻(或电钻)装上钢丝刷除锈,如图 5-12 所示,或用小风铲进行除锈,效率比全用手工除锈高。

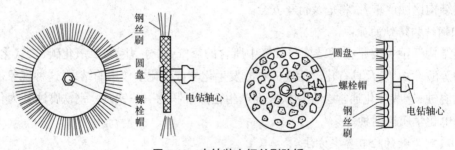

图 5-12　电钻装上钢丝刷除锈

Ⅲ. 喷砂除锈

喷砂器是利用压缩空气使洁净干燥的石英砂粒通过专用喷嘴以高速喷射于钢件表面,由于砂粒的冲击和摩擦,将旧漆膜、污垢、铁锈、氧化皮等全部除去,喷砂器的构造如图 5-13 所示。采用此法除锈效率高,质量好;缺点是施工时产生的粉尘会危害人体健康。也有采用湿喷砂,即水喷砂的,这样减少了粉尘,但要在水中加少量防锈剂,以保证钢件在短期内不生锈,其效果不如干喷砂。

5)防锈措施

Ⅰ. 磷化及喷锌

喷砂后,如不及时涂漆,为防止重新生锈,需在钢件表面上加涂一道磷化底漆,形成一层不溶性的磷酸盐保护膜,即所谓磷化处理。它能增强漆膜和钢铁表面的附着力,防止锈蚀,延长油漆的使用寿命,但在磷化底漆上仍需涂底漆和面漆。

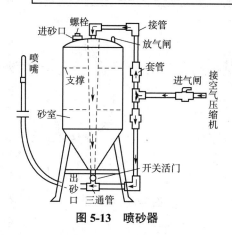

图 5-13　喷砂器

经过除锈处理的钢梁表面,特别是上盖板,现多采用喷锌或喷铝后再涂底漆来增强钢梁的防锈能力,效果比较显著。喷锌或喷铝是将不锈的金属丝(如锌丝、铝丝等)送入金属喷涂枪内燃烧的高温火焰中,使其熔化,然后借压缩空气的气流,以相当高的速度将熔化的金属丝吹成极微细的雾点,喷射在已处理过的钢梁表面上,使钢梁表面形成一层固结的金属层,在面上再涂聚氨基甲酸酯底漆二度,面漆四度,以达到防锈的目的。一般在空气中可以保持 50 年不锈。

Ⅱ. 喷漆

除锈完毕在涂油漆以前应用松节油或松香水洗擦,使钢件表面洁净,钢梁杆件间若有缝隙存在,则应先将缝隙清除干净,用亚麻仁油和红丹粉等配成的腻子(也可用过氯乙烯、环氧树脂等其他腻子)紧密填塞,钢梁涂油漆的层数,一般为底漆两层,面漆两层,对某些易受浸蚀处宜多涂一层面漆。钢梁用漆要按地区特点和部位的不同配套选用。油漆的种类很多,性能各有不同。底漆可选用红丹防锈漆或过氯乙烯聚氨酯底漆。面漆多用灰铝锌醇酸磁漆(又名 66 户外面漆),也可用过氯乙烯聚氨酯面漆。

过去涂油漆多用手工,现在广泛采用喷漆方法。喷漆是利用压缩空气在喷嘴处产生的负压,将漆流带出,分散为雾状,喷涂在钢梁表面上,喷漆设备如图 5-14 所示。这种方法工效高,速度快,漆膜光滑平整,可适应不同形状的钢梁表面,其缺点是油漆的利用率低。为了适于喷涂,须将油漆稀释到一定黏度,喷漆时喷雾大,影响工人健康,压缩空气应通过油水分离器,使之不含水分,否则漆膜易有斑点。

Ⅲ. 上盖板的防锈措施

喷砂除锈后也可不喷锌,在上盖板上涂以环氧树脂,在其表面上形成一层胶膜,防锈、耐磨、耐冲击性能显著。

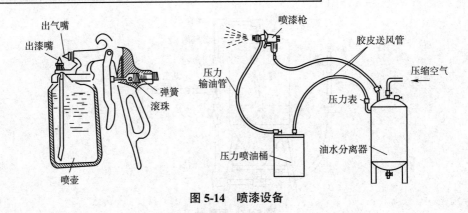

图 5-14　喷漆设备

【任务 5.7 同步练习】

任务 5.8　圬工梁拱和墩台养护

圬工梁拱和墩台养护包括:清除桥上及墩台顶面的污秽,防止顶面积水;疏通和改善排水设备,修补或添设防水层;对砌缝脱落砂浆进行勾缝,修整镶面;修整有蜂窝或剥落的混凝土保护层,处理风化表面石;修补局部表面破损;处理裂纹及因砂浆流失或施工不良而造成的内部空洞蜂窝;修整损坏的支承垫石;加固梁拱、墩台及基础;翻砌或更换圬工梁拱或墩台等。

5.8.1　排水和防水层

在养护工作中,必须经常保持墩台顶面的清洁,注意和保持圬工梁拱及墩台的排水畅通,以免水渗入圬工内造成病害。圬工梁拱及墩台的顶面上要有足够的纵向和横向流水坡,使雨水能随时流出墩台以外或流至较低地点经由泄水管(或槽)排出。原有流水坡面上的破裂或表面脱落、凹凸不平处等,须整修并将不平及凹坑处用砂浆抹平。如流水坡坡度过小,可用增加流水坡表层厚度的方法来改正,必要时另行加铺一层一定厚度的混凝土并进行表面抹光,做成 3% 的坡度。

圬工梁拱道砟槽内的排水方式有两种:一种是利用两片梁的中间空隙排水;另一种是在两侧安设排水管。排水管直径不小于 10 cm,在严寒地区不小于 15 cm, 1 m² 汇水面积应有

4 cm² 以上的管孔面积,上面盖铁丝网或铁罩,并用较大的石块覆盖。排水管可用铸铁管或混凝土管,汇水口至出水口必须顺直,防止管内堵塞,根据养护上的方便和实践经验证明以采用两侧排水的方式为好。拱桥上道砟槽内的排水可在拱圈中埋设排水管或将水流引到两相邻拱圈中间由排水管排出;单孔拱桥上的水可引至桥头路基盲沟内排出;对于高边墙的实体拱桥,为便于检查和清理,必要时可在拱圈排水管上设置检查孔。

所有排水管道出水口必须伸出建筑物外,不够长的要接长或进行更换,以免排出的水弄脏梁拱及墩台表面。要及时清除桥上及墩台上的污秽,疏通排水管,堵塞严重的要更换,冬季要除冰。桥上道砟不洁或拱桥中填筑材料风化不良的要及时清筛或更换,以经常保持排水畅通。

桥台后路堤或道砟槽内积水常使桥台潮湿或有水从镶面石砌缝内流出,可将台后填土换为砂夹卵石或碎石等透水性介质,或把翼墙内的路堤面盖一层黏土夯实,并做成顺路堤方向的下坡,在桥台翼墙内再做一道或两道盲沟使路堤内的水由盲沟排出路堤以外。开挖盲沟时,应先吊开钢轨,然后挖除石砟开挖土方,边挖边支撑。盲沟可用片石、碎石、河砂或炉渣等做成,如台后原有盲沟但已堵塞者应予疏通或重做。

圬工梁拱及墩台凡是可能被积水渗入的隐藏面(如道砟槽等)均应按铁总集团桥涵圬工防水处理办法铺设防水层,防止水渗入建筑物内。旧有梁拱如外露面发现有潮湿斑点、流白浆或其他潮湿的痕迹时,要立即查明防水层的情况进行处理,必要时进行更换或增设防水层。修补或更换防水层是一项比较复杂的工作,需要较长的作业时间,通常先设置轨束梁,将线路上部建筑暂时移到轨束梁上,然后分段挖除道砟,拆除破损的防水层,换以新的防水层。

铺设麻布沥青防水层时,气温最好在 15~25 ℃,并在干燥而晴朗的天气进行,温度在5 ℃以下时不宜施工,沥青加热的温度不低于 150 ℃(到刚冒出黄烟为止)。铺设各种防水层时应注意以下几点。

(1)防水层接头处必须重叠,使上层的下端压过下层至少 10 cm;

(2)在温度伸缩缝上铺设防水层必须用适当的结构承托,避免因梁的伸缩而使防水层断裂。

(3)拱圈上的防水层应铺在拱圈顶面和边墙内面(当拱顶两边墙间用贫混凝土填满时,防水层应铺在贫混凝土的表面和边墙内面),并伸入边墙与帽石的砌缝内,如不能伸进,可在帽石下,接触地点用沥青严密涂抹。

(4)钢筋混凝土梁的防水层应铺设在道砟槽的底面和内侧面并伸至悬臂人行道或边墙。

5.8.2 圬工局部破损的整治

1．勾缝

砌体圬工由于气候的影响,雨水的侵蚀,砌缝材料质量欠佳或施工不良,最易造成砌缝砂浆的松散脱落,此时就需要重新勾缝。勾缝时,可用手凿或风动凿子凿去已破损的灰缝,用压力水彻底冲洗干净,然后用 M10 的水泥砂浆重新勾缝,新灰缝要求深 3~5 cm。勾缝前先刷一层纯水泥浆使砂浆与砌石能很好地结合;勾缝时用抹子把砂浆填入缝内后再用勾缝器压紧切去飞边使其密实。这种凹形缝抵抗风化能力强,片石砌筑物则可用平缝。

桥台和护锥接触处一般常有离缝,如用砂浆勾缝不久之后又会裂开,此时也可用浸过沥青的麻筋填紧,以防止雨水浸入。

2．表面风化的整治

圬工表面风化、剥落、蜂窝麻面时可加一层 M10 的水泥砂浆防护。抹面方法可采用手工抹砂浆和压力喷浆。

3．表面局部修补

当圬工表面局部损伤、脱落不太严重时,可以将破损部分清除,凿毛洗净,然后用 M10 的水泥砂浆分层填补至需要厚度,并将表面抹平。当损坏深度和范围较大时,可在新旧混凝土结合处设置牵钉,必要时挂钢筋网,立好模板浇灌混凝土,其做法(图 5-15)如下。

(1)清除破损部分,边缘应修凿整齐,凿深不浅于 3~5 cm。

(2)埋设牵钉,其直径为 16~25 mm,随破损深度而定。牵钉间距在纵横方向均不得大于 50 cm。埋设办法为打眼、冲洗孔眼、孔内注满水泥砂浆、插入牵钉。

(3)在固定牵钉的砂浆凝固后设置钢筋网,钢筋网由牵钉锚定,钢筋网一般用直径为 12 mm 钢筋制成,网孔尺寸为 20 cm × 20 cm。

(4)按墩台轮廓线立模,并进行支撑。

(5)浇灌混凝土,如有混凝土喷射设备,也可采用喷射混凝土的方法进行。

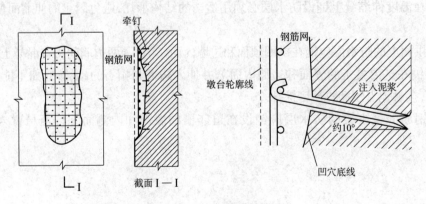

图 5-15 圬工表面局部修补

4. 镶面石修理

镶面石破损时,可以个别更换或换以预制混凝土块。如镶面石松动而没有破碎,可先将其周围的灰缝凿去,然后取下镶面石,将内部失效灰浆全部铲除并用水冲洗干净,再用 M10 级砂浆填实,安上镶面石,并在其周围捣垫半干硬性砂浆。如镶面石更换的面积很大,为了使它能很好地和原圬工结合牢固,可在原圬工上安装带倒刺的套扣,用锚钉或爪钉与套扣相连来承托新的镶面石。

镶面石虽已被损但不缺少时,可用环氧树脂胶粘补。

5.8.3 圬工裂纹的整治

圬工梁拱及墩台裂纹是一种常见的病害,对桥梁养护工作者来说必须掌握各种裂纹的发生和发展情况,积累资料以分析判断产生裂纹的原因,研究是否需要加固处理,当有碍行车安全时,就必须采取措施进行加固、更换或重建。

1. 裂纹的观测与监视

为了掌握裂纹发生和发展的完整资料,就必须对圬工梁拱及墩台进行定期的检查。在发现裂纹后,应在裂纹的起点和终点画上与裂纹走向相垂直的红油漆记号,并进行裂纹编号,如图 5-16 所示。仔细观测裂纹的部位、走向、宽度、分布状况、大小和长度等。根据每条裂纹的部位、裂纹的宽度和长度绘出混凝土梁拱的裂纹展示图。依照编号顺序对每一孔梁和每个墩台的第一条裂纹的长度、宽度、特征等进行详细列表。裂纹宽度应用放大镜测量,精确度应达到 0.1 mm,测量地点应用油漆做好标记以便今后测量时能在同一地点进行对比,观测其宽度有无变化。有必要检查裂纹深度时,可用注射器在裂纹中注入 0.1% 的酚酞溶液,然后开凿至不显红色为止,其开凿深度即为裂纹的深度。

观测裂纹的变化情况,除可观测裂纹两端长度是否超出前一次油漆画线外,对裂纹是否沿宽度方向继续扩展,可做灰块或玻璃测标进行宽度观测,如图 5-16 所示。即先将安设测标部位的圬工表面凿毛,然后用 1∶2 水泥砂浆或石膏在裂纹上抹成厚 100~150 mm 的方形或圆形灰块,也可用石膏将细条状玻璃固定在裂纹两侧圬工表面上,对测标进行编号并注明安设日期,当裂纹继续扩展时,测标就会断裂,一般裂纹宽度都较小,应尽可能采用带刻度的放大镜测量。

圬工墩台内部如有空洞或空隙,可用非金属超声波探测仪进行检查,或用小锤轻敲圬工表面听声。

在观测裂纹时,要记录气温的情况,因为气温降低时,圬工的外层比内层冷却得要快一些,因而外表面收缩较快,这时裂纹宽度较大,当气温增高时,情况相反。

裂纹一经出现,就有扩展的趋势。因为水渗进裂缝中,在冬季冻冰,可将裂缝胀裂得更长更宽。另外,由于活载的作用,引起裂纹一开一合,同样会促使裂纹扩展。

裂纹一经查明并确知其不再扩展时,即应进行处理。

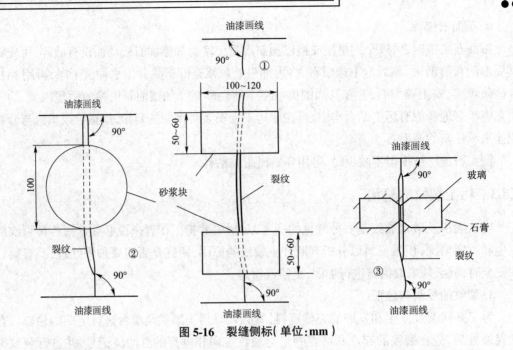

图 5-16　裂缝侧标(单位:mm)

2. 裂纹的整治

（1）对于微细而数量较多的裂纹,可用喷浆或抹浆的方法来处理,也可涂一层环氧树脂浆封闭,其配方为: 6101(或 634)环氧树脂(胶凝剂)100 g,邻苯二甲酸二丁酯(增塑剂)20 g,乙二胺(硬化剂)8 g。配制方法:将定量的环氧树脂用水浴法(将物品装入器皿置于水中加温)加温至 40 ℃,加入邻苯二甲酸二丁酯搅拌均匀,然后将硬化剂加入,迅速搅匀即成环氧树脂浆。如果要求其颜色与普通混凝土相似,可另加细填充料(32.5 级普通水泥)30 g、立德粉(锌钡白)10 g,拌和均匀后将树脂浆倒入,再拌均匀即可使用。涂刷前应用钢丝刷去除裂纹附近圬工表面上的污秽、油漆和灰尘,并用丙酮擦洗(如用水冲洗,则须待干燥后才能涂环氧树脂浆)。

（2）对于一般的表面裂纹,可采用环氧树脂砂浆或环氧泥子腻补。环氧树脂砂浆配方:照前述配成的环氧树脂浆再加粗填充料(细砂 450 g),如要求与普通混凝土颜色近似,则需另加细填充料(普通水泥 100 g,立德粉 50 g)。配制方法:粗细填充料拌和均匀后,将配制好的环氧树脂浆倒入,再拌均匀即成。环氧泥子配方:6101(或 634)环氧树脂 100 g,邻苯二甲酸二丁酯 25 g,乙二胺 8 g,石膏粉 150~250 g。配制方法:配制成环氧树脂浆后,根据当时气温,适当加入石膏粉拌匀成膏状物。

腻补裂纹做法:对宽 0.15~0.3 mm 的裂纹,沿裂纹凿一条外宽 20 mm、深 3~7 mm 的 V 形槽,用压缩空气吹除灰尘并清刷干净后,涂一层厚约 0.2 mm 的环氧树脂浆,再用环氧树脂砂浆(或泥子)腻补平整,裂纹宽大于 0.3 mm 时,可沿裂纹凿一条外口宽 20 mm、内口宽 6 mm、深 7~15 mm 的梯形槽,修补办法同上。

（3）当裂纹多且深入圬工内部，或内部有空隙时，可用压注环氧树脂浆或水泥浆的方法进行处理。一般梁部压注环氧树脂浆，墩台因压注数量大，宜用水泥浆或水泥砂浆。压注前，先在圬工建筑物表面钻好孔眼，利用风压把环氧树脂浆、纯水泥浆或水泥砂浆压入圬工内部填满裂纹及空隙，以增强建筑物整体性，增加圬工强度和延长其使用寿命。

①压注环氧树脂浆。

环氧树脂对混凝土有高度的黏合性能，不但黏结力强，且有不透水和耐酸、碱、盐等特性，故多年来已被广泛用来修补圬工裂纹及内部空隙，实践表明效果良好。压注时可采用前述环氧树脂浆，但为了压注工作的顺利进行要适当降低其稠度，也可另行配制环氧树脂浆。其配方为：6101（或634）环氧树脂 100 g，二甲苯（稀释剂）20~40 g，630 号活性稀释剂（多缩水甘油醚的代号）20 g，乙二胺 10 g。裂纹宽时可适当减少稀释剂的用量。配制方法：将定量的环氧树脂用水浴法加温到 40 ℃溶开，加入二甲苯和 630 活性稀释剂搅拌均匀，冷却至 25 ℃后再加入乙二胺拌匀即可使用。要求在 2 h 内用完，使用时的适宜温度为 15~25 ℃，避免在低于 5 ℃的温度下施工。

②压注水泥浆或水泥砂浆。

压注水泥浆或水泥砂浆时根据所采用动力的不同有风压灌浆和电动压浆两种。风压灌浆原理与压注环氧树脂浆相同，即以压缩空气将水泥浆或水泥砂浆从预埋灌注孔内注入。电动压浆为泵式压浆机压浆，即用电动机带动活塞往复运动，将拌和好的灰浆不断压入结构物内。

（4）墩台有贯通的裂纹时，仅用压浆方法不易达到理想的效果，可设钢筋混凝土套箍来加固。每隔一定距离设置一个套箍，每个箍一般做成高 1.0~1.5 m，厚 25~40 cm，所用混凝土强度等级不低于 C15，配筋率应不小于 0.2%，并宜采用较小直径的钢筋（如主筋直径为 12~19 mm，箍筋直径为 8~10 mm），以防止混凝土收缩时发生龟裂。在设置之前应将接触部位的旧墩台凿毛，用钢丝刷除去松散颗粒，按梅花形打眼插入直径为 19~32 mm 的倒刺牵钉，孔眼直径应比牵钉大 8~10 mm，埋入深度为其长度的 1/2~2/3，用砂浆锚固。灌注混凝土前应用水冲洗混凝土面并充分湿润。有条件时，锚固可用锚固包。锚固包系临时将特种水泥混合料装入特制筒形纸袋内，放入水中至不再发生气泡时，即可将其从纸袋中取出，塞进孔内捣实，可牢固地将牵钉锚固，效果较好。

如墩台破裂比较严重，单排钢筋不能满足要求时，可采用双排钢筋，将钢筋绑扎成钢筋骨架再包混凝土。必要时，可设置围绕整个墩台的钢筋混凝土套箍。套箍下端支承在基础顶面上，上面一直伸到顶帽下或连顶帽都包上。

在包箍开始灌注混凝土至达到一定强度前，最好不使被加固墩台受力，如采取临时墩架空措施等，或列车至少也应慢行，以保证新灌注混凝土的质量。

对桥梁墩台加箍加固时，也可采用喷射钢纤维混凝土，其总厚度约为 300 mm。在经凿毛（或喷砂）后的旧墩台混凝土表面上，先喷上约 30 mm 厚的水泥砂浆，待其凝固后，喷约

100 mm 厚的早强混凝土,再喷约 140 mm 厚的钢纤维混凝土,然后喷厚约 30 mm 的水泥砂浆保护层,对防止混凝土箍裂纹有良好效果。喷射所用水泥可采用 42.5 级水泥,粗骨料粒径为 5~15 mm,钢纤维规格为 0.5 mm × 0.5 mm × 18 mm,略呈弯形;砂子为普通中粗砂,钢纤维用量约为水泥质量的 3.5%,混凝土配合比由试验决定。

(5)墩台支承垫石在压力分布范围内发生裂纹或损坏时,必须予以更换。

5.8.4 梁拱的加固和改造

(1)圬工拱桥损坏严重或不能承担现行增大的荷载时,应进行加固。

小跨度拱桥可以铺设钢筋混凝土板以减少原有拱圈的活载负担,一般圬工拱桥加固可增建新的拱圈(石砌或钢筋混凝土的)加固旧桥。新拱圈可设在原有拱圈的上面、下面,有时也可设在原拱圈的两侧,一边各建一个拱肋加固。

图 5-17(a)所示是在旧拱圈之上建造新拱圈的例子。这种加固方法能使新拱圈在荷载下直接受力,但施工比较困难,需设置卸载的梁束,要扒开拱上结构,防水层的设置也需重新考虑,另外还可能使拱上部分填充体的厚度不够。

图 5-17(b)所示是在旧拱圈之下建造新拱圈的例子。这种方法的优点是拱圈施工相对来说比较方便,但须立模板及拱架。为了使新拱圈在荷载下发生作用,要采取措施使新旧拱圈联结紧密。同时在大多数情况下,必须同时加宽桥墩以支承新拱圈。有条件时,可采用喷射混凝土,即可使新旧混凝土结合紧密,还可节省模板和拱架。

在原有拱肋两侧加建拱肋的办法适用于桥下净空和建筑高度受限制的情况或需同时加宽旧拱圈时,如图 5-17(c)所示。这种加固方法并不增加拱圈的厚度,这对考虑由温度变化所引起的附加力较为有利。

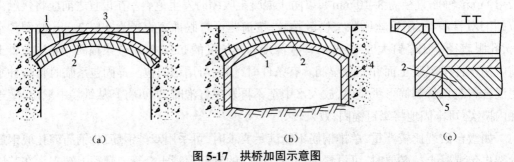

图 5-17 拱桥加固示意图

(a)在旧拱圈之上建造新拱圈 (b)在旧拱圈之下建造新拱圈 (c)在原有拱肋两侧加建拱肋
1—新拱圈;2—旧拱圈;3—轻型拱上建筑;4—加厚的墩台;5—拱肋

(2)钢筋混凝土梁损坏严重或按照计算已不能满足强度要求时,应进行加固或更换。

圬工梁加固一般采用加大断面并加添钢筋的办法。例如在梁肋下套上一个钢筋混凝土的外壳,即先把要加固的梁肋混凝土面凿毛,在下部绑扎新添的水平受力钢筋,在侧面放置向上弯起的斜筋,此外,沿梁的侧面高度加设纵向水平辅助钢筋和箍筋。所有这些钢筋都应尽量与旧梁的钢筋紧紧焊牢。然后立模板灌混凝土,新混凝土的全部表面最后宜用喷射的水泥砂浆包住。

另一种方法是在梁梗下部两侧加预应力钢筋。钢筋采用低合金钢,以通电加温使其伸长,当到达设计要求后在梁肋两端锚定,钢筋温度降低回缩即产生预应力使混凝土梁身受压,这就是预应力电张法。

（3）在线路大中修时,如线路抬高较多,在钢筋混凝土桥上往往需要相应增加道砟槽边墙的高度。为使挡道砟槽边墙新旧部分结合成一个整体,增设边墙的钢筋应与原边墙的钢筋连牢,所以须将原边墙顶墙凿成凹口使之露出原有钢筋。当抬高边墙尚不能满足线路抬高的要求或影响桥梁承载能力时,可把整个桥跨结构抬高。

5.8.5　墩台加固

1. 临时加固

墩台局部损坏影响行车安全,在未进行彻底整治前,可设置拉杆、钢箍或排架作为临时加固。拉杆横穿翼墙和桥台填土部分,拉杆主要是用来加强桥台翼墙的,所以需用钢钎或凿岩机把翼墙钻透,孔眼直径为 30~35 mm,在台后填土处挖好能放入拉杆的横沟。拉杆一般由直径为 25~30 mm 的圆钢制成,两端均带螺帽以便拧紧。为防止翼墙局部被压坏,在螺帽下应安设槽板或钢筋混凝土垫块。

圬工桥台前墙损坏时可用钢轨组成的骨架来临时加固。安设骨架时,首先沿前墙装上一些用锚栓锚固在圬工桥台的竖钢轨,然后挖开护锥,在桥台后挖一条横沟,把拉杆装上,再用调整螺栓拉紧拉杆,网填台后横沟,恢复护锥。当前墙损坏并不深长时,也可仅把钢轨箍紧贴圬工表面,用锚栓固定起来,以避免挖开护锥和台后横沟。

圬工桥墩可以用安设数圈钢轨箍的办法临时加固,钢轨箍间距为 0.4~0.7 m。另外,也可用增设辅助排架,设置纵横向扣轨来减轻原有墩台载重等办法做临时处理。

2. 水下部分的修理和加固

墩台水上部分已如前述可用钢筋混凝土箍或套箍来进行加固。在寒冷地区,当在接近地面最低水位附近包箍时,应将箍的下端尽可能伸到基础顶面或冻结线以下,其上端应伸至地面。

墩台水下部分的修理和加固,首先要修围堰。根据水深、河床地质及施工材料等条件来选用围堰的类型和高度,堰顶应高出施工期间最高水位 0.7 m。

施工方法可采用抽水及不抽水两种。抽水进行修理和加固是常用的方法,当基底水抽不干时,可以灌注水下混凝土封底后再抽,抽水后在损坏部分加做钢筋混凝土套箍。在不抽水施工时,可把钢筋混凝土套箍或套箱围堰下沉到损坏处及河底,在套箍或套箱与桥墩间全部灌筑水下混凝土包裹损坏处。

3.翻砌墩台

如墩台状态很差,有较大破裂体,可根据损坏情况翻砌全部墩台或只翻砌有病害的上部墩台。在重新砌筑或灌注混凝土前,为使新旧部分圬工联结良好,应把保留部分的旧圬工顶面做成水平面或台阶式,每一台阶的面积不小于连接处全截面的 1/4,宽度应为墩台的全宽,台阶的高度不宜小于 0.5 m,也不宜大于墩台的全宽,并应凿毛清洗干净,安装牵钉后,再砌筑或灌注混凝土。牵钉直径在 16 mm 以上,里端带有倒刺,外端应带标准弯钩。安设牵钉的孔径宜较牵钉直径大 8~10 mm,孔的间距不宜大于 50 cm。

在施工之前,应设置临时支承或轨束梁以解除原有墩台所承受的从桥跨结构和路堤填土传来的压力,并维持临时通车;然后拆除圬工,建筑新圬工,完成后再拆除临时支承等设施。

4.墩台倾斜的整治

当墩台倾斜程度较小且已稳定,经过计算,墩身、基础仍能承受要求的荷载时,可以仅将墩台顶部包箍加大,墩身、基础不做其他处理。

对于某些状态好但尺寸不足不能承受过多土压力的桥台,也可采用减小土路基一侧土压力的方法,即将台后填土换以分层干砌片石或再增设一个新的桥跨。对向桥孔方向倾斜或移动的埋式桥台,除结合上述处理方法外,也可以设置撑壁进行加固。

对单孔小跨度桥台基础,如果桥台向桥孔方向倾斜,则可在两桥台之间建筑撑梁来顶住两桥台台身,撑梁受纵向挤压力。对有前倾的小跨度桥梁,经过验算也可将桥跨两端全改为固定端,把梁身兼作撑梁。

5.墩台基础加固

当基础承载力不够或为浅基墩台时,一般可采用扩大基础或加深基础的办法进行加强。其中采用较普遍的是先在原基础周围加打基桩或下沉井、灌注钢筋混凝土承台,并与原墩台基础混凝土相联结(凿槽埋入带刺的牵钉或在原墩身下部凿孔,通过这些孔穿过强大的钢筋混凝土梁;梁的末端支承在新桩上),以扩大基底承载面积或将基础加深到要求的标高。采用这种方法应特别注意要使基础增大部分在荷载的作用下发挥应有的作用。

为增强基底承载力或浅基防护也可采用压注水泥砂、水泥浆或矽化土壤的方法。当需增强基底承载力时,可在墩台基础之下斜向钻孔(均向墩台中心)或打下钻管至需要深度,通过孔眼及管孔在压力下压注水泥砂浆(砾石或粗砂粒土壤)、水泥浆(中砂土壤)或沸腾的沥青浆(地下水流速较大时)。最好先在墩台周围打一圈旋喷桩,然后再在圈内的基底进行静压灌浆。对大孔隙土壤采用矽化土壤(灌水玻璃和氯化钙)效果比较显著。在进行浅基防护时,可在墩周一定范围内,自一般冲刷线至一定深度处的土壤中进行压注水泥浆、水泥砂浆或矽化土壤,也可打一整圈旋喷桩。

高承台管桩裂出现裂纹损坏时,可以把各管桩用钢筋混凝土包起来成为实体墩台,并采取措施使实体墩台能有效地压到地基上,使管桩不再受力。钢筋混凝土排架桥墩损坏或摇摆太大不稳定时,也可采用这种方法加固。

6．墩台的加宽及加高

由于桥跨结构的加宽,常常要求加宽墩台顶部。如果墩台的高度较小,且基础是在岩层上的,则可以从基础加宽到顶部。如果墩台加高或基础加大有困难,则可只放宽顶部,挑出部分按悬臂梁考虑,一般采用钢筋混凝土加宽。

由于梁跨结构的抬高,墩台顶部也需要跟着加高。加高的方法很多,现介绍两种简单的方法。

（1）如能把千斤顶安放在墩台顶上顶起梁身,则可用预制的钢筋混凝土垫块垫在支座下面的墩台顶上,事先将原有圬工表面接触部分做一般处理,并用干硬性砂浆砌筑。至于墩台顶部其余部分的加高及流水坡的设置可在通车后再做,也可把千斤顶安放在临时性墩台上,把桥跨结构抬高放在临时支承上后,再实行墩台的接高,不必再采取其他措施。

（2）先在墩台顶部上、下游各浇筑一个混凝土垛,使顶起后的桥跨结构搁在混凝土垛上的工字钢束上,这样就可腾出空间灌注混凝土和砌筑墩帽。待混凝土凝固后,再拆除工字钢束并将钢梁用支座搁在新的支承垫石上。

【任务5.8 同步练习】

任务5.9　支座保养及修理

桥梁支座在整个桥梁结构中对桥梁上部结构的受力、位移、转角起着十分重要的作用,其性能的好坏直接影响桥梁的整体稳定性、耐久性和安全性。本部分就桥梁支座的常见病害进行分析整治,并提出了桥梁支座的养护及维修方法。

5.9.1　支座的修整计算

支座病害比较多,而且比较复杂,不仅影响支座本身,而且影响梁和墩台。产生病害的原因很多,例如:钢梁的两片主梁受热不均衡,会产生水平挠曲而造成支座横向位移;由于养护不良,支座滚动面不洁、不平或锈蚀;当主梁端由于温度和受荷重作用而纵向移动时,辊轴因滚动不灵,不能恢复到原来位置;轴承座传来的压力不均,一端受力而另一端围绕着压住的一端滚动,产生辊轴的歪斜;由于桥上线路养护不良,如钢轨爬行,也会造成支座不正。原因是多方面的,单纯用一种方法往往不能解决问题,必须找出原因进行综合整治,才能见效。

1.活动支座的正常位移

当温度为 t 时,活动支座上座板(或梁端)的正常位移可按下式求得:

$$\delta = (t - t_0)\alpha L \qquad (5\text{-}1)$$

式中　δ——上座板(或梁端)的正常位移(mm),正号表示伸向跨度以外,负号表示缩向跨度以内;

　　　t——测量时钢梁的温度(℃),可用半导体温度计放在下悬杠上测量,或把温度计放在下悬杆上,用砂或锡箔纸盖住后测定;

　　　t_0——设计安装时的支座温度(℃),即活动支座上摆中心线与底板中心线相重合时的温度;

　　　α——钢的膨胀系数,取 0.000 011 8 ℃$^{-1}$,钢筋混凝土和混凝土取 0.000 1 ℃$^{-1}$;

　　　L——梁跨(mm),为活动支座至固定支座的距离。

式(5-2)中的 t_0 可由下式计算:

$$t_0 = \frac{t_高 + t_低}{2} + \frac{\Delta_伸 + \Delta_缩}{2} \qquad (5\text{-}2)$$

式中　$t_高$——当地最高气温(℃);

　　　$t_低$——当地最低气温(℃);

　　　$\Delta_伸$——活载造成梁在活动支座上的伸长量(mm);

　　　$\Delta_缩$——活载造成梁在活动支座上的缩短量(mm)。

各种 $\Delta_伸$、$\Delta_缩$ 值可从设计文件中查得,如简支梁的 $\Delta_缩$ 为零,一般情况下 $\Delta_伸/2\alpha L$ 的近似值,对于简支板梁为 20 ℃,对于简支桁梁为 16 ℃,对于混凝土为 10 ℃。当温度为 t 时,支座辊轴的正常位移

$$\delta_0 = \frac{1}{2}(t_0 - t)\alpha L \qquad (5\text{-}3)$$

在辊轴滚动使桁梁产生位移 δ 时,辊轴中心的位移为 $\delta/2$,如图 5-18 所示,CD 为 AB 的 1/2。

2.辊轴实际纵向位移的测量

辊轴的实际纵向位移量,可用钢尺和垂球测量活动支座的底板、轴承座和辊轴(或摇轴)中心线的相互位置,也可以测量支座在支承垫石上的位置或测量同一墩上与相邻固定支座的距离得到,测得的结果与该温度下正常计算的位移量相比较,即可判定实际位移是否正常。当测出的距离与正常位移值不符时,说明辊轴有爬行,或摇轴有倾斜或安装不正确。当辊轴两端距底板边缘量出的距离不相等时,说明辊轴有歪斜,如图 5-19 所示。

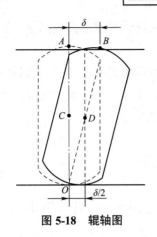

图 5-18 辊轴图

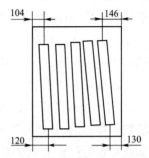

图 5-19 支座两侧丈量距离不同（单位：mm）

　　为了观测方便,可在支座上安装各种带有毫米刻度的标尺,直接读出其位移数据。图 5-20 所示为其中的一种,指针与轴相接触点的高度与辊轴顶点为同一水平。当辊轴垂直时（即下摆、底板中心线相吻合时）指针垂直,读数为 0；当辊轴偏斜时,指针所指即为下摆位移数,辊轴位移为其读数的一半。

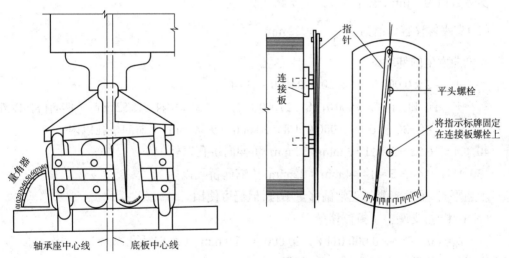

图 5-20 支座位移指示表

削扁辊轴及摇轴也可以直接用量角器测其倾斜角。

辊（摇）轴支座实测纵向位移大于容许值或有横向移动时,应予整正。纵向位移容许值

$$\delta_1 = \delta_2 - \delta_3 \tag{5-4}$$

式中　δ_1——辊（摇）轴支座按构造要求的最大容许纵向位移（mm）。对于圆辊轴,其边缘超出底板边缘的距离不得超过其直径的 1/4（特大桥、连续梁等除外）,对于削扁辊轴（一般指单线简支梁）,其最大倾斜角为 14°（即辊轴与下摆、底板的接触线至辊轴的边缘不得小于 25 mm）,如为摇轴支座,其最大倾斜角为 70°；

δ_3——由于活载及温度差（即当地最高气温与测量时气温之差或测量气温与最低气温之差）可能产生的最大纵向位移（mm）。

【例 5-1】 一孔 20 m 简支上承板梁，活动支座采用弧形支座，上座板椭圆孔长 99 mm，支座销钉直径为 55 mm，该地区最高气温为 40 ℃，最低气温为 -30 ℃。在气温为 10 ℃时，实测上座板中心与下座板中心向桥孔方向偏移 5 mm，试计算：

（1）上下座板中心线重合时的温度 t_0；

（2）10 ℃时上座板的正常位移量，并与实测值相比较；

（3）求偏移容许值，并检验是否超限；

（4）如果实测与计算值完全相符，则在 0 ℃时架梁，支座的上下座板相对位置如何？

【解】 （1）对于简支梁 $\Delta_\text{伸}/2\alpha L$ 约为 20 ℃。

$$t_0 = \frac{t_\text{高} + t_\text{低}}{2} + \frac{\Delta_\text{伸} + \Delta_\text{缩}}{2} = \frac{40 + (-30)}{2} + 20 = 25\ ℃$$

（2）10 ℃时上座板正常位移量

$$\Delta_\text{伸} = (t - t_0)\alpha L = (10 - 25) \times 0.000\,011\,8 \times 20\,000 = -3.45\ \text{mm} \quad （缩向桥孔以内）$$

实际数值为 5 mm，较计算值大了 1.46 mm。

（3）支座偏移容许值为 $\dfrac{99 - 55}{2} = 22\ \text{mm}$。

尚可能发生的伸缩量

$$\Delta_\text{伸} = 2 \times 0.000\,011\,8 \times 20\,000 \times 20 = 9.44$$

$$\delta_{0(40)} = (40 - 10) \times 0.000\,011\,8 \times 20\,000 + \Delta_\text{伸} = 7.08 + 9.44 = 16.52\ \text{mm} \quad （伸向桥孔以外）$$

$$\delta_{0(-30)} = (-30 - 10) \times 0.000\,011\,8 \times 20\,000 = 9.44\ \text{mm} \quad （缩向桥孔以内）$$

40 ℃时，16.52 - 5 = 11.52 mm < 22 mm （伸向桥孔以外）。

-30 ℃时，9.44 + 5 = 14.44 mm < 22 mm （缩向桥孔以内）。

不超限时，虽然实测与正常偏移量不符，但仍可使用。

（4）0 ℃时，支座上座板位移量

$$\delta_0 = (0 - 25) \times 0.000\,011\,8 \times 20\,000 = -5.9\ \text{mm} \quad （缩向桥孔以内）$$

即上座板须向桥孔方向偏移 5.9 mm 架梁。

【例 5-2】 一孔跨度为 64 mm 的简支下承钢桁梁，活动端采用辊轴支座。当地最高气温为 40 ℃，最低气温为 -10 ℃，削扁辊轴 240 mm，宽 120 mm，问最高及最低气温时，辊轴是否超限？

【解】 简支桁梁的 $\Delta_\text{伸}/2\alpha L$ 约为 16 ℃。

$$t_0 = \frac{1}{2} \times (40 - 10) + 16 = 31\ ℃$$

当最高气温为 40 ℃时，

$$\Delta_\text{伸} = 2 \times 0.000\,011\,8 \times 64\,000 \times 16 = 24.2\ \text{mm}$$

$$\delta_0 = (40 - 31) \times 0.000\ 011\ 8 \times 64\ 000 + \varDelta_{伸} = 6.8 + 24.2 = 31\ \text{mm}\quad（伸向桥孔以外）$$

当最低气温为 $-10\ ℃$ 时，

$$\delta_0 = (-10 - 30) \times 0.000\ 011\ 8 \times 64\ 000 = -30\ \text{mm}\quad（缩向桥孔以内）$$

极限位移为辊轴边缘至接触线不少于 25 mm，接触线是辊轴中心的投影线，如图 5-18 所示，辊轴中心移动极限距离为 ±35 mm，现梁跨移动 ±31 mm，即辊轴中心移动 ±15.5 mm，小于 ±35 mm，不超限。

5.9.2　支座的养护

支座是桥梁的一个重要部位，必须经常保持良好状态，发挥正常作用。

梁跨与上摆、上摆与下摆、下摆与滚轴、滚轴与底板、底板与支承垫石间都应密贴紧靠，不应有缝隙。

支座的滚动面必须保持清洁，不积水，不积灰尘，冬季应清除积雪，防止结冰。

支座四周的排水应良好。一般在支座周围做半圆形排水槽，有内高外低的坡度使水流走，或使支座底板底面略高出墩台面 2~3 mm，并凿成流水坡。墩台的支承面与底板接触面也可以略低于底板边缘 2~3 mm，以防止雨水进入支座底板内。

为了防止生锈，上摆、下摆应涂油漆，对辊轴和滚动面应定期进行擦拭，或用石墨擦拭，或填以黄油，禁止在辊轴和滚动面上涂油漆，要使活动支座能自由活动，绝不容许其他异物存在。

为了防止煤渣、灰尘、雨雪进入支座滚动面，应有有效的防尘设施，这对大跨度桥梁来说尤为重要。

辊轴滚动时，辊轴的防爬齿应能沿着支座下摆的下部和支座底板上的槽缘自由滚动，如未到最大位移量，防爬齿的端部紧紧卡在槽缘中而阻碍辊轴滚动时，必须加以修理。

若支座的滚动面不平整，底板或轴承座发生裂纹或个别辊轴发生支承不均匀等现象，应更换有缺陷的部位和直径不合适的辊轴。若轴承座中心线和正常位置有偏差，除可能由于安装时未按计算设置外，也可能是由于墩台的移动所造成的，发现偏差时，应仔细测量支座的位置和墩台间的距离，检查墩台状态有无异状，进行综合分析。如发现梁端紧靠桥台挡砟墙或邻孔梁端，或者其空隙过小，以及上下锚栓有剪断等情况，可将挡砟墙凿去一部分，或把主梁悬臂的端部截短或凿除一些，也可以将梁身顶起进行纵向移动改正，重新锚定支座。如钢梁间空隙过大，则可在梁端增加牛腿予以接长，或在两孔梁间的桥墩上浇筑钢筋混凝土小墩。

当小桥上的线路有爬行或桥头线路爬行力传到桥上时，有时能使全部钢梁和支座沿着支承垫石移动，所以桥头线路必须注意彻底锁定。

较大跨度的板梁，由于日照关系，受太阳直接照射的一侧钢梁温度较高，而另一侧钢梁温度较低，所以一侧主梁会比另一侧伸长量大，使钢梁在平面上有挠曲，这也有可能使支座发生歪斜及移动。

一孔梁的 4 个支座须在同一平面上,当有受力不均,如"三条腿"等现象时应加以整正。支座各部分间不密贴时禁止用木片填塞。锚固螺栓孔灌浆要饱满,孔内不允许有木屑以防进水。要经常保证锚固螺栓不松动、不锈死,涂以机油,最好加盖。支座有翻浆时须进行处理。

5.9.3 支座病害的整治

支座病害是养护工作中整治的重点之一,由于原因复杂,一定要认真分析进行针对性的综合整治,才能收到较好的效果,以下所述为几种病害的整治方法。

1. 小跨度钢筋混凝土板梁横向移动的整治

跨度小于 6 m 的钢筋混凝土板梁,由于梁体质量轻,支座又均用沥青麻布或石棉垫制成,故受列车冲击和振动时多发生横向移动。对该种梁,除顶起移正梁身外,还应在墩台顶上靠板梁侧埋设角钢或加筑挡墙,如图 5-21 所示。

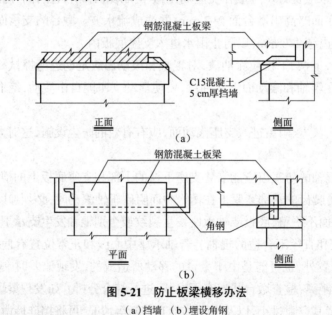

图 5-21 防止板梁横移办法
(a)挡墙 (b)埋设角钢

2. 支座上下锚栓剪断或弯曲的整治

墩台支座锚栓剪断或弯曲时,较彻底的整治办法是在支座旁斜向凿去一部分混凝土,取出旧锚栓,重新安装新锚栓。当锚栓杆恰好在支承垫石面剪断,而剩余部分仍牢固,且现场又有电焊条件时,也可采用凿除一小部分混凝土,露出被剪断锚栓杆的上部,采用电焊接上一段新锚栓杆的方法进行整治。

圬工梁上锚栓剪断时,可将支座底板与梁底的镶角板焊起来(采用这一办法必须保证镶角板与梁体连成整体,如发现镶角板与梁体里面的支座螺栓外端脱开,则必须将其焊

牢)。具体办法是:采用 60 mm×40 mm×8 mm 的不等肢角钢,每个支座用 2 根,沿梁长方向将角钢短肢焊于梁底的镶角板上,长肢焊于支座的座板上 (如没有此种角钢也可用 10 mm 厚的钢板弯制),如图 5-22 所示。

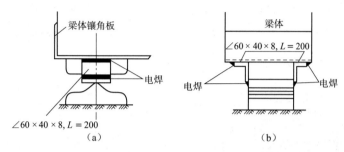

图 5-22　上锚栓剪断后的加固 (上下锚栓未示) (单位:mm)

(a)顺桥方向　(b)垂直桥方向

3. 支座位置不正、滑行或歪斜,超过容许限度的整治

应用千斤顶起顶梁身并进行适当的修理或矫正,或移正梁身后重新安装支座。

起顶梁身所用千斤顶的数量和能力,应根据梁和桥面的质量来选定,为了保证施工安全,其起重能力必须超过荷载的 50%~100%;钢桁梁和钢板梁一般在起顶横梁处均预留有放千斤顶的位置。在墩台顶的排水坡面安放千斤顶,一般不必考虑滑移问题,只要用硬木垫平并有足够的安全承压面积即可。但要注意千斤顶位置不要妨碍矫正支座工作的顺利进行。

钢筋混凝土梁和预应力钢筋混凝土梁可将千斤顶安放在支座附近梁下起顶,当梁下净空不够安放千斤顶时,可以凿低一部分顶帽混凝土以便安放千斤顶,或在桥孔内搭枕木垛支承千斤顶。对于双片钢筋混凝土梁也可以用钢轨做成 V 形扁担放在梁下用两个千斤顶将梁抬起;当经过检算认为可以时,也可以将千斤顶安放在端横隔板下起顶。

旧式板梁的端横梁下面无起顶横梁时,也可用临时木撑顶紧后起顶。起顶钢梁也可采用这种方法,但这种方法在桥梁质量较大时,顶起后移动钢梁或底板施工较复杂,仅在不得已时采用。

起顶连续梁处理支座病害时,应同时起顶本梁内的全部支座,并事先计算各支点的反力,用带压力表的油压千斤顶进行计量,要防止因起顶梁身造成支点标高与设计计算值不符,改变梁跨各杆件受力,从而发生裂纹或损坏。

总之,起顶梁身时要视梁跨结构形式、墩身及周围具体情况的不同选用比较合理的施工方法。在起落过程中,为了保证安全,防止千斤顶发生故障以及千斤顶放松时结构受到突然的冲击,必须有保险木垛,并一路调整木垛上的楔子使其顶面与梁底始终有不超过 5 mm 的空隙。

利用拉紧框架或弹簧整正支座辊轴的方法可以免除起顶梁身的麻烦。框架由两根角钢和两端带丝扣及螺帽的拉杆组成(图 5-23),整正时,把一根角钢支承在支座底板上,另一角钢紧贴住辊轴的连接角钢上,上紧拉杆螺栓,利用列车通过时辊轴的滚动及时拧紧拉杆,使列车通过后辊轴不能返回原位,这样经数次整正,就能把辊轴调整过来。

弹簧整正支座辊轴是用千斤顶横向顶住辊轴来移正位置,千斤顶一端支承在固定支座或挡砟墙上,在千斤顶和辊轴间垫上弹簧,把弹簧顶紧,利用列车通过时辊轴的滚动,辊轴会被顶动,再适当上紧千斤顶,经过多次整正也可以把辊轴顶回原来的位置(图5-24)。

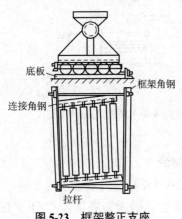

底板
框架角钢
连接角钢
拉杆

图5-23　框架整正支座

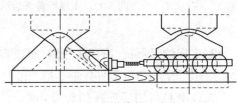

图5-24　弹簧整正支座

4. 摇轴或辊轴活动支座倾斜超限的整治

造成辊轴或摇轴活动支座倾斜超限的原因多为施工安装不正确或墩台有位移等。整治的办法是起顶梁身,按照当时钢梁温度计算的位移量矫正摇轴或辊轴的倾斜度,移动底板,重新锚固锚栓。

大跨度钢梁的辊轴支座,由于笨重,移动底板重新锚栓施工困难,工作量大,故当矫正量不大时,可用带有异型牙板(防爬齿)的辊轴更换原有正常牙板的辊轴,而不再移动底板重新锚固锚栓。异型牙板辊轴可根据矫正支座倾斜超限的具体需要设计。使整正后的辊轴倾斜符合计算要求。这样整正后,下摆中心线虽然不再与底板中心线一致,但能使辊轴倾斜正常,保证安全。

5. 支承垫石不平的整治

对于钢梁或圬工梁平板支座,底板下支承垫石有少量麻坑或少量不平时,可用垫沥青麻布的办法进行整治。这个方法的优点是经过行车挤压,能自行弥补填平,效果较好。不宜采用垫铅板、铁板、木板和石棉板等办法,因这几种方法从实践效果来看多数无效。

具体做法是:先将硬沥青(最好用石油沥青)加热到180~190 ℃,再加20%~30%的滑石粉或石棉粉,边加边搅匀,然后将大小适当的细麻布放入浸制,取出浇水冷却即可使用,最少要垫两层。

6. 支座陷槽、积水、翻浆、流锈病害的整治

对支座陷槽、积水、翻浆、流锈病害的整治一般可采用细凿垫石排水坡的办法,结合支座下垫沥青麻布或胶皮板进行处理,能取得一定效果。流水坡的坡度约为3%,使水能很快排走。

细凿垫石排水坡的方法有两种:一种是先在离垫石外缘约 20 mm 处开始向中心推进(防止损坏边缘),最后将周边的窄条敲下来,稍加修凿即成,细凿完成后用废砂轮打磨光滑;另一种做法是先在垫石四边(桥台为三边)的外侧打上要凿去的线条,用扁凿对准线条朝里敲打,其余同前法。在细凿过程中,当发现有局部麻坑不平或边缘缺损时,可用环氧树脂砂浆腻补,凝固后一并用旧砂轮打磨平整,要防止挡砟墙上的水流到桥台,必要时挡砟墙与支座垫石间要凿小槽排水,防止支座底板下面进水。

7. 由于支座、支承垫石的原因导致梁体不平的整治

支承垫石裂损,支座不平,四角支点不在同一平面上,或当梁体有"三条腿",个别支座出现明显的悬空现象,以及因线路大修需整孔抬高梁体时,可选用下述办法整治或处理。

(1)支座下捣填半干硬水泥砂浆(水灰比为 0.2~0.25),适用于抬高量在 30~100 mm 时的情况。

(2)垫入铸钢板,适用于抬高量在 50~300 mm 时的情况。

(3)就地灌筑钢筋混凝土垫块或更换钢筋混凝土顶帽,适用于抬高量在 200 mm 以上时的情况。

(4)对小跨度梁可垫入橡胶板,橡胶板的弹性要好,垂直挤压变形小,可单独整块放入或放入钢板夹层内,适用于抬高量在 50 mm 以内时的情况。

(5)活动和固定支座安装错误时应顶起梁身进行改装。当分不清活动弧形支座和固定弧形支座时,也应顶起梁身检查,安装错误的要进行调整。

(6)活动支座不活动时,对弧形支座应顶起梁身,把上下支座板的穿销除锈涂黄油,并清除椭圆形孔内的污垢杂物,使圬工梁伸缩灵活,对摇轴或辊轴支座则应找出原因,进行修理,必要时予以更换。

【任务 5.9 同步练习】

任务 5.10　涵洞养护

5.10.1　涵洞的检查重点

(1)涵身是否变形、裂损、露筋,接头是否错位、漏水、漏土。

（2）涵内是否淤积，造成孔径不足。

（3）涵洞基底是否冒水、潜流造成基底掏空等。

（4）进出口铺砌、河床导流建筑物和路堤边坡防护设施的完好程度。

5.10.2 涵洞有关的技术标准

（1）涵洞必须保持状态完好，当发现下列状态之一时，应及时处理。

①钢筋混凝土结构裂纹宽度大于等于 0.3 mm，砖、石砌体及普通混凝土等圬工拱形结构裂纹宽度大于等于 20 mm。

②涵身破损、变形、错位、拉开造成漏土。

③涵身、翼墙的基底全部或局部冲空。

④涵洞大面积腐蚀、风化、剥落并影响使用功能。

⑤基底冒水潜流、洞内渗漏水，影响路基稳定。

⑥涵洞下沉造成线路轨道变形。

⑦涵洞进出口护锥及防护设施冲毁。

（2）排洪涵洞的最小孔径不应小于 1.0 m，且全长不超过 15 m。当全长超过 15 m 时，为便于养护，孔径应相应加大。无淤积的灌溉涵洞径应不小于 0.75 m，全长不超过 10 m，城市或车站范围内涵洞的孔径需酌情加大。

（3）涵身应铺设防水层，并做好管节接缝、沉降缝、伸缩缝的防水工作，确保不漏水。有压涵洞、倒虹吸管的管节接缝，应密不透水，无渗透现象，保证路堤及基底的稳定性。

（4）涵洞如有满流情况，可采用在入口处抬高管节及增砌漏斗形进口的办法处理，必要时应进行改建或扩孔。涵管裂损严重或管节离缝过大，如孔径容许，可在洞内加筑衬环或套环。拱圈裂损时，可采取在其上部加筑钢筋混凝土板或加筑套拱、喷射混凝土等办法进行处理，或进行更换。

5.10.3 涵洞的养护重点

涵洞出入口及其与路堤连接处须经常保持完好。当出入口损坏，沟床护底被冲毁或附近路堤塌陷时，应立即进行修理。

应定期清除涵洞内杂物，使排水畅通。为防止涵洞被漂浮物或石块等堵塞，必要时应在涵洞前设置护栅或沉淀池。

在严寒地区，冬季要用树枝或篱笆把涵洞进口挡起来（下面要留出不大的孔径保证流水），以防冰冻和积雪堵塞涵洞；而在春季到来时，要清除洞口积雪。

路堤下沉或填土压力不均匀会引起涵洞管节的沉陷、倾斜以及节段相接处被拉开，防水层损坏，使涵洞产生裂缝。而路基边坡斜向的坍塌会增加洞口的压力，使洞口出现裂缝，有时还会把洞口自涵洞本体上分离开来。

涵洞内的水流,特别在有压力的情况下,可能透过节段间的缝隙而渗入路基,引起坍塌。所以,对涵洞要经常检查,特别对有病害的涵洞更应加强检查观测,以了解其下沉变化和病害发展,以利分析原因,采取整治措施。

对涵洞勾缝脱落、保护层风化剥落、露筋等病害,可用环氧树脂砂浆修补或表面喷射水泥砂浆等办法进行处理。节段沉陷处滞水时,可用水泥砂浆抹平。为消灭管段节缝渗水,对不良接缝应用浸过沥青的麻筋或半干硬水泥砂浆紧密填塞。

当洞口偏斜或脱出而出现裂缝时,须将洞口局部翻修或全部重砌。

当发现水流从基底下流出时,应在上游河床铺砌护底,端部修筑垂裙或加深原有垂裙。

5.10.4　涵洞的常见病害及整治

1. 变形和裂纹的处理

涵洞的裂纹一般是因路堤填土压力和地基不均匀沉落造成的,也有的是因填土过薄而受活载冲击造成的。

对于涵洞裂纹的处理,与圬工梁拱一样设置观测标志进行观察,掌握变化情况。对于已经稳定的裂纹,宽度在0.3 mm以下的可采用压浆或表层封闭(混凝土用环氧树脂胶修补,砌石采用勾缝);对于流水侵入的裂纹,发现后应及时修理,以免水渗入圬工内部、基底或路基,引发病害;对于急剧发展而宽度较大的裂纹,应首先进行临时加固,防止病害继续恶化,保证行车安全,然后再进行永久性的加固或更换;对于因路基病害而造成的裂纹、变形等病害,应与路基病害同时整治。

2. 抬高下沉管节

当涵管下沉量较大,或由于河床淤积造成涵身排水不畅时,可用抬高管节的办法进行处理,方法有两种:一种是整座涵洞抬高,另一种是仅中间部分管节抬高。

1)整座涵洞抬高

如图5-25(a)所示,首先在线路上扣轨束梁,然后从一端洞口起逐节掏挖路基土方,可先挖管顶一侧,并随挖随支撑,如图5-25(b)所示。挖好一个管节即可进行支顶,支顶方法如图5-26所示,以前后两管节做支承,在管壁接触处加垫弓形木,然后扣上短轨或放置方木,安置千斤顶,去除管顶支撑木,即可将中间管节抬高,并在其底下填塞砂或碎石并捣密,如此,依次进行至全部管节抬高后,再重砌拆除的端墙并拆除扣轨。这种方法适用于填土较高的涵洞。

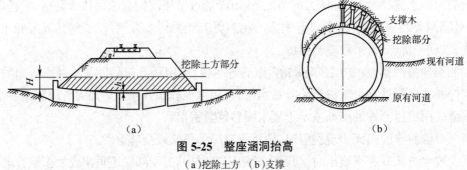

（a）　　　　　　　　　　　　　　　　　　　（b）

图 5-25　整座涵洞抬高

（a）挖除土方　（b）支撑

h—局部管节下沉量；H—整体抬高量

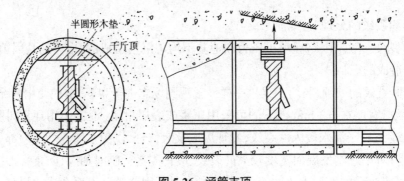

图 5-26　涵管支顶

涵洞填土不高时，可采用立排架扣轨的方法进行明挖抬高。

2）局部管节抬高

当涵洞仅中间部分管节需抬高时，可采用损毁一节涵管（一般选择破损的管节，否则可将需抬高的第一节或最后一节损毁）的方法。采用此法时应视土质情况进行支撑，土质较差的可分两次进行支撑，即在破损管取出后即进行第一次支撑（利用旧枕木，为了支撑牢固与支拆方便，应在支撑立柱下加上一对楔子），然后开挖支撑间涵顶的土方，待挖到设计标高时，按照上述的方法进行第二次支撑，拆除第一次支撑，挖掉第一次支撑上方的土到设计标高。土质较好的可仅进行一次支撑。全部开挖好后，将基础砌到设计标高，做支顶准备。支顶方法与前述基本相同，唯支承梁的净距为两个管节，并将跑镐安置在需抬高的管节内的支顶梁上，如图 5-27 所示。然后利用列车间隙开挖安有跑镐管节顶上的土方，随挖随支撑，列车通过时还需加临时支撑，挖到设计标高后就将该管节顶起，并向损毁管节的位置移动，直到设计位置为止，该两节涵管的支撑可根据涵管的移动情况进行支拆。在该管段的沉降缝和接头处采用外贴防水层，缝内嵌入沥青麻筋，涵管外壁填以黏土。依此工作顺序直到所有需要抬高的管节都抬高为止，最后缺少一节可进行就地浇筑或用四拼涵管补上，即告完成。

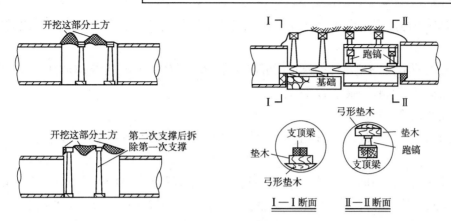

图 5-27　局部管节抬高

3. 涵洞的局部更换

当个别管节破损严重时,可不开挖填土在洞内进行更换。首先凿除破损管节,如果管节外面土质坚实,可分段凿除旧管节,随后即由上而下地支立外侧模板,模板两端各搭在两相邻管节的外方 5 cm;如果管节外面是砂质土壤,则在凿除之前须用千斤顶支顶。凿时沿纵的方向一条一条的凿,边凿边立模板,以免漏土。外侧模板立好后,安装钢筋骨架,然后再装底部内侧模板,并安装 3 道扁铁铁箍,以支撑内侧模板。装好后,即可浇筑混凝土,边浇筑边插入上面的内侧模板,最后封口。待混凝土养生 7 d 后,即可拆除内侧模板。外侧模板埋在土内不再拆除。

更换管节还可采用预制半圆涵管。其方法是先在洞内凿除旧管节,为防止路基土壤下沉,可安设临时的钢轨圈作为支撑;然后整理旧管节的基础,将预制的两个半圆形钢筋混凝土管节先后运进洞内,拆掉钢轨圈,把下半圆管节安在基础上,顺平管内坡度,再将上半圆管节用小千斤顶架起,安装成完整的钢筋混凝土管节。在管节接缝处用砂浆砌合并勾缝。这种方法适用于洞顶填土高度大于 1.5 m,且土质是不易坍塌的坚实土壤,最好是黏土。

4. 涵洞的加固

当涵洞管节裂损严重或管节裂缝过大时,在孔径容许的情况下,可在洞内增设一层封闭式钢筋混凝土、混凝土或石砌套层,抑或拉入直径较小的涵管,用半干硬砂浆或环氧砂浆填塞间隙,即所谓衬环套管的办法。如为拱涵,可以在内层加筑套拱进行加固。

使用这种方法应特别注意新旧圬工的联结,必要时可在新旧混凝土间设置牵钉,并在新旧圬工缝隙之间压注灰浆。当如拱涵拱圈局部破损严重,无法修理,而增设套拱净空又不够时,也可拆除损坏拱圈予以更换,新拱圈可就地浇筑,也可使用预制钢筋混凝土拱圈。

使用上述方法,洞顶填土应有一定高度,且土质为不易坍塌的坚实土壤,施工中必须注意安全。

5. 涵洞的加长

由于种种原因需加长涵洞时,应首先拆除旧端墙,然后增加新管节,另砌新端墙。旧端墙基础要尽可能保留作为新管节的基础,为防止新旧基础发生不均匀下沉,两者之间应设置沉降缝。

路堤加宽不大,不需加长涵洞时,可用加高端墙的方法处理,并相应加高翼墙。但端墙加高不宜超过 1.0 m,否则应加长涵洞。

6. 涵洞的改建和增建

涵洞损坏无法修理,或孔径不足,不能满足农田水利灌溉的需要时,可考虑改建或增设涵洞。

当改建填土不高的涵洞时,可先在线路上设置轨束梁或便梁,然后开挖填土,如图 5-28 所示。挖到设计标高后砌筑基础,安装涵管,回填夯实土方,拆除轨束梁或便梁,恢复线路。

此外,还有顶进法、牵引法、拖拉法等施工方法。

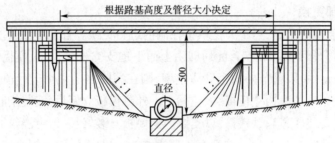

图 5-28　明挖法(单位:mm)

【任务 5.10 同步练习】

复习思考题

5-1　铁路桥面有哪几种? 各有什么优缺点?

5-2　明桥面线路外轨超高如何设置?

5-3　桥梁哪些位置不能有钢轨接头? 如果难于避开应采取何种措施?

5-4　单根更换桥枕的作业方法和质量要求有哪些?

5-5　伸缩调节器的作用和设置条件是什么? 分为哪几种?

5-6　护轨的铺设条件是什么?

5-7　桥枕的失效标准及更换要求是什么?

5-8　护轮轨的作用及其铺设养护的技术标准有哪些?

5-9　桥上钢轨的防爬措施有哪些?

5-10　桥上无缝线路养护维修的内容有哪些?

5-11　桥枕铺设的技术标准有哪些?

5-12　钢桥有哪几种连接方式?

5-13　钢结构锈蚀的原因是什么?

5-14　油漆失效的检查鉴定方法有哪几种?

5-15　钢结构表面涂装施工条件有哪些规定?

5-16　油漆涂层的涂装质量标准如何?

5-17　钢梁涂装分为哪几种?

5-18　清理钢梁表面的方法有哪些?

5-19　钢梁哪些部位容易发生锈蚀?

5-20　高强度螺栓的质量标准是什么?　更换高强度螺栓的作业方法和技术要求有哪些?

5-21　简述圬工裂缝的整治方法。

5-22　简述辊轴中心的位移和钢梁纵向位移的关系。

5-23　简述辊轴歪斜或偏移超限的整正方法。

5-24　简述墩台表面与镶面石破损的整修方法。

5-25　简述墩台裂纹与气温和活载的关系。

5-26　简述环氧树脂配方修补墩台的方法。

5-27　简述用加箍和护套加固墩台的方法。

5-28　画出钢轨箍临时加固墩台的示意图。

5-29　简述墩台倾斜与沉陷的观测与处理方法。

5-30　简述墩台基础加固措施。

5-31　简述墩台加宽及加高的施工方法。

5-32　一孔 48 m 简支下承桁梁的活动支座,采用高 150 mm,宽 80 mm 的削扁辊轴。当地最高气温为 30 ℃,最低气温为 -30 ℃。当气温为 10 ℃时,实测轴承座中心偏离底板中心线 -13 mm(缩向桥孔以内),试计算:

(1)各中心线重合时的温度;

(2)10 ℃时梁的正常位移量,并与实测值进行比较;

(3)容许偏差,检验是否超限,是否需要调整?

5-33　涵洞病害检查的重点是什么?

学习单元 6

隧道养护及病害整治

任务 6.1　隧道养护管理

6.1.1　隧道运营阶段的养护工作

隧道结构的寿命是指设计时预计的结构可安全稳定工作的年限。影响隧道结构寿命的因素有：

（1）隧道的结构形式；

（2）使用的建筑材料；

（3）外界因素，比如人为因素、工程地质和水文地质状态等。

经验表明，由砖石材料砌筑成的隧道结构寿命一般为 70~80 年，而钢筋混凝土的隧道结构寿命可达 100 年。当然一些外界因素和偶然因素会使隧道结构的寿命出现较大的差异。

为了尽量延长隧道结构的寿命，应对隧道进行经常性的养护工作。隧道养护工作应本着"以预防为主，预防与及时整治病害相结合"的原则。要经常对隧道进行检查，及时发现问题，并采取有效措施整治，做到防治结合，把病害控制在最小的范围内。

在隧道结构使用寿命以内，应进行以下隧道预防与养护工作：

（1）运营状态监视；

（2）检查以便及时发现隧道结构出现的病害；

（3）分析引起隧道病害的原因；

（4）采用适当的维修及修复措施；

（5）评价隧道结构的安全性及稳定性。

1. 运营状态监视

通过运营控制系统同时监视和控制车辆的流动状态,洞内的温度、湿度、通风、照明、有害气体含量、火灾自动报警系统状态等多项运营工作状态,并可根据监视结果及时发现不正常状态,调整隧道能量供给方式,节约运营费用。例如,可根据洞内有害气体的含量及车辆在不同时间的流量确定隧道通风机的工作状态,根据隧道洞内的不同位置以及洞内外光线差别,调整洞内照明的强度。

2. 检查以便及时发现隧道结构出现的病害

检查及发现隧道结构是否出现病害是隧道养护工作的重要内容,其目的是尽早发现结构已出现的破损,避免由于破损程度的发展而导致破损范围的扩大,以便尽可能减少维修的程度以及维修的工程费用,即"早发现、控制发展,早维修、减少工料费"。

1）隧道检查

隧道检查包括经常检查、定期检查、特别检查和限界检查。

Ⅰ. 经常检查

经常检查的内容包括排水设施是否通畅、衬砌表面是否漏水、洞口山坡是否可能塌方落石、隧道上方地表是否出现冲沟和陷穴,并对已有病害进行观测并做好记录以便存档。

Ⅱ. 定期检查

定期检查是由工务段按铁路局工务处的布置,对管区内所有隧道进行的每年一次的全面检查。检查时间一般在秋季或春季,故称为"秋检"或"春检"。检查内容包括洞口、洞内各种建筑物的状况,可能产生的病害,洪水前后的状态变化,严寒地区春季冰雪融化对建筑物的影响等。

Ⅲ. 特别检查

特别检查是由铁路局组织或指定有关单位,对个别长大的、构造复杂的和有严重病害的隧道进行的检查。

Ⅳ. 限界检查

限界检查是专门对隧道衬砌限界所进行的全面检查,是隧道技术管理的重要内容之一。工务规则规定,至少每五年要检查一次,并做好检查记录以便存档。

2）检查隧道病害的方法

隧道病害的类型主要有水害、冻害、衬砌裂损和衬砌侵蚀,最为常见的是水害,素来有"十隧九漏"之说。

隧道病害发生较多的地段,从地质情况看,一般是断层破碎带、风化变质岩地带、裂隙发育的岩体、岩溶地层、软弱围岩地层等;从地形情况看,多发生在斜坡、滑坡构造地带和岩堆崩塌地带等。

通常用于观察隧道结构是否出现病害的方法有:

（1）洞内肉眼观察；

（2）定期对设置的观察面进行量测,并用曲线外插法预测变形及受力状态；

（3）观察地下水数量及水质变化；

（4）钻孔探查,了解岩石受力及松动状态、岩石与隧道接触状态、隧道结构变形裂缝状态、密封层防水性等；

（5）开挖检查井及坑道；

（6）现代测量方法,如物理地质电测法、地质电测法、红外线测量法、地质电力学测量法等。

3）衬砌裂损的描述

对于衬砌裂损应做好观测和记录工作,明确表示发生裂损的部位和裂损程度。通常用下列要素来描述。

Ⅰ.裂损部位

将衬砌划分为左右拱圈、左右边墙及仰拱 5 个部分,再将每个部分依其内缘周长划分为 4 个等份,即把衬砌断面分为 20 个部位,如图 6-1 所示。

Ⅱ.裂缝宽度 δ

δ 值是在缝口处沿垂直裂面方向量取的,如图 6-2 所示。按裂缝宽度的大小可分为 4 个等级,即 $\delta \leq 0.3$ mm,毛裂缝；0.3 mm $< \delta \leq 2.0$ mm,小裂缝；2.0 mm $< \delta \leq 20$ mm,中裂缝；$\delta > 20$ mm,大裂缝。

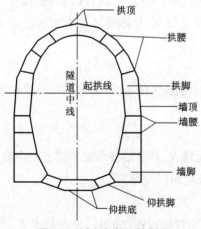

图 6-1　衬砌各部位的划分

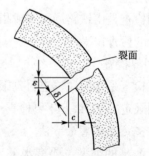

图 6-2　衬砌裂缝的描述

Ⅲ.裂缝错距

当衬砌出现错牙状裂缝时用裂缝错距表示,如图 6-2 所示。沿裂缝垂直方向量取的 ε 值称为垂直错距；沿裂缝水平方向量取的 c 值称为水平错距。根据这两个值的大小错距分为 3 个级别,见表 6-1。

表 6-1　裂缝错距分类

错距分类	垂直错距/mm	水平错距/mm
小错距	$\varepsilon \leqslant 2$	$c \leqslant 2$
中错距	$2 < \varepsilon < 20$	$2 < c < 20$
大错距	$\varepsilon \geqslant 20$	$c \geqslant 20$

Ⅳ. 裂缝间距

走向大致相同的两条相邻裂缝之间的距离称为裂缝间距,表示衬砌的破损程度。一般以每一节段或每一节段中的某一部位(如左半拱、右边墙、仰拱等)为单位来分析。有时会出现某一节段同时有若干组(走向大致平行者为一组)裂缝,此时应说明裂缝的组数及各组裂缝的平均间距值。

Ⅴ. 裂缝密度

裂缝密度即裂缝总面积(各裂缝长度与裂缝宽度的乘积)与所分析的节段或节段某一部分衬砌表面积之比值,用此比值的百分数来表示衬砌裂损的程度。

3. 分析引起隧道病害的原因

引起隧道病害的原因有很多,主要可分为两类,即人为因素和自然因素。

(1)引起隧道病害的人为因素主要是由设计和施工不当引起的,包括以下几个方面。

①建筑材料:建筑材料强度低,质量差,易老化。

②设计不当:截面形式不合理,强度偏小,密封及防排水系统不当。

③施工不当:岩石松动或自承效应丧失,支护结构与岩石接触差,仰拱合龙过晚,开挖及衬砌方法不当等。

(2)引起隧道病害的自然因素主要是由隧址处工程地质及水文地质、交通等状态变化引起的,主要包括以下几个方面。

①地质状态:作用于岩体上的外力荷载发生改变,岩体自身由于发生应力重分布、松动或出现膨胀应力而改变了岩体原来的受力状态,围岩体积变化改变了原来的围岩作用。

②内部荷载:交通状态的改变使洞内荷载强度及振动强度发生变化。

③地貌改变:如在隧道临近处开挖土方,进行振动较大的施工作业。

④地下水影响:隧址处地下水位改变,水量及水质改变,密封层渗水等。

通常隧道裂损的形式、程度与上述因素之间没有对应的因果关系,这是由于,一方面上面提到的两类引起破损的因素在很多情况下相互影响;另一方面相同的裂损形式可能在不同的情况下由不同的原因引起,或相同的破损原因又可能导致不同的破坏形式及程度。此外,还存在很多其他的引起破损的因素,例如:没有及时发现引起裂损的迹象或出现裂损的痕迹、由错误的判断而发生新的裂损、维修及修复措施不当等。

虽然隧道裂损的因果关系比较复杂,但两者之间的关系一般具有表 6-2 所示的现象。

表 6-2 所示的原因①，是由于基床变形而导致隧道结构产生较大的变形（图中虚线用来描述隧道结构的变形情况）；原因②，由于侧向压力较大，隧道衬砌会发生位移、裂缝、塌落压剪破坏[图 6-3（a）]、斜压破坏及仰拱扭曲等破损情况；原因③，在竖向压力较大时，拱圈下沉，拱顶处开裂[图 6-3（b）]；原因④，当局部压力较大或有动态压力时，则会发生局部脱落[图 6-3（c）]、不对称变形及压剪或斜压破坏；原因⑤，当岩石产生松动及应力重分布时，常会引起拱圈开裂、墙脚位移、压剪及斜压变形破坏；原因⑥，由于流动式挤压，会造成衬砌结构发生不对称位移，局部发生较大位移变形以及压剪破坏；原因⑦，当隧道无仰拱时，由于开裂及位移会引起支座点发生较大位移，拱顶处发生剪压或斜压破坏；原因⑧，当围岩产生膨胀应力时会引起局部变形；原因⑨，当围岩发生滑动时，截面会被剪断；原因⑩，当围岩产生下沉时，会引起隧道沿着纵向发生不同的位移变形（图 6-4）。图 6-3（d）表示锚杆垫板处围岩由于受力集中而出现了塑性破坏。

表 6-2 衬砌裂损的因果分析

原因	裂损形式
①基床变形	
②侧向压力大	
③竖向压力大	
④局部及动态压力	
⑤松动及应力重分布	
⑥流动式挤压	
⑦支座位移	

续表

原因	裂损形式
⑧膨胀应力	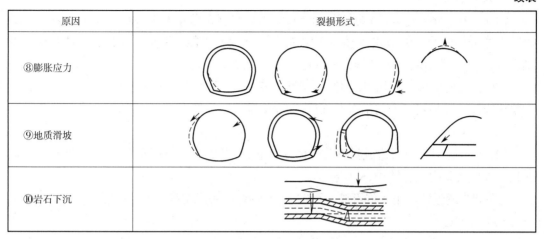
⑨地质滑坡	
⑩岩石下沉	

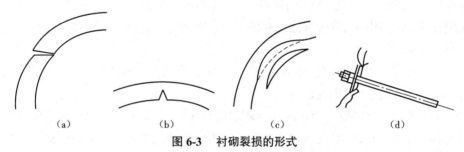

（a） （b） （c） （d）

图 6-3 衬砌裂损的形式

（a）衬砌裂缝 （b）拱顶处开裂 （c）局部脱落 （d）塑性破坏

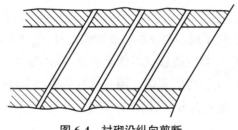

图 6-4 衬砌沿纵向剪断

4. 采用适当的维修及修复措施

1）建筑材料因素

（1）如果由于建筑材料强度低、质量差、易老化而引起裂损,可采用更换材料的维修方法。

（2）如果建筑材料表面易脱落、风化及腐蚀,可在该表面抹水泥浆或喷混凝土。

（3）如果由于材料冻裂,特别是在洞口附近,则需改善排水设施,尽可能将水引离结构,并且加强通风。

2）设计因素

（1）当由于外力过大结构强度偏低时，可考虑更换高强度材料，增加钢锚杆，加受力铰以改变原来结构的受力形式，注浆加固以提高岩体的自承能力并减少作用在隧道结构上的围岩压力，在注浆时要考虑结构原来的排水形式及排水系统。

（2）当隧道结构无仰拱，墙脚发生塑性位移时，若只加固支座地基效果不大，可考虑加钢锚杆或注浆以加强衬砌与围岩的连接，加固侧墙或增建仰拱。

3）施工因素

（1）如果施工不当而造成衬砌与岩体接触差，可考虑注浆或填充方法，加强围岩与衬砌的连接以形成共同受力结构，减少松动。

（2）如果隧道结构由于局部施工引起质量较差，可考虑更换。

4）地质状态

如果由于围岩体积变化或由于岩体松动及应力重分布而改变了原来的抗力作用，可采用注浆填充空洞，并用钢锚杆加强隧道衬砌与围岩之间的接触，使它们共同受力。

5）地下水效应

（1）如果密封防水层局部破坏，可在渗水处插软管将水排掉或增补一局部阻水层将水路阻塞，不让地下水流入隧道内部。

（2）如果密封防水层被大面积破坏而不起密封作用，通常无法恢复原来的密封层，只有考虑在衬砌内表面重修防水层，或采用改善排水系统功能的方法将水汇流后排出洞外。

5. 评价隧道结构的安全性及稳定性

隧道衬砌除了会由以上因素导致裂损外，还有一个自然老化的过程，即随着使用年限的增长，建筑材料会慢慢腐蚀、脱落，强度降低，从而使功能逐步衰退、下降。

隧道在运营保养阶段，除了对裂损要进行及时修复外，还要对修复的效果及隧道的安全性、稳定性给予正确的评价。当隧道裂损后修复效果不好，裂损范围不断扩大，并有塌方或失稳的危险时，则需临时停止隧道的运营使用。当对隧道综合评价的结果证明隧道已无法正常运营使用，并无法或不值得修复时，则认为隧道已经达到使用寿命。

1）隧道结构的评价

隧道结构的评价包括对衬砌结构的刚度及变形状态、材料强度及变形性、仰拱及基底效应等进行评价。

2）围岩状态的评价

围岩状态的评价包括对隧道衬砌与围岩的接触状态、松动区的大小及形状、作用于隧道衬砌上的压力、抗力效应、静水及附加压力、岩石的力学性能等进行评价。

根据隧道结构的评价和围岩状态的评价结果，可对隧道结构进行静力学计算分析，必要时可做动力学分析，进行截面的强度验算，评价隧道的安全性及稳定性。通过对旧隧道综合评价，可以确定维修的必要性及相应的维修及加固方法。

6.1.2　隧道档案的建立

每座隧道都应建立隧道档案,特别是长大隧道的档案建立更应详细。隧道档案中应收集有关隧道的设计、施工及竣工资料,此外还包括养护与维修过程中的一些记录资料。

1. 隧道设备概况

（1）隧道概况:隧道所处线路及区间名称、隧道全长、起讫里程、开工及竣工年月、地质情况等。

（2）隧道结构的断面形状:内轮廓尺寸、衬砌材料、避车洞设置情况等。

（3）辅助坑道:记录竖井、斜井、横洞及平行导坑的位置及其他情况。

（4）线路情况:纵坡、平面、设备、道床、轨枕、钢轨等情况。

（5）洞内排水设施:排水沟类型、长度、深度,检查井形状、间距、数量,盲沟情况,钻孔排水,泄水洞排水等情况。

（6）洞外排水设施:洞外排水沟及山上排水沟类型、长度等。

（7）路堑的起讫里程、护坡材料等。

（8）通风设备情况。

（9）电力及照明设备情况

（10）通信设施情况。

以上内容最好用表格形式表示。

2. 主要病害状况卡片

主要病害状况卡片可以用列表的方式记录,见表6-3。

表 6-3　主要病害状况卡片

记录日期	病害性质	位置 自 × 至 ×	长度/mm	最大数量	发生时间 × 年 × 月 × 日	危险程度	简要分析

在填写卡片时应注意以下几点。

（1）病害种类包括隧道水害、冻害、衬砌病害、整体道床病害、限界不足及有害气体危害等。

（2）隧道水害分涌水、漏水、滴水、渗水和湿水,隧道冻害分衬砌冻害、线路冻害、排水沟冻结及挂冰等,衬砌病害包括衬砌变形、裂损、侵蚀等。

（3）至少每年记录或修改一次。

（4）最大数量是指漏水量或刨冰量,以及冻胀量的最高纪录。

（5）发生时间是指与季节有关的病害发生时间,如常年漏水、季节漏水或雨后几天漏水等。

3. 隧道历史概况与现状分析

1）隧道历史概况

在建立档案时要注意收集整理下述资料：

（1）写明开工时间、交付运营时间、设计及施工单位等；

（2）隧道工程地质及水文地质情况；

（3）在修建过程中，曾发生过塌方等事故的地点及处理措施等；

（4）交付运营时的工程质量及存在的问题等。

2）隧道现状分析

在定期检查、专项检查及维修之后，应总结分析下述问题：

（1）针对隧道的主要病害状况分析其原因及危害性，并预测发展趋向；

（2）对主要病害曾采取过哪些整治措施，有何收效及经验教训；

（3）历年来经过基建、大修解决了哪些问题，还存在什么问题；

（4）对整治病害及技术改造的意见。

4. 图纸存档

1）技术图纸

（1）设计单位提供的纵断面图、横断面图、平面图等。

（2）施工单位提供的衬砌内轮廓断面图、隧道开挖断面图、山上地形及排水设施图等。

（3）其他有关隧道的技术图纸。

2）隧道衬砌展示图

为了便于检查、记录和分析病害，要使用衬砌展示图，即把衬砌划分为若干部分，每部分按纵向里程展开。

3）隧道综合最小限界

根据铁路运输组织工作的需要，要绘制区段最小限界，而区段最小限界是根据线路上的每一座建筑物（如隧道、桥梁、跨线建筑物及其附属设备）的综合最小限界绘制而成的。综合最小限界是限制装载货物最大宽度用的，隧道综合最小限界均按超高转动的线路坐标系施测计算，其测量方法可归纳为横断面法、轨迹法和摄影法。

在测量绘制隧道最小限界时应注意以下几点。

（1）计算断面在平面上应垂直于线路中心，在立面上应垂直于轨面的纵坡线。

（2）轮廓中所有的实测点，必须是该隧道全长范围内所有建筑物及附属设备不会侵入的、有保证的综合最小接近限界。

（3）在直线上是以基本线路坐标系为计算坐标；在曲线上是按基本线路坐标系绕曲线内侧钢轨顶面向上转动日角所得到的转动后的线路坐标系计算，并注明该点所在曲线半径和曲线方向，是内侧点还是外侧点，以便于运输部门运用。

（4）曲线上的综合最小限界不能用测点的实测值，而要用测点的实测值减去 36 mm 所得的差数作为填表和绘图之用，这是因为在计算装载货物的最大宽度时已减去 36 mm 的缘故。

（5）隧道的综合最小限界要将直、曲线分开绘制。

5. 各种检查观测记录

（1）衬砌裂缝记录。

（2）隧道洞外降雨记录。

（3）衬砌漏水记录。

（4）隧道洞内外地下水的水源、流量及流速观测记录。

（5）其他项目观测记录（如衬砌腐蚀记录、冬季刨冰记录、洞内排水沟冻结记录、衬砌变形记录等）。

隧道档案的建立是一项细致的工作，需要工务技术人员的长期逐步积累，是为隧道的长期使用、维修、改建和扩建服务的。

【任务 6.1 同步练习】

任务 6.2　隧道病害类型及防治

运营隧道受各种自然条件和人为因素的影响，往往会产生各种各样的病害，有的甚至严重影响行车安全，为此，要采取一些必要的手段进行防治。隧道病害主要类型有水害、衬砌裂损、冻害、震害、洞门损坏、整体道床损坏及附属建筑物损坏等。

6.2.1　隧道水害及整治

隧道水害是指在隧道修建和运营过程中遇到的水的干扰和危害，是最常见的隧道病害。调查资料表明，大部分隧道存在不同程度的水害。水害不仅会对隧道结构产生危害，降低衬砌结构的可靠性，导致衬砌失稳破坏，而且还会引发其他病害，对隧道整体结构的稳定影响很大。

1. 隧道水害的类型及成因

隧道水害主要是指运营隧道水害，即围岩的地下水和地表水直接或间接地以渗漏或涌出的形式进入隧道内造成的危害。

1)隧道渗漏水和涌水

Ⅰ. 概念与类型

隧道渗漏按其发生的部位和流量大小,可分为拱部有渗水、滴水、漏水成线和成股射流四种,边墙有渗水、淌水两种,少数隧道还有隧道涌水病害。

隧道渗漏按水源补给情况,可分为地下水补给和地表水补给两种。地下水补给有稳定的地下水源补给,其流量四季变化不大;地表水补给,其流量随地表水的季节性变化而变化。同一渗漏处也可能有两种补给水源。

Ⅱ. 隧道渗漏水的影响与危害

隧道渗漏水对隧道稳定、洞内设施行车安全、地面建筑和隧道周围水环境产生诸多不良影响甚至威胁。

(1)渗漏水促使混凝土衬砌风化剥蚀,造成衬砌结构破坏;渗漏水还会软化围岩,引起围岩变形。有些隧道渗水中含有侵蚀性物质,造成一般的衬砌混凝土和砌筑砂浆腐蚀损坏,降低衬砌的承载能力。在寒冷和严寒地区,隧道漏水会造成边墙结冰、拱部挂冰,侵入隧道建筑限界,还会造成隧道衬砌冻胀裂损。

(2)渗漏水加快隧道内部设备(如通信、照明、钢轨等)损坏,影响设备的正常使用,缩短设备的使用寿命,增加维修费用。

(3)水害引发路基下沉、基底裂损、翻浆冒泥等病害,导致铁路线路轨距水平变形超限;冻胀引发洞内线路起伏不平,以及洞内漏水潮湿降低轮轨附着力,影响行车安全;水害导致电绝缘失效、短路、跳闸,影响运营安全,引发漏电伤人事故;少数隧道,暴雨后隧道铺底破损涌水,造成淹没轨道,冲空道床,危及行车安全。

(4)严重渗漏水引发地面和地面建筑物的不均匀沉降和破坏。

(5)隧道渗漏造成地表水和含水层的水大量流失,破坏周围水环境,造成环境灾害。

Ⅲ. 衬砌周围积水

运营隧道中的地表水或地下水向隧道周围渗流汇集,如不能及时排走,可能引发如下病害。

(1)水压较大,导致衬砌破裂。

(2)围岩浸水软化,承载力降低,对衬砌压力加大,导致衬砌破裂。

(3)膨胀性围岩体积膨胀,导致衬砌开裂。

(4)寒冷地区引发冻胀病害。

Ⅳ. 潜流冲刷

潜流冲刷指由于地下水渗入和流动而产生的冲刷和溶蚀作用,其危害如下。

(1)衬砌基础下沉,边墙开裂或仰拱、整体道床下沉开裂。

(2)围岩滑移错动,导致衬砌变形开裂。

（3）超挖围岩回填不实或未全部回填时，引起围岩坍塌，导致衬砌破坏。

隧道水害的另一类是施工中的隧道水害，主要是指隧道施工过程中，围岩的地下水或部分地表水，以渗漏或涌出方式进入隧道内造成的危害。施工隧道水害，轻则造成洞内空气潮湿，影响施工人员身体健康，使机械设备锈蚀，绝缘设备失效，电路短路，漏电伤人；重则威胁人身安全，冲毁洞内机械设备，造成塌方，淹没工作面，中断施工，造成重大经济损失，危害环境。

2）水的来源与分析

水的可能来源见表6-4。

表 6-4　水的可能来源

自然因素	人为因素
含水层的储蓄水	隧道施工用水
含水层局部聚集水	其他隧道
地层中流水	探孔或钻孔
断层、裂隙等构造水	某矿、水库、渠道、管道
溶洞	废弃工程、古代工程
河流、湖泊、海	

仔细分析水的可能来源非常重要，隧道水文地质报告应详细给出水压、渗透性、水质、水的化学成分等。在此基础上，可以采用最经济的防水解决方法回避，也可以在设计中将隧道、竖井布置在天然不透水地层或非含水层，或者能经济地采取处理措施的地层。

3）水害的成因

隧道水害的成因是：修建隧道时破坏了山体原始的水系统平衡，隧道成为所穿过山体附近地下水集聚的通道。当隧道围岩与含水地层连通，而衬砌的防排水设施及方法不完善时，就必然要发生隧道水害。隧道水害可以归结为客观和主观两方面的原因。

Ⅰ.隧道穿过含水的地层——客观原因

（1）砂类土和漂卵石类土含水地层。

（2）节理、裂隙发育，含裂隙水的岩层。

（3）石灰岩、白云岩等可溶性地层，当有充水的溶槽、溶洞或暗河等与隧道相连通时。

（4）浅埋隧道地段，地表水可沿覆盖层的裂隙、孔洞渗透到隧道内。

Ⅱ.隧道衬砌防水及排水设施不完善——主观原因

（1）隧道衬砌防水、排水设施不全。

（2）混凝土衬砌施工质量差，蜂窝、孔隙、裂缝多，自身防水能力差。

（3）防水层（内贴式、外贴式或中间夹层）施工质量不良或材质耐久性差，经使用数年后失效。

（4）混凝土的工作缝、伸缩缝、沉降缝等未做好防水处理。

（5）衬砌变形后产生的裂缝渗透水。

（6）既有排水设施，如衬砌背后的暗沟、盲沟，无衬砌的辅助坑道、排水孔、暗槽等，年久失修阻塞。

隧道建设过程，分勘测设计、施工竣工验收等阶段，在每个阶段或材料供应等关键环节出现问题时，都可能引发隧道水害。例如，施工中经常出现的附加防水层接缝处理不好导致漏水，防水材料品质不过关或防水材料与基面黏结不良等原因都将导致防水失效。

2. 隧道防水方法

1）隧道防水设计

隧道防水要"防患于未然"，首先从设计做起，要在水文地质调查的基础上从工程规划、结构设计、材料选择、施工工艺等方面进行合理设计。防水设计应考虑地表水、地下水、毛细管水等的作用，以及由于人为因素引起的附近水文地质改变的影响。防水设计要遵循隧道防水原则，定级准确、方案可靠、施工简便、经济合理。

Ⅰ.隧道防排水工程的设计内容

（1）防水等级、设防要求、防排水体系的构成。

（2）防水混凝土的抗渗等级、技术指标。

（3）防水层选用的材料及其技术指标、施工工艺要求。

（4）施工缝、变形缝等工程细部防水构造、选用材料及相关技术要求。

（5）降水、截水、堵水措施及技术要求。

（6）洞口、洞身及地表排水系统构成、选用材料及设备配置能力。

（7）满足环保要求的工程措施。

（8）排水系统运营维修及养护的技术要求。

Ⅱ.铁路隧道防水等级

铁路隧道防水等级可分为四级，各等级的防水标准应符合表 6-5 的规定。

表 6-5　防水等级标准

防水等级	标准
一级	不允许渗水，结构内缘表面无湿渍
二级	不允许漏水，结构内缘表面可有少量因渗水形成的湿渍或水膜；总湿渍面积不大于总防水面积的 2/1 000；任意 100 m² 防水面积的渗水不超过 3 处，其单个形成的湿渍或水膜面积不大于 0.2 m²；平均渗入水量不大于 0.05 L/（m²·d），任意 100 m² 防水面积上的渗入水量不大于 0.15 L/（m²·d）
三级	有少量漏水点，不得有线流和漏泥沙，安装设备的孔眼不渗水；任意 100 m² 防水面积上的漏水点、渗水形成的水膜或湿渍不超过 7 处；单个湿渍或水膜面积不大于 0.3 m²，单点漏水量不得大于 2.5 L/d
四级	有漏水点，不得漏泥沙

新建和改建铁路隧道的防水等级，应根据工程的重要性、使用功能、运营安全保障等要求，按相关规定进行设计。

Ⅲ. 防排水设计的一般规定

（1）铁路隧道防水应以混凝土结构自防水和防水板防水为主体，以接缝防水为重点，必要时采用注浆加强防水。

（2）铁路隧道的排水应服从于保护环境、防止次生灾害的总体要求。

（3）下穿河流、湖泊、海洋及城市等地区的隧道，宜按全封闭不排水原则设计。

（4）铁路隧道的排水系统应根据其工作环境，采取防淤积、防堵塞、防冻结措施，充分考虑其可维护性，保证排水通畅。

2）防水原则

铁路隧道防排水应采取"防、排、截、堵相结合，因地制宜，综合治理"的原则。

（1）"防"是指隧道衬砌应具有一定的防水能力，防止地下水渗入。

（2）"排"即放流和疏通的意思，就是使汇集于衬砌外围的地下水，沿着无害的通路排走，而不是让地下水自找出路，酿成水害。

（3）"截"即是拦截和引离的意思，目的是把流向隧道的水流截断，或采用引离的方法，尽可能使其水量减少。

（4）"堵"是指在隧道内对衬砌表面可见的渗漏处所，封堵归槽引排。如衬砌圬工内压浆、喷浆、喷涂乳化沥青和抹面封闭等内贴式防水层。堵水应归槽，使地下水按预定路径排出。

排、堵、截均不宜单独使用，要做到以排保防、以防助排，排防结合，相得益彰。要避免只堵不排，可将水流集中，沿着预先安排好的路径排走，才能缓解水害发展，从而为根治水害创造条件。

隧道治水要紧密结合实际情况，在洞内外，山上地下，有病害与无病害的区段，综合分析，统筹规划，做全面整治安排；所采用的排、堵、截设施均应有主有次，既能自成体系，又能互相配合，形成完整的治水系统。如规划工程量过大可以分期治理，逐步配套。

3）排水设施

Ⅰ. 在衬砌外面设置排水设施

在衬砌外面设置排水设施需要凿开衬砌，扩挖围岩，施工复杂工程量大，只有结合更新衬砌，增设衬砌外排水设施才经济合算。其主要形式如下。

Ⅰ）岩石暗槽

岩石暗槽大多用于围岩坚实稳定水流清澈，不含泥砂地段。可沿主要的含水裂隙的走向开凿，为扩大疏干范围可增设一些集水钻孔，暗槽的盖板可用半圆胶管、瓦块、塑料片或预制砂浆块等，如图6-5所示。

Ⅱ）竖向盲沟

竖向盲沟依其设置部位不同，有墙后竖盲沟、拱部竖盲沟及环状盲沟等，如图6-6所示。盲沟底部应与纵向排水沟相通，当盲沟埋深不能满足防冻要求时，可以在盲沟外做保温层，如图 6-7 所示。

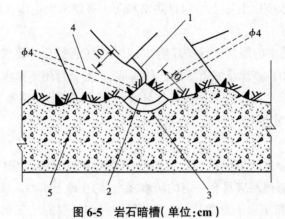

图 6-5 岩石暗槽(单位:cm)

1—含水裂隙;2—排水暗槽;3—盖板;4—集水钻孔;5—衬砌

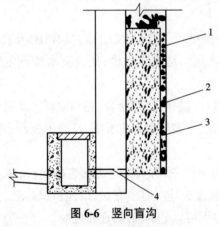

图 6-6 竖向盲沟

1—片石;2—碎石;3—粗砂;4—排水孔

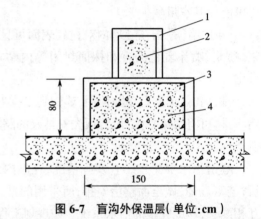

图 6-7 盲沟外保温层(单位:cm)

1—木板;2—竖向盲沟;3—木板贴油毡沥青;4—炉渣轻质混凝土

Ⅲ)纵向盲沟

纵向盲沟主要有拱背纵向盲沟,还有墙后纵向盲沟,如图 6-8 所示。盲沟多用有孔管埋设在多孔混凝土中,纵向坡度不得小于 3%。

Ⅳ)围岩排水钻孔

围岩排水钻孔是在衬砌背后的岩体内设置一群或多群排水钻孔,使之形成一个或多个集渗幕,对疏干围岩内的地下水,是个简便经济而有效的排水设施,如图 6-9 所示。钻孔洞室设有引水暗槽连通各排水钻孔并与隧道的主排水沟连通。

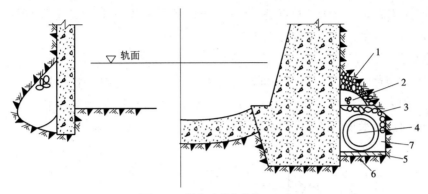

图 6-8 纵向盲沟（单位：cm）

1—超挖回填（碎石或圆砾）；2—圆砾（$d=0.5\sim1.2$ mm）；3—圆砾（$d=1.2\sim2$ mm）；4—有孔管；
5—混凝土垫底（纵坡不小于 3%）；6—超挖回填片石；7—纵向盲沟槽

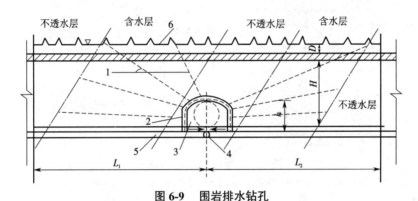

图 6-9 围岩排水钻孔

1—排水钻孔集渗幕；2—引水暗槽；3—钻孔洞室；4—横向排水管；5—纵向排水沟；6—疏干圈边界；
h—钻机洞室高；H—隧道净高；D—疏干层厚；L_1、L_2—疏干长度

Ⅴ）横向排水沟

当隧道只有一侧纵向排水沟或只有纵向中心水沟时，要设横向排水沟以便将竖向盲沟汇集的地下水顺利排进纵向排水沟。横向排水沟多采用无孔管槽，但横坡要大，以防淤积堵塞。

Ⅵ）防寒水沟（防寒泄水洞）

在严寒地区排水沟应采取保温防寒措施，以保证水沟正常使用。特别是在长年冻结不融地区，水沟砌筑材料应选用膨胀珍珠岩混凝土、膨胀蛭石混凝土、浮石混凝土、泡沫混凝土和加气混凝土等保温材质，并在其上喷涂防潮层。

当有条件时也可采用深埋防寒泄水洞作为纵向排水沟。防寒泄水洞可以设在隧道中心底下足够深度处，也可以设在隧道以外，或设在可利用的平行导坑中等。

Ⅱ. 在衬砌内设置排水设施

在运营线上整治渗漏水主要是在衬砌内设置排水设施。其优点是不凿开衬砌，施工简

便、工程量小,对行车干扰少。缺点是不易对准地下水的源头,对围岩疏干范围小,严寒地区有冰冻的隧道不宜采用。其主要形式如下。

Ⅰ)泄水孔

为排出衬砌背后积水,在衬砌渗漏水严重处开凿泄水孔,并用引水管或引水暗槽将衬砌背后的积水引入洞内排水沟排出洞外。引水管多采用铁管、胶管、硬质塑料管或竹管等,埋在拱墙内表面。引水暗槽将多孔引水管的水归于一槽,如图6-10所示。

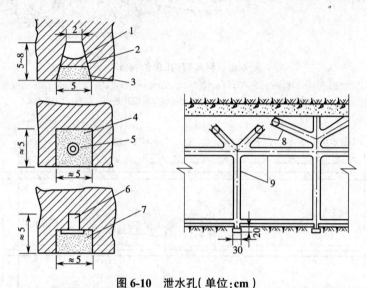

图6-10 泄水孔(单位:cm)

1—半圆导水竹管;2—防水砂浆;3—1∶2水泥砂浆;4—水泥砂浆;5—圆铁管或竹管;
6—凿槽;7—1∶2水泥砂浆;8—引水槽;9—排水暗槽

如果衬砌渗漏水点很多,要采取排和堵相结合的办法,在集中漏水处装引水管,然后汇集到引水暗槽。为了减少对衬砌的削弱和损伤,暗槽的深、宽尽量要小,并根据情况将深槽和浅槽并用,暗管和暗槽并用。水量不大时,可沿砌缝开凿宽度和深度为5~7 cm的暗槽。暗槽以竖槽为主,尽量少用斜槽,槽口封闭可采用竹片或塑料板等,并用防水防冻砂浆抹平。当水中含有泥浆时,在暗槽上端留有灌水孔眼,下端做一沉淀池以便于清淤。

Ⅱ)集水钻孔

泄水孔一般只钻透衬砌,排泄衬砌背后积水,疏干围岩范围很小,往往难于满足防治水害的需要。为此,通过衬砌向围岩各个方向打一些集水钻孔,以疏干围岩中的水。集水钻孔与引水管、引水暗管和洞内排水沟相通,把汇集的地下水经无害路径排出洞外。集水钻孔孔径一般以40 mm为宜,深度为2~3 m,如图6-11所示。

Ⅲ. 接水槽和接水棚

当隧道漏水严重,限界允许且无冻害时,可以采用接水槽或接水棚排泄漏水,如图6-12所示。接水槽可用水泥石棉薄板或薄铁板做成梯形或半圆形槽,嵌固在漏水严重的拱部,由引水管将漏水导入洞内排水沟中。接水棚用薄铁皮做成拱形,用牵钉悬吊固定在漏水集中处,汇集漏水经引水管排入洞内排水沟。在运营线上此种排水设施已不多见。

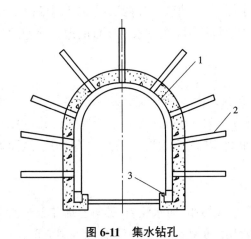

图 6-11 集水钻孔

1—石棉沥青横向接水槽;2—集水钻孔;3—排水沟

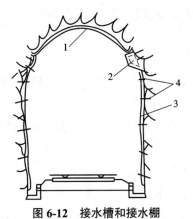

图 6-12 接水槽和接水棚

1—接水棚;2—牛腿;3—引水管;4—固定牵钉

4)防水设施

Ⅰ.压力注浆外加防水层

压力注浆外加防水层即通过一定的压力将防水浆液注入衬砌外面回填空隙和围岩的节理裂隙内,围绕衬砌,以起到保护衬砌的防水层作用。实践证明,只要防渗膜质量好,厚度足够,就可以有效防治水害,而且可以固结围岩,增强岩体的稳定性,使衬砌和围岩更加密贴,共同受力,发挥衬砌对围岩的支护作用。但是,如防渗膜质量不良或根本未形成,就难以获得预期的效果,甚至使原有排水孔道堵塞引出新的水害。因此,在运营隧道中采用压力注浆外加防水层防治水害应注意以下几点。

(1)应当明确压力注浆堵水不是为了简单地把地下水封闭在围岩内,而是不让地下水渗向衬砌,改道流向无害路径。所以应为每一压力注浆防水段落的地下水安排一个出路。

(2)压力注浆应先封后压,即先形成一个封闭范围,防止浆液自由扩散和流失。

(3)压力注浆区段至最近的排水设施应保持不小于3倍浆液扩散半径的距离以防止排水设施被堵塞。

(4)衬砌破损严重,不能承受注浆压力者,应先用锚杆加固,然后逐步试压。

(5)遇有集中水流时,必须先疏导排水,不能强压堵水,在水量不大时可压注速凝的高分子化学浆液封堵。

Ⅱ.使用内贴防水层

使用内贴防水层是隧道在运营条件下整治漏水病害最常用的方法。其优点是不用开凿衬砌,施工简便,成本低,便于检查和修理,而且对防治衬砌因各种烟气和水以及瓦斯冒出等引起的侵蚀病害,都有很好的技术经济效果。但是,对衬砌裂缝和冻融破坏不起作用,对具有侵蚀性环境水的病害,只能起到延缓作用,是隧道建成后处理水害的补救措施。

常用的内贴防水层有如下几种。

Ⅰ)用防水砂浆抹砌防水层

加工用防水砂浆抹砌防水层时,一般多用水泥-水玻璃砂浆抹四层或五层,中间要隔 2 mm 的素灰浆层,防水砂浆厚度以 5 mm 为宜。此种防水层在渗水不严重的地方使用效果较好。

Ⅱ)喷浆防水层

加工喷浆防水层时,用机械喷射防水砂浆,在衬砌内表面形成密实的防水层,同时又对衬砌表层缺陷进行了修补,起到了加固作用。防水层喷射一般分两次进行,总厚度在 12~40 mm 为宜。防水砂浆可掺入适量的速凝剂和各种防水剂,以提高其抗渗性能和固结强度,从而提高其耐久性。

Ⅲ)喷涂防水层

可以采用乳化沥青、聚氨酯、有机硅防水剂、环氧树脂、防水涂料、偏氯乙烯和聚苯乙烯等涂料,直接喷涂在衬砌内表面上,形成喷涂防水层。但需注意,在喷涂防水涂料之前,要对衬砌内表面进行洗净和凿毛处理,并选择适用的防水涂料。

Ⅲ. 加强结构层防水

加强结构层防水,可以不必另加防水层,同样起到防水作用,主要措施如下。

Ⅰ)衬砌结构采用防水混凝土

防水混凝土具有较高的抗渗性能,通过改善混凝土集料级配和制作工艺,掺入防水密实剂和使用特种水泥等技术手段,可以大大提高混凝土的抗渗性能,从而起到防水作用。根据地下水压和衬砌厚度可按表 6-6 选用防水混凝土。无抗冻要求时直接按表 6-6 选用,有抗冻要求时酌情提高一级。

表 6-6 防水混凝土的选用

最大作用水头与衬砌厚度之比	混凝土抗渗标号
<5	B4
5~10	B6
10~15	B8
15~20	B10
>20	B12

Ⅱ)加强施工缝和伸缩缝的防水

施工缝和伸缩缝是衬砌的最薄弱环节,也是水害的突破口。因此,凡是更新衬砌,除严格按规定做好施工缝和伸缩缝的防水外,对旧有衬砌渗漏水的施工缝和伸缩缝,均应做压浆或堵漏处理。

Ⅲ)对结构缺陷进行防水处理

石质衬砌除砌缝之外,石料也有一定的透水性,可以采用喷涂防水层的方法处理。混凝土衬砌发生漏水的原因较多,具体如下。

（1）多余水分蒸发后残留的孔隙。

（2）集料级配或配合比欠佳发生离析、泌水，砂浆不足而形成的孔隙和通路。

（3）制作成型工艺不良产生的蜂窝、疏松夹层和空洞。

（4）收缩裂纹和各种损伤。

（5）设备安装需要预埋的钉孔回填不密实。

（6）使用中混凝土因风化腐蚀和变形产生开裂等。

这些缺陷都是地下水侵袭的捷径，是水害的突破口。因此需把这些缺陷的防水处理好，以提高衬砌结构的防水能力。

Ⅳ. 加强截水设施

Ⅰ）地表截水

经实地查明地下水的主要补给来源是地表水时，可做地表截水，具体措施如下。

（1）隧道顶或其附近存在封闭的积水洼地或水坑时，宜开沟疏导引流排水。

（2）洞顶或其附近造成隧道水害的输水渠道、水工隧洞、山塘、水池和稻田等，应要求有关单位对其设备加强防渗漏处理。

（3）隧道经过的地表岩土破碎、岩层断裂或有断层、溶沟、溶槽、竖井、漏斗等地质条件，且地下水的补给来源又较丰富，对隧道漏水有较大影响时，应采取换填、压浆等封闭措施，且需做一定深度的垂裙封闭沟床。

（4）当山坡上有构造破碎带、陷穴落水洞等，其坡面较长且有径流流入，对洞内漏水影响较大时，宜在其上回填并做地表截水沟，如图6-13所示。

（5）做好明洞顶的防水和排水，在明洞与隧道交接处要做横隔水墙，并使防水层顶面积水有出路。

（6）堵塞暗河的地表水进口，使之改流。

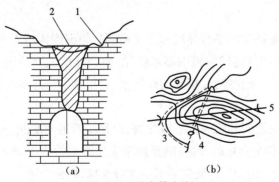

图6-13　地表截水沟

（a）截面图　（b）平面图

1—截水沟；2—回填黏土；3—增设明沟；4—暗河；5—隧道

Ⅱ）地下截水

当隧道围岩地下水有明显集中的水源，而且流量较大时，可采取地下截水设施，截断水源使之改流。

（Ⅰ）泄水洞截水

当地下水流量很大且一年四季不断时，可以采用泄水洞截排地下水。泄水洞的修建应满足以下要求。

（1）泄水洞应尽量避免在易流失、易碱化、易溶解的围岩内修建。

（2）泄水洞应设在来水方向一侧，并应保证泄水洞最高水位低于隧道水沟底。

（3）泄水洞一般应加衬砌，断面尺寸应满足最大流量要求，一般不小于 1.2 m × 1.8 m。

（4）纵坡的坡度一般不小于 0.3%，坡度过陡可设缓流台阶，以防冲刷。

（5）泄水洞一般应设洞门及出水沟渠，并与排水沟衔接。

泄水洞设置如图 6-14 所示。

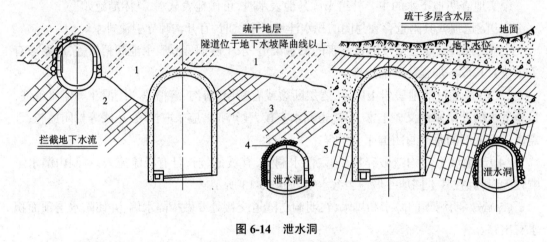

图 6-14　泄水洞

1—透水层；2—不透水层；3—破碎岩层；4—φ2~80 mm 砂砾反滤层；5—过滤泄水孔 φ50~80 mm

（Ⅱ）钻孔截水

长大隧道一般都有较长的平行导坑和若干横洞。根据围岩地下水的分布和地质构造条件，在平行导坑和横洞内打足够数量的截水钻孔，伸到隧道之上的围岩中，以达到最大限度减少向正洞汇集的水量。这些钻孔集渗的地下水，直接从平行导坑或横洞中排走。

（Ⅲ）拦截暗河

有些隧道与充水的溶洞和暗河接近或相通，因开挖隧道使溶洞、暗河的水流侵入。因暗河或溶洞的水是随季节而变化的，故在隧道内常发生季节性大量涌水、冒砂病害。为此，应实地调查暗河源头和水流情况，将流向隧道的水分支堵截，恢复原来的流水路径。

（Ⅳ）防渗帷幕截水

当隧道与岩层走向平行或交角较小，通过流沙和易侵袭而失稳的地层，围岩裂隙发育且透水性很强，不能阻塞地下水的去路时，可以采取沿隧道周围岩体用深孔压浆法形成防渗帷幕，使地下水与衬砌隔离，截断地下水对隧道的侵害。

3. 维修要求

根据现行《铁路桥隧建筑物修理规则》，既有隧道防排水施工要符合以下规定。

（1）洞口仰坡周围需设置排水、截水设施。

（2）选用的建筑材料应符合结构强度和耐久性的要求。同时，根据结构功能的需要还应满足抗冻、抗渗、抗腐蚀的要求。混凝土的抗渗等级，寒冷地区有冻害地段和严寒地区不应低于 P8，其他地区不应低于 P6。

（3）隧道内外应有完整的防排水设施，以保证结构和设备的正常使用，要求达到：

①拱部不滴水，边墙不淌水，安装设备之孔眼不渗水；

②隧道仰拱或铺底下 0.3 m 以内不积水；

③在有冻害地段的隧道，拱部和边墙基本不渗水，衬砌背后不积水。

（4）隧道全长范围内均应设置排水沟及疏水盲沟，排水沟宜设在线路两侧，疏水盲沟宜设在隧道底部，并符合下列规定：

①排水沟底及疏水盲沟中心的深度应在铺底或仰拱 0.5 m 以下，排水沟断面宽度应便于清淤；

②排水沟坡度应与线路坡度一致，在隧道中的分坡平段范围内和车站内的隧道，排水沟底应有不小于 0.1% 的坡度，流入排水沟的隧道横向排水坡的坡度不小于 2%；

③排水沟间隔一定长度应设置检查井，以便于清理和检查，沟顶应有钢筋混凝土或石质盖板；

④寒冷及严寒地区的排水设备，应有防寒设施，或设有在冻结线以下的深埋水沟；

⑤运营中隧道因电气化改造落底时，其原有排水沟应同时下落，沟底至道床底顶面不得小于 0.5 m，必要时边墙基础亦应下落。

（5）隧道内有漏水时，应查明水源、漏水位置及漏水量大小，遵循"防、排、截、堵相结合，因地制宜，综合治理"的原则进行整治，达到防水可靠，经济合理。

（6）整治隧道漏水，视漏水部位和漏水量，可选用以下措施：

①拱部（或边墙）漏水——快凝水泥或化学堵水材料封堵，围岩及回填层压注普通水泥或特种水泥浆液，衬砌内灌注速凝止水化学浆液，涂抹防水砂浆等，禁止使用水玻璃浆液作永久堵水材料；

②边墙淌水——边墙内设竖向排水暗槽或边墙背后设竖向盲沟等；

③施工缝、伸缩缝、沉降缝渗漏——应嵌填弹性防水橡胶条、防水膨胀油膏，粘贴橡胶止水带等；

④隧底冒水——压注水泥砂浆，加深或增设排水沟（沟底在轨面以下 1.5 m 左右），翻修隧底仰拱或铺底等。

整治隧道衬砌漏水，宜采取"拱堵边排"方案，整治的部位均应设置临时堵漏、柔性防水、刚性防水等防水层以防止堵水材料收缩而渗漏。

隧道内漏水结冰危及行车安全时应及时刨除结冰（电化隧道起拱线以上除外）。

（7）增设明洞时，其防排水应符合以下要求：

①明洞顶应设置必要的截排水系统；

②靠山侧边墙或边墙后，应设置纵向或竖向盲沟，将水引至边墙泄水孔排出；

③衬砌外壁应敷设防水层，洞门与既有隧道的接头处，应做好防水处理；

④回填土表面宜铺设黏性隔水层，并与边坡搭设良好。

（8）隧道外部的地表水丰富时应有良好的地表和洞顶排水系统。地表沟谷、坑洼积水渗水对隧道有影响时，宜采用疏导、铺砌和填平等措施，不使洞外地表水渗流到隧道内。

6.2.2　隧道衬砌裂损及防治

隧道衬砌是承重结构，它不但承受围岩压力，还受列车荷载的作用，同时还要经受地下水的侵蚀和洞内有害物质的腐蚀。

1. 衬砌腐蚀及防治

1）腐蚀类型

Ⅰ. 水蚀

地下水对隧道衬砌的侵蚀是极为严重的。由于地下水的化学成分的不同对隧道衬砌的侵蚀程度和形式也不相同。一般有溶出型侵蚀、碳酸型侵蚀、硫酸盐侵蚀和镁侵蚀等。隧道的拱部边墙、仰拱、排水沟和电缆槽等部位都可能出现水侵蚀病害，尤其是高度在 1 m 以下的墙脚部位最为严重，排水沟、整体道床表面次之。漏水的拱顶、衬砌接缝、各种施工缺陷和裂纹周围也较普遍地存在水蚀。

Ⅱ. 烟蚀

Ⅰ）化学性腐蚀

蒸汽机车排出的废气中含有大量的有害气体，如一氧化碳（CO）、二氧化碳（CO_2）和二氧化硫（SO_2）等。这些有害气体都能溶于水，与水作用形成腐蚀性强酸，对混凝土衬砌腐蚀很大。

在内燃机车牵引区段，因内燃机车排放的废气中含有大量的氮氧化物，尤其是二氧化氮（NO_2）极易溶于水并与水结合成硝酸，这也是一种侵蚀性很强的有害物质，对衬砌产生化学性侵蚀。这些化学性侵蚀是无孔不入的，在旧隧道的衬砌翻修中，发现衬砌内部及衬砌背后围岩处都有化学性侵蚀的迹象。

Ⅱ）机械性磨蚀

机械性磨蚀主要是指蒸汽机车烟筒喷出的高压高温烟气中含有的煤颗粒对隧道衬砌的喷砂作用。尤其在净高较低的旧隧道中，这种高温高压喷砂作用，对衬砌侵蚀很严重，不仅是机械性磨蚀作用，长期在循环的高温高压作用下，混凝土的强度会降低，甚至发生粉化。

Ⅲ. 冻蚀

严寒地区的隧道,由于衬砌混凝土中存在孔隙,冬季孔隙中含水结冰冻胀使混凝土破坏开裂,导致衬砌损坏。尤其在地下水丰富、排水不良地段的隧道中,因衬砌内含水,一旦结冰,破坏更为严重。

Ⅳ. 骨料溶胀

混凝土中使用了遇水能发生溶解和体积膨胀的岩石作为骨料,由于遇水膨胀软化,便发生混凝土腐蚀。所以在衬砌混凝土的灌注时,对粗细骨料要按规定进行严格筛选,不合格者坚决不用。

当衬砌采用石料砌筑时,也存在以上的腐蚀现象,多表现为灰缝腐蚀,黏结力和抗压强度降低,直至完全丧失,灰缝脱落,砌块松动,导致衬砌变形。如采用抗风化腐蚀能力甚差的砂岩做衬砌的石料,就会发生灰缝完好但砂岩很快层层剥落的现象,使得衬砌厚度渐渐变薄,导致衬砌失去承载能力而损坏。

2)防治办法

Ⅰ. 局部腐蚀整治

Ⅰ)抹补法

当衬砌总腐蚀厚度在 10 cm 以下时,可以采用抹补法进行修补,即在腐蚀处将腐蚀层凿除,清理好基面,抹防水防蚀砂浆,厚度一般不小于 3 cm。防水防蚀砂浆的选用,要根据衬砌腐蚀的原因,有针对性地选择防蚀剂和水泥配料等。例如,沥青对于质量分数为 50% 的硫酸,20% 的盐酸,20% 的氢氧化钠溶液、硫酸氢钠溶液以及任何浓度的硫酸钠溶液均有抗侵蚀性。因此沥青砂浆对酸性腐蚀处的修补是最合适的材料。但施工时需要采用热拌热铺工艺,故宜用作仰拱底或铺底和整体道床的防蚀层。沥青砂浆层下用 M10 强度等级的水泥砂浆找平。

Ⅱ)浇补法

当衬砌总腐蚀厚度大于 10 cm 时,宜采用浇补混凝土的修补方法,即将腐蚀层凿除,露出无腐蚀的混凝土新茬,清理表面后立模浇灌抗渗防水混凝土,并在抗渗防水混凝土上设防蚀层,也可采用特种水泥砂浆或混凝土做防蚀层。

Ⅲ)喷补法

当隧道拱部衬砌腐蚀严重时,不宜采用抹补和浇补,而宜采用喷补。喷补即直接在被清理的基面上喷射防蚀砂浆或混凝土,一般拱部都采用挂钢筋网,用锚钉嵌固在旧衬砌上,然后喷射防蚀混凝土。为提高喷射混凝土的防蚀能力,在其上还可以喷射一层防蚀涂料,如乳化沥青涂料、偏氯乙烯共聚乳液和苯乙烯涂料等。其中乳化沥青涂料施工简便,无臭无毒,适于冷喷涂作业,成本低,防酸、碱侵蚀均好,一般喷 2~3 次即可;苯乙烯涂料(苯乙烯焦油加入填充料、溶剂等配制而成),附着力较强,长期浸水不会脱落。

Ⅳ)镶补法

用耐腐蚀的块材将被腐蚀的断面砌筑镶补,形成衬砌结构补强层即为防蚀层,并以镶补层作为模型,在其内已清理的基面间灌入防蚀混凝土,施工时随砌镶补层随灌混凝土。此法适用于腐蚀层总厚度大于 25 cm 的严重腐蚀部位。块材有耐蚀强的天然石材、铸石、耐酸陶板、聚氯乙烯塑料板等。除天然石材外,其他成本都较高使用也较少。天然石材中含二氧化硅愈高则耐酸性越好,如花岗岩、石英石、玄武岩、安山岩、文石等石材。含氧化钙、氧化镁高的石材,只能用于单纯碱性侵蚀的部位。

Ⅴ)勾补法

当石块砌筑的衬砌在灰缝处发生严重腐蚀时,可将失效灰缝剔出来,用耐蚀胶泥重新勾缝,效果较好。常用耐蚀胶泥有沥青胶泥、水玻璃胶泥、环氧胶泥和树脂胶泥以及各种有机黏结剂等。

Ⅱ. 大面积腐蚀整治

(1)衬砌腐蚀总深度超过原衬砌实有厚度的 2/3,其面积超过该段边墙或拱部表面积的 60% 及以上时,宜对该段边墙或拱部进行翻修。如所占面积不足 60% 时,可以考虑采取局部镶补或翻修。翻修时应优先采用结构层、防水层及防蚀层合一的做法,即用防蚀材料做衬砌,使防水、防蚀与结构合一。除做好翻修部分的防水外,还要注意对新旧衬砌接茬边界附近的一定范围内做防水、防蚀处理,以扩大防蚀范围和效果。实践证明,施工缝处理不好会使防水防蚀工作前功尽弃。

(2)当总腐蚀厚度超过衬砌实有厚度的 1/2 且面积较大时,必须先查明衬砌的实际受力状态。根据不同情况,采取必要的临时加固措施,然后研制整治施工方案,以确保行车和施工安全。

(3)当有严重冻融、骨料膨胀和有分解性侵蚀病害时,除有明显可见的衬砌内表面向外的腐蚀外,还要查明有无从外面向内腐蚀的情况。当发现衬砌内外均有腐蚀时,宜首先采取治水防蚀措施。当经过治水已能消除或大为减缓腐蚀的发展时,可以仅做内表面的挖补加固。如经治水仍不能有效控制冻融和骨料溶胀,应采取套拱加固整治措施,即将旧衬砌普遍铲除一定深度,固定钢筋网,用喷射混凝土的方法制成套拱。喷射混凝土的厚度不宜大于 15 cm,混凝土应是防蚀的并有足够的抗渗性。

当原衬砌腐蚀极为严重时,可以考虑用预制套拱更换旧衬砌。

2. 衬砌裂损整治

1)衬砌裂损的类型及原因

Ⅰ. 衬砌裂损的类型

Ⅰ)衬砌开裂

隧道衬砌裂缝根据裂缝走向及其和隧道长度方向的相互关系,分为纵向裂缝、环向裂缝和斜向裂缝三种,如图 6-15 至图 6-17 所示。

(Ⅰ)纵向裂缝

纵向裂缝平行于隧道轴线,其危害性最大,其发展可引起隧道掉拱、边墙断裂甚至整个隧道塌方。

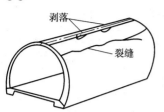

图 6-15 隧道纵向裂缝　　　图 6-16 隧道环向裂缝　　　图 6-17 隧道斜向裂缝

纵向裂缝分布具有拱腰部分比拱顶多,双线隧道主要产生在拱腰,单线隧道主要产生在边墙的规律。从受力分析来看,拱顶处的混凝土衬砌一般是内缘受压形成内侧挤压衬砌开裂、剥落掉块;拱腰部位主要是混凝土衬砌内缘受拉张开;拱脚部位裂缝则会产生衬砌错动导致有掉拱的可能;边墙裂缝常因混凝土衬砌内缘受拉张开而错位,会使整个隧道失稳。

(Ⅱ)环向裂缝

环向裂缝,主要由纵向不均匀荷载围岩地质变化、沉降缝等处理不当所引起,多发生在洞口或不良地质地段与完整岩石地层的交接处。一般对于衬砌结构正常承载影响不大。环向裂缝约占裂缝总长的 30%~40%。

(Ⅲ)斜向裂缝

斜向裂缝一般和隧道纵轴呈 45° 左右,是因混凝土衬砌的环向应力和纵向受力组合而成的拉应力造成的,其危害性仅次于纵向裂缝,也需认真加固。拱部和边墙的纵向及斜向裂缝,破坏结构的整体性,危害较大。

有关部门曾对我国铁路 88 座典型隧道,全长 78 km,裂纹总长度 32 482 延长米的裂损情况进行了调查统计,见表 6-7。按衬砌受力变形形态和裂口特征分类,主要分为衬砌受弯张口型裂纹[图 6-18(a)]、内缘受挤压闭口型裂纹、衬砌受剪错台型裂纹[图 6-18(b)]和收缩性环向裂纹四种。纵向裂纹、斜向裂纹及环向裂纹三种类型情况见表 6-8。其中,以拱腰部位衬砌受弯张口型纵向裂纹最为常见,衬砌向内位移;相应地,拱顶部位发生内缘受压闭口型裂纹时,衬砌向上位移。纵向和斜向裂纹,使隧道衬砌环向节段的整体性遭到破坏。当拱腰和边墙中部出现两条以上粗大的张裂错台,并与斜向、环向裂纹配合,衬砌被切割成小块状时,容易造成结构失去稳定,出现坍落掉块现象,对运营安全威胁很大。

表 6-7　隧道混凝土衬砌裂纹情况调查统计

序号	裂纹种类	隧道混凝土衬砌受力变形形态和裂口特征
1	衬砌受弯张口型裂纹	常见于拱腰部位,边墙中部,衬砌承受较大的地层压力作用,衬砌受弯向内位移,内缘拉应力超过混凝土的极限抗拉强度,而发生张口型裂纹
2	内缘受挤压闭口型裂纹	常见于对应于两拱腰部位发生较严重的纵向张裂内移地段的拱顶部位,出现闭口型纵裂,衬砌向上位移,其中较严重处,拱顶衬砌内缘在高挤压应力作用下发生剥落掉块
3	衬砌受剪错台型裂纹	偶见于拱腰部位衬砌,在其背后局部松动滑移围岩的推力作用下,沿水平工作缝较薄弱处,有一侧的衬砌变形突出,形成错台型裂纹

表 6-8　隧道衬砌受力变形形态和裂口特征分类

序号	裂纹种类	裂缝长度的比例/%	部位	占裂缝长度的比例/%
1	纵向裂缝	79.3	拱腰	64.7
			边墙	19.9
			拱脚	12.2
			拱顶	3.2
2	斜向裂缝	4.9	拱部、边墙	
3	环向裂缝	14.1	拱部、边墙	

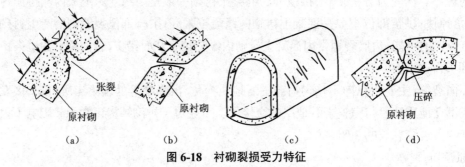

图 6-18　衬砌裂损受力特征

（a）衬砌弯张裂缝　（b）衬砌剪切裂缝　（c）衬砌扭弯裂缝　（d）衬砌压剪裂缝

Ⅱ）衬砌变形

混凝土衬砌发生收敛变形，造成隧道净空不够，或侵占预留加固的空间。个别隧道的混凝土衬砌侵入限界为 30~40 mm，因此运营隧道需定期进行限界测量，作为加固的依据。

Ⅲ）衬砌腐蚀破坏

我国西南地区不少铁路隧道混凝土衬砌被酸性地下水腐蚀。在这些地区的地下水中，硫酸根（SO_4^{-2}）含量高达 6 000 mg/L，因而造成混凝土衬砌和道床被腐蚀成豆腐渣状，强度降低 30%，这种混凝土衬砌的处理和加固难度较大。

Ⅳ）衬砌背后空洞

衬砌与围岩之间没有回填密实，出现脱空现象，用一般方法加固困难。

Ⅴ）仰拱裂损，道床下沉，翻浆冒泥

这种病害直接影响行车安全，加固修理又受行车时间限制，因此设计施工时必须做好施工调查及施工质量检查工作。

Ⅱ. 衬砌裂损原因分析

Ⅰ）设计方面的原因

隧道设计时，因围岩级别划分不准、衬砌类型选择不当，造成衬砌结构与围岩实际荷载不相适应引发裂损病害。

（1）在一些具有膨胀性的围岩地段，未采取曲墙加仰拱衬砌。

（2）在偏压地段未采用偏压衬砌。

（3）在断层破碎带、褶皱区等局部围岩松散、压力或构造应力较大地段，衬砌结构未能相应采取加强措施。

（4）在基底软弱和易风化泥化地段未设可靠防排水设施，混凝土铺底厚度及强度不足。

Ⅱ）施工方面的原因

施工时，受技术条件限制，方法不当，管理不善，造成工程质量不良。

（1）先拱后墙法施工时，拱架支撑变形下沉，造成拱部衬砌产生不均匀下沉，拱腰和拱顶处发生施工早期裂缝。对Ⅲ级以下的围岩，过去通常采用先拱后墙（上下导坑）施工方法，由于工序配合不当衬砌成环不及时、落中槽挖马口时拱部衬砌悬空地段过长、拱架支撑变形下沉等原因，都容易造成拱部衬砌产生不均匀下沉，导致拱腰和拱顶衬砌发生施工早期裂缝。

（2）拱顶衬砌与围岩不密贴，在"马鞍形"受力作用下，拱腰衬砌内移张裂，相应拱顶衬砌上移，内缘受挤压。模筑混凝土衬砌拱背部位常出现拱顶衬砌与围岩不密贴的空隙，由于没及时压浆，回填密实，形成拱腰衬砌承受围岩较大荷载，而拱顶衬砌一定范围空载，这种常见的与设计拱部荷载不相符、对拱部衬砌不利的"马鞍形"受力状态，正是导致拱腰衬砌内移张裂、相应拱顶衬砌上移、内缘挤压等常见病害产生的荷载条件。

（3）由于施工测量放线发生差错、欠挖、模板拱架支撑变形、塌方等原因而在施工中又未能妥善处理，造成局部衬砌厚度偏薄。

（4）过早拆除模板支撑，使衬砌承受超容许的荷载，易发生裂损。

（5）施工质量管理不善，混凝土材料检验不力，施工配合比控制不严，水灰比过大，混凝土捣实质量不佳，拱部浇筑间歇施工形成水平状工作缝等，造成衬砌质量不良，降低承载能力。

2）衬砌裂损的预防和整治

Ⅰ．预防措施

加强地质勘探工作，为隧道衬砌结构设计提供准确的工程地质与水文地质资料。采用地质雷达探测、开挖面超前钻探等方法进行超前地质预报，加强施工中的地质复查核实工作，正确选择施工方法和衬砌断面。对不良地质地段的衬砌，应贯彻"宁强勿弱，宁曲勿直，加强衬砌过渡段，宁长勿短"的设计原则。例如，衡广复线某隧道原设计200多米长的Ⅲ级围岩地段，开挖后发现绝大部分只能算作Ⅳ级围岩，出入甚大，因而设计所选用的衬砌类型也就无法符合实际地层情况，这是施工现场经常遇到的问题。为了弥补设计上的缺陷，作为现场施工技术人员，要对开挖暴露后的围岩情况及时与设计图纸进行核对，如有不符之处不可盲目照图施工，而应立即会同现场设计人员协商做出相应的变更。

采用先进的施工技术设备，尽量减少施工对围岩的扰动，提高衬砌质量，大力推广光面爆破，锚喷支护，提高喷混凝土永久性衬砌的抗裂、抗渗性能。采用模板台车进行混凝土浇筑，衬砌壁后压浆，提高混凝土衬砌与围岩之间的密实性。

Ⅱ. 整治原则

（1）加强观测,掌握裂缝变形情况和地质资料,查清病因,对不同裂损地段,采用不同的工程措施。

（2）对渗漏水、腐蚀等病害,综合进行整治,贯彻彻底整治的原则。

（3）合理安排施工慢行封锁计划,尽量减少对正常运营的干扰。

（4）精心测量,保证加固后的隧道净空满足隧道限界要求,确保锚喷加固衬砌、拱背压浆等项整治措施的施工质量。

Ⅲ. 整治措施

Ⅰ）压浆加固

（1）圬工体内压浆加固。衬砌裂损发展非常缓慢或者已呈稳定状态时,可向圬工体内压浆,一般以压环氧树脂浆为多。

（2）衬砌背后压浆加固。衬砌背后压浆的目的是增加拱或边墙的约束,提高衬砌的刚度和稳定性,所以一般可以在外鼓部位局部应用。如果衬砌同时存在外鼓和内鼓部位,应首先采取临时措施控制内鼓继续发展,然后在外鼓部位压浆加固,再对内鼓部位采取加锚措施。最后达到对全断面进行整体加固的目的。

Ⅱ）嵌补

对已呈稳定暂不发展的局部裂损可以采用嵌补的方法进行修补,即将裂损部分凿除剔净,再用水泥防蚀砂浆、环氧树脂防蚀砂浆、环氧防蚀混凝土进行嵌补。

Ⅲ）钢拱架加固及嵌轨加固

当衬砌裂损严重而且发展很快时,为确保行车安全,可以采用钢拱架临时加固。加固拱部时,拱架脚可以嵌入墙顶或支承于埋设在墙顶的牛腿上,并加纵向连接。全断面加固时,可以用长腿钢拱架直接支承于墙脚上,做好纵向连接。钢拱架与被加固的衬砌间的缝隙应用密排木楔楔紧顶严,木楔间距不可过大并要注意均匀分布,要保证拱脚或墙脚不发生下沉和移动。如需将钢拱架做永久加固,当限界允许时,可以把钢拱架作为加设套拱的劲性构架,在其外灌注混凝土,做成加固套拱。当净空不足时,可将钢拱架嵌入原衬砌内,并在钢拱架之间加纵向连结,然后再灌注混凝土做成套拱。

采用嵌轨加固的施工方法与嵌钢拱架大致相同,但应注意避免对衬砌原有截面的过大削弱。

Ⅳ）锚杆加固

对衬砌内弯（或内鼓）变形和向内位移,当背后围岩坚固良好时,采用锚杆加固是有效的。有条件时,最好采用预加应力锚杆加固,效果更好。

Ⅴ）喷射混凝土加固

采用喷射混凝土作为裂损衬砌的加固措施,其作用大致如下。

（1）高压喷射的混凝土在裂损衬砌上形成极密实的喷层,与衬砌圬工体在高压下紧密黏合,大大提高了黏结强度,可以有效阻止破损衬砌的松动。

(2)喷射混凝土可使水泥浆在喷射压力作用下嵌入裂缝内一定的深度,使碎裂的衬砌重新黏合起来,恢复原来的整体性。

(3)新旧混凝土间的黏结力较强,加之水泥浆的渗入,提高了碎裂衬砌的整体性。新旧混凝土共同承力,较大幅度地提高了裂损衬砌的承载力,达到了加固的目的。

(4)为了减少和防止喷层的收缩裂纹,一般常采用挂钢筋网喷射混凝土的方法。这种钢筋混凝土喷层,增加了结构的整体性和抗震、抗冲击的能力,在运营线上多被采用。

Ⅵ)喷锚结合加固

把锚杆加固与喷射混凝土加固并用,可以使锚杆、高压喷层和钢筋网发挥其各自的优点,弥补彼此的缺点,对提高裂损衬砌的刚度、稳定性、承载能力效果更好,故被广泛采用。

衬砌裂损加固方法还有很多,如增加套拱、成段更换新衬砌、增设混凝土支撑、更换仰拱等方法,一般施工都比较复杂,尤其在运营线上施工对运输影响较大,故较少采用,只有在不得已的情况下,才考虑停运施工。

3. 隧道冻害

隧道冻害是指寒冷地区和严寒地区的隧道内水流和围岩积水冻结,引起隧道拱部挂冰、边墙结冰、洞内网线设备洼冰、围岩冻胀、衬砌胀裂、隧底冰锥、水沟冰塞、线路冻起等,影响线路安全运营和建筑物正常使用的各种病害。寒冷地区指最冷月份里平均气温为 -15~5 ℃的地区,严寒地区指最冷月份里平均气温低于 -15 ℃的地区。

隧道冻害会导致衬砌冻胀开裂,甚至疏松剥落,造成隧道衬砌结构的失稳破坏,降低衬砌结构的安全可靠性,严重影响运输的安全和正常进行。

我国幅员辽阔,冻土地区分布广泛(其中多年冻土面积占整个陆地面积的1/5),现有的铁路线路有相当一部分处于冻土分布地区。随着铁路和公路交通的进步发展,在寒冷地区特别是西部地区修建的隧道不断增多,隧道冻害问题随之增多,青藏铁路格尔木到拉萨段有多座隧道处在高原多年冻土区,青藏公路也有多座隧道位于高原多年冻土区。

1)隧道常见的冻害种类

Ⅰ.拱部挂冰、边墙结冰

隧道漏水冻结,在拱部形成挂冰,不断增长变粗;在边墙形成冰柱,多条相近的冰柱连成冰侧墙。如不及时清除挂冰、冰柱和冰侧墙侵入限界,会对行车安全造成严重威胁。

Ⅱ.围岩冻胀破坏

Ⅳ~Ⅵ级围岩和风化破碎、裂隙发育的Ⅲ级围岩,在隧道冻结圈范围内含水率达到起始冻胀含水率以上(表6-9),并具有水分迁移和聚冰作用条件时,围岩产生强烈的冻胀,抗冻胀能力差的直墙式衬砌会产生变形,限界缩小衬砌裂损;洞门墙和翼墙前倾裂损;洞口仰拱坍塌。

表 6-9　各类土的起始冻胀含水率

土的类别	黏土、砂黏土		砂黏土		粉砂细砂	砂、粗砂、砾砂、砾石	
	一般的	粉质的	一般的	粉质的		一般的	含粉黏粒
起始冻胀含水率 W_0/%	18~25	15~20	13~18	11~15	10~15	5~8	5~15

Ⅰ)隧道拱部发生变形与开裂

拱部受冻害影响,拱顶衬砌下沉内层开裂,严重时有错牙发生,拱脚衬砌变形移动。冻融时又有回复,产生残余裂缝,多次循环危及结构安全。

Ⅱ)隧道边墙变形严重

边墙壁后排水不畅,积水成冰,产生冻胀压力,造成拱脚衬砌不动,墙顶衬砌内移,有的是墙顶衬砌不动,墙中衬砌发生内鼓,也有墙顶衬砌内移,致使墙体衬砌断裂多段。

Ⅲ)隧道内线路冻害

当线路结构下部排水不良时,在地下水丰富地区,水在冬季就冻结,道床隆起,在水沟处因保温不好,与线路一样有冻结,这样水沟全长也会高低不平。

冻融使线路和道床翻浆冒泥、水沟断裂破坏。水沟破坏后排水困难,水渗入线路又加大了线路冻害范围。

Ⅳ)衬砌材料冻融破坏

隧道混凝土设计强度较低,抗渗性差,在富水区域水渗入混凝土内部,冬季混凝土结构内冻胀,经多年冻融循环使结构变酥,强度降低,造成冻融破坏。洞口段冻融变化较大,衬砌除结构内因含水受冻害外,岩体内冻胀压力的传递等也会导致破坏,促使衬砌发生纵向裂纹和环向裂纹。

Ⅴ)隧底冻胀和融沉

对多年冻土隧道,隧底季节融化层内围岩若有冻胀性,而底部没有排水设备,每年必出现冻胀融沉交替,无铺底的线路很难维持正常状态,有时铺底和仰拱也会发生隆起或下沉开裂。

Ⅲ. 衬砌发生冰楔

(1)硬质围岩衬砌背后积水冻胀,产生冰冻压力(称为冰劈作用),传递给衬砌。经缓慢发展,常年积累的冰冻压力像楔子似的,使衬砌发生破碎、断裂掉块等现象。已裂解为小块状的拱部衬砌混凝土块,在冰劈作用下,可能发生错动掉块。

(2)衬砌的工作缝和变形缝充水冻胀,经多次冻融循环,使裂缝不断扩大引起衬砌裂开、疏松、剥落等病害。

Ⅳ. 洞内网线挂冰

洞内网线挂冰即隧道漏水落在铁路电力牵引区段的接触网和电力、通信、信号架线上结冰,如不及时除掉,会坠断网线,使接触网短路、放电、跳闸,中断通信信号,危及行车和人身安全。

2）冻害的成因

Ⅰ.寒冷气温的作用

隧道冻害与所在地区气温（低于 0 ℃或正负交替）直接相关,气温变化、冻融交替是主要原因。

Ⅱ.季节冻结圈的形成

季节性冻害隧道中,衬砌周围冬季冻结、夏季融化,沿衬砌周围各最大冻结深度连成的圈叫季节冻结圈。如衬砌周围超挖或超挖回填用料不当及回填土不够密实,则会产生积水,形成冻结圈。修建在多年冻土中的隧道,衬砌周围夏季融化范围的围岩称为融化圈。

在严寒冬季,较长的隧道,两端各有一段会形成冻结圈,称为季节冻结段。中部的一段,不会形成季节冻结圈,称为不冻结段。隧道两端冻结段长度不一定相等。同一座隧道内,季节冻结段的长度恒小于洞内季节负温段的长度。

隧道的排水设备如埋在冻结圈内,则冬季易发生冰塞。

Ⅲ.围岩的岩性对冻胀的影响

在隧道的季节冻结圈内,如果是非冻胀性土,则不会发生冻胀病害。因此如果季节冻结圈内是冻胀性土,则更换为非冻胀性土是有效的整治措施。

Ⅳ.隧道设计和施工的影响

隧道在设计和施工时,对防冻问题没有考虑或考虑不周,造成衬砌防水能力不足、洞内排水设施埋深不够、治水措施不当、施工有缺陷等,都会造成和加重运营阶段隧道的冻害。

3）冻害的防治

寒及寒冷地区隧道冻害的防治基本措施是综合治水、更换土壤、保温防冻、结构加强、防止融坍等,可根据实际情况综合运用。

Ⅰ.综合治水

隧道冻害的根本原因就是围岩地下水的冻结,如果能将水排除在冻结圈以外,杜绝水进入冻结圈,就能达到防止冻害的目的,因此,综合治水是防治冻害的最基本措施。

综合治水要在查明冻害地段隧道漏水及衬砌背后围岩含水情况后,采取“防、排、堵、截”综合治水措施,消除隧道漏水和衬砌背后积水,具体措施如下。

（1）加强接缝防水,防水材料要有一定的抗冻性,以消除接缝漏水。

（2）完善冻害段隧道的防排水系统,消除衬砌背后积水,并防止冻结圈外的地下水向冻结圈内迁移。

Ⅰ）新建和改建排水设备

实测隧道内最大冻结深度,合理确定水沟埋深;严寒地区宜把主排水沟（渗水沟、泄水洞）设在冻结圈以下并要最大限度地降低冻结圈内围岩的含水率。

深埋渗水沟如图 6-19 所示,适用于严寒地区、最冷月平均气温低于 -15 ℃、当地黏性土冻深在 1.5~2.5 m、水量小的情况。

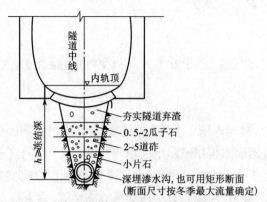

图 6-19　深埋中心防寒渗水沟(单位:cm)

防寒泄水洞如图 6-20 所示,适用于严寒地区、最冷月平均气温低于 -25 ℃、当地黏性土冻深大于 2.5 m、水量较大的情况。

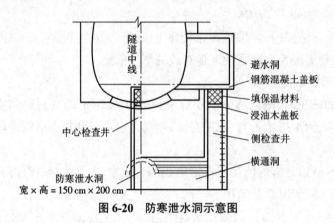

图 6-20　防寒泄水洞示意图

Ⅱ)保温水沟

寒冷地区,当设浅埋侧沟时,必须采取可靠的保温防冻措施。图 6-21 为浅埋保温侧沟,适用于寒冷地区、最冷月平均气温低于 -10 ℃、当地黏性土冻深在 1.0~1.5 m、冬季有水的情况。而且,还要按实际需要修筑盲沟、泄水孔、横向沟(洞)、保温出水口等配套排水设施。衬砌背后空隙用砂浆回填密实,排水设施或泄水沟应保证不冻结。

Ⅲ)多年冻土中的隧道

在多年冻土区修建隧道可采用中心深埋泄水洞以及隧道综合排水、防寒措施,如图 6-22 所示。

Ⅱ. 更换或改造土壤

将冻结圈内的围岩进行更换或改造,将冻胀土变为非冻胀土、透水性强的粗粒土或保温隔热材料,从而达到防治冻害的目的。

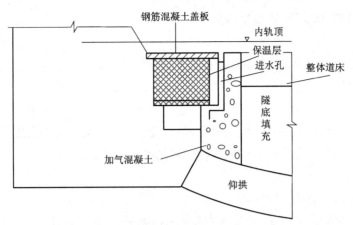

图 6-21 浅埋保温侧沟(单位:cm)

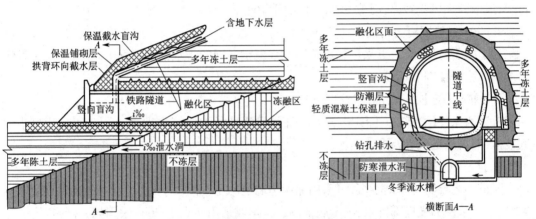

图 6-22 多年冻土中隧道排水系统和纵断面

更换土壤一般是将砂黏土、粉砂、细砂更换为碎、卵石或炉渣,换土厚为冻深的 85%~100%,同时加强排水,防止换土区积水。

改造土壤就是采用压浆固结方法在砂类土及卵砾石等容易压浆的岩土中注入水泥-水玻璃或其他化学浆液固结冻结圈内岩土,消除其冻胀性。改造土壤的另一种方法就是在冻结圈注入憎水性填充材料,使之堵塞所有孔隙、裂隙,阻止土中水分迁移和聚冰作用。

Ⅲ. 保温防冻

保温防冻通过控制温度,使围岩中水分达不到冰点,以达到防冻的目的,方法主要是加设保温衬层、降低水的冰点、采暖防冻等。

Ⅰ)加设保温衬层

在消除隧道渗漏水的基础上,为隧道衬砌加筑一层保温层。保温层在净空富裕地段修建在原衬砌的内侧,改建衬砌段可设在衬砌外侧。适用于隧道的内衬保温材料有:加气混凝土、膨胀珍珠岩(膨胀蛭石、漂石)混凝土、多孔烧黏土、陶粒混凝土。这些材料可制成预制块砌筑,以便于施工和更换,也可喷射混凝土。

Ⅱ)降低水的冰点

向围岩中注入丙二醇、氯化钙、氯化钠,使水的冰点降低,从而降低围岩的起始冻结温度,达到防冻的目的。

Ⅲ)采暖防冻

在浅埋侧沟洞口段上下层水沟间铺设暖气管道,冬季每天以锅炉供热气三次,保持气温在 3~4 ℃不发生冰塞或夏季白天机械送热风融化泄水洞内的结冰。

Ⅳ. 结构加强

Ⅰ)防水混凝土曲墙加仰拱衬砌

冻结圈或融化圈内的岩土,经受强烈频繁的冻融破坏,岩土性质改变,冻胀性由弱变强,冻害逐步发展,需要采用加强衬砌,一般宜采用半圆形拱圈曲边墙加仰拱衬砌形式,适用于Ⅳ~Ⅵ级围岩和风化破碎、裂隙发育的Ⅲ级围岩地段。

Ⅱ)防水钢筋混凝土衬砌

为了减少衬砌圬工,可采用加设单层或双层钢筋网的防水钢筋混凝土衬砌,适用于Ⅲ级以上局部冻胀性围岩地段。

Ⅲ)网喷混凝土加固,加设抗冻胀锚杆

有锚固条件的Ⅳ级以上围岩,局部冻胀性硬岩地段,对既有冻胀裂损衬砌可应用喷锚加固技术,但需满足限界要求。

Ⅴ. 防止融坍

隧道洞内要防止基础融沉,可采用加深边墙至冻土上限以下或冻而不胀层;防止道床春融翻浆,可采用加强底部排水,疏干底部围岩含水或采用换土法,也可采用如下措施:

(1)加大侧向拱度,使拱轴线能更好地抵抗侧向冻胀;

(2)拱部衬砌厚度增加,一般加厚 10 cm 左右;

(3)提高衬砌混凝土强度或采用钢筋混凝土;

(4)隧底增设混凝土支撑。

4. 洞门病害及防治

1)洞门病害及原因分析

洞口常见病害有以下几种:洞口衬砌拱部和边墙出现较多环向裂纹;洞口衬砌出现纵向裂纹;洞门端墙前倾、断裂与衬砌环节脱开错台等。

造成上述病害的原因众多,一般与洞门地质及自然条件变化有关。

(1)洞门山坡地层周围围岩较差、覆盖层厚薄不匀,遇有雨水季节,山体仰坡土层坍塌变位或滑移,使洞口承受过大的山体压力,造成洞门墙断裂、前倾、墙身扯断、洞门衬砌出现环向裂缝。

(2)洞门因墙基围岩软弱,受地表水渗入浸泡软化,促使地基不均匀下沉,拉裂洞门端墙。

（3）因洞门段围岩裂缝,岩体节理面太薄破碎,修建坡脚时扰动了山体破坏了岩体稳定性,运营后受列车频繁冲击及振动,促使洞门衬砌壁后岩体与结构物在自然应力的影响下仰坡(边坡)发生变位、沿门发生前倾、开裂等现象。

2）病害防治措施

Ⅰ. 稳固洞门段岩体坡面

清理洞门段顶层边坡、仰坡岩层破碎层、孤石、危石,用植草皮、片石砌筑、填平空洞、岩石缝砂浆勾缝等方法,筑好边坡和仰坡上的护坡。危石较多时加筑挡石墙或加设锚杆挡墙。土质边坡可喷射砂浆或混凝土加固(喷射砂浆厚度为 2~5 cm,喷混凝土厚度为 5~10 cm),必要时可加设锚杆钢筋网。

Ⅱ. 改善洞门顶部排水设施

筑好洞门顶、仰坡段截水沟,沟壁和沟底片石勾缝饱满,砂浆与片石无裂,防止山顶地表水通过沟底渗入岩体引起围岩滑移。洞门顶的水沟和吊沟要清理干净,无堵塞、无断裂,发现缺损裂缝及时填塞,防止地表水渗入洞门壁后。

提高洞门段及顶部截水沟的防洪能力,必要时加大沟槽断面尺寸,做好引水归槽。

Ⅲ. 处理洞门下沉倾斜裂缝

洞门底层基础围岩承载力不足时宜采取注入水泥浆液加固地基。浆液选用早强、速凝类水泥,水灰比为 0.6~1.2,视进浆量大小调整压入值。

洞门开裂不再发展时,可用超细水泥压入裂缝。先沿缝凿成三角形槽,宽 2~3 cm、深 3~5 cm,凿好后清洗干净。先刷净水泥浆,水灰比为 0.45 左右,然后再用配合比 1：2、水灰比为 0.40~0.42 的砂浆,加压嵌入勾平,并每隔 50~100 cm 预埋 ϕ10 mm 的注浆管,1 d 后注入水灰比为 0.4~0.6 的水泥净浆,压力为 0.4~0.6 MPa,再用环氧砂浆或橡胶水泥补平槽缝。

若裂缝尚在缓慢发展,可对洞门墙缝的上下两侧间隔 20～50 cm 设锚杆加固(ϕ18~22 cm,长度 2~40 m),也可采用洞门加筑或加厚挡墙,支挡洞门。

若裂缝发展快、沿门破损严重,则要仔细分析原因,一般先稳定洞门上方仰坡、边坡,后加设挡墙支护,必要时可加筑明洞。

5. 整体道床病害防治

1）整体道床的维修养护

整体道床的维修养护工作,主要是整正扣件,调整轨缝、调整线路水平方向和轨距,混凝土支承块的承轨槽与挡肩的修补,以及道床的清扫等。

Ⅰ. 线路作业

由于整体道床不能落道,整正线路高低水平应以较高一股钢轨为准。一般都采用垫垫板的方法调整钢轨的高低水平,其他作业与一般线路基本相同,但作业时勿损伤承轨槽和挡肩。

Ⅱ. 支承块的损坏与修补

支承块的损坏多是承轨槽和挡肩的损坏,而支承块本身损坏的情况较少见。当挡肩损坏尚不严重时,可用环氧树脂水泥砂浆修补。修补前,必须将原损伤面清理干净并凿毛,修补后应进行养生,以确保修补质量。当支承块损坏很严重且不能继续使用时,需更换支承块。其施工方法是扩大凿出已损坏的支承块,将新的支承块放入原位,使其侧面和底面有足够厚度的新混凝土将其连接牢固,更换后的承轨槽高度应与前后支承块承轨槽一致。

Ⅲ. 道床小范围裂纹修补

道床裂纹有龟裂、横裂和纵裂等。因混凝土收缩或伸缩缝设置不当出现的微裂纹,一般无须进行修补。对局部较宽的裂纹,可以采用灌注沥青或在凿毛后用水泥砂浆、环氧树脂砂浆灌缝抹平即可。

Ⅳ. 整体道床的保养

整体道床除按周期性维修外,还要经常进行保养,如更换失效扣件及垫板,拧紧松动的螺栓和经常清扫道床等,以延长整体道床的使用寿命。

2)常见病害及其原因分析

整体道床是承受巨大动力荷载的结沟,一旦出现病害,就会使轨道的轨距水平、方向发生不允许的变化,甚至使整段轨道失去稳定,严重影响安全运输生产,而且难于在较短的列车运行间隔时间内,将轨道恢复到良好技术状态,往往需要长时间的慢行,等待大修以求得根治。而在通车条件下进行大修,也是一项技术复杂、工程量大、工效低、工期长、成本高、严重干扰运输生产的工作,这是整体道床的一大缺点。

Ⅰ. 常见病害

(1)整体道床基础成段发生纵向或横向不均匀下沉。

(2)整体道床横向断裂,甚至破碎成块。

(3)中心水沟纵向裂开,严重上下错动或鼓起。

(4)沿整体道床的破裂缝隙向上翻浆冒泥或喷水冒砂。

(5)整体道床及人行道上拱鼓起。

(6)大量支承块与整体道床的粘连开裂松动,挡肩破损,扣件松动失效。

发生以上病害时都会不同程度地恶化车辆运行条件,必须采取必要的安全措施,否则,只能慢行或停运。

Ⅱ. 病害原因

Ⅰ)设计不周、计算欠缺是整体道床产生病害的主要原因

整体道床的结构尺寸,过去多凭经验设计,至今没有建立起完善的设计理论和计算方法。而整体道床是承受巨大动力荷载的结构,其本身存在许多薄弱环节,如支承块、道床混凝土、仰拱和基岩间存在多层结合面。列车荷载的冲击和振动对结合面破坏作用很大。地下水侵蚀基底和基岩不均匀,使道床下软硬不一。这些都是设计、计算的难题。

Ⅱ)水患是整体道床的致命病害

从运营的整体道床发生的病害分析,绝大部分病害都是地下水所致。因此防排水处理的好坏,是影响整体道床能否正常运营的决定性因素。实践证明,地下水的危害一般从软化基岩开始,其破坏过程大致如图 6-23 所示。

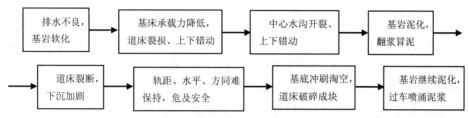

图 6-23　地下水的破坏过程

当隧道穿越不良地质构造时,水将会产生更大的危害,尤其是遇到泥质页岩、泥质砂岩、泥灰岩、炭质页岩以及风化严重的砂岩、花岗片麻岩、弯质石英粗面岩等更为严重。这些围岩在干燥条件下坚硬,在潮湿条件下极易风化松软崩解。尤其在动水作用下,松软崩解的进程被加速,更易产生潜流冲刷,造成基底淘空。

另外当基岩中含有硬石膏或芒硝时,遇水产生体积膨胀,其水化深度很大,据测定膨胀压力为 0.2~1.0 MPa。泥质页岩和炭质页岩浸水也会产生体积膨胀。基岩的变异必然影响道床,严重时会发生局部道床鼓起破坏。

在寒冷地区,隧底地下水位高,是产生冻害的直接原因。水结成冰时体积膨胀,产生巨大压力,促使道床变形损坏。

Ⅲ)施工质量不良是整体道床损坏的直接原因

(1)基底围岩软硬不均,相邻基岩软硬不一,施工中未做妥善处理,致使道床基础局部承载力不足,必然引起道床不均匀下沉,造成道床裂纹,继续发展导致纵横开裂,直至破碎成块。

(2)道床灌注时,基底未清除干净,这不但大大降低了混凝土的质量,而且使道床与基岩间形成"两张皮"。经列车"拍打"作用,致使道床损坏。另外,在有流水的岩面上灌注混凝土,使底层水泥浆流失,在接茬处形成空洞蜂窝使本来就软弱的层面变得更加脆弱,加速了道床的损坏。还有混凝土骨料不纯,含有石膏、芒硝等有害骨料,导致混凝土自溃。再加之如混凝土养生不好、早期受振等,都会造成道床损坏。

(3)未设过渡段或过渡段不完善,也是引起整体道床裂纹或损坏的原因。整体道床与碎石道床的连接处是线路的薄弱环节。由于弹性发生突变,在列车的冲击作用下,碎石道床的轨道轨距方向、高低容易发生变化。为此,在两种道床的连接处,要设足够长度的过渡段,使道床的刚度(或弹性)逐渐变化,这样轨道几何尺寸容易保持,从而改善了行车条件。

3)病害防治措施

I.增设和完善整体道床的排水系统

由于地下水是整体道床一切病害的根源,防止基底浸水,消灭基底潜流冲刷,疏导排水等,是防治隧道整体道床病害的根本措施。下面介绍密井暗管封闭式排水系统。

密井暗管封闭式排水系统如图 6-24 所示,就是在道床下边埋设周围带孔(或不带孔)的圆管作为排水管道,其四周用无砂多孔混凝土填实,每隔 4~6 m 设一个集水井,每隔 30 m 左右设一个检查井,集水井和检查井的尺寸一般为长 1.0~1.2 m,宽 0.5 m,可以就地灌注,也可以预制再运到现场安装。检查井在圆管下设 0.2 m 深的沉淀井,便于将水中杂物沉淀下来,定期清理,防止暗管淤塞。集水井两侧设泄水孔道,将道床下的地下水引入井内,由暗管排出。检查井和集水井口都要设置炉算式的钢筋混凝土盖板。

侧沟形式很多,但无论采用哪种形式都要满足道床下具有一定厚度疏干层的要求。

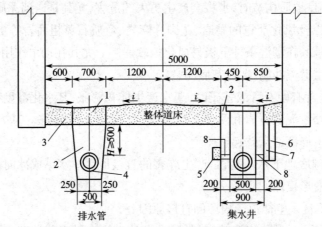

图 6-24　密井暗管封闭式排水系统(单位:mm)

1—C15 混凝土回填;2—无砂混凝土;3—人行道;4—C15 混凝土圆管($D = 300$);5—小卵石($\phi 15~30$);
6—砾石($\phi 2~10$);7—小卵石($\phi 15~30$);8—泄水孔

II.整体道床的翻修与加固

整体道床开裂破损不能正常使用时,应进行成段翻修,翻修时宜加设仰拱或加厚铺底,然后再做整体道床。若线路下围岩已软化则应先加固围岩,若加固有困难,可先做钢筋混凝土仰拱再做整体道床并加厚整体道床,以避免因围岩软化导致隧道底部结构破坏。

整体道床发生裂纹下沉,若基岩尚好,道床可以利用,可不必进行翻修,用向道床下压注水泥-水玻璃浆的方法进行加固,使基底下松散破碎的岩体重新固结,并使道床与基岩的结合得到加强,道床裂纹重新黏结成一体。这种方法可以提高道床及地基强度和稳定性,尤其对道床下弃砟没有彻底清除的地段效果更好。此外,还可用锚杆与矽化压浆联合加固道床,效果更好。锚杆纵横间距一般为 1.5~2.0 m,深度为 2~3 m。

Ⅲ.增设过渡段

Ⅰ)轨枕铺底式过渡段

自整体道床地段的两端,做斜坡式的混凝土铺底,逐渐改变钢筋混凝土轨枕下道砟层的厚度,以实现弹性过渡,如图 6-25 所示。铺底为 C15 混凝土,厚度至少为 15 cm;其中使用中粗道砟,以粒径 $\phi20\sim50$ mm 为宜,道砟层最小厚度为 23 cm,在轨枕两侧设挡砟设备,以保持道砟的稳定,防止因列车冲击导致道砟松动而产生空吊板等线路病害,过渡段长度以 10~25 m 为宜。

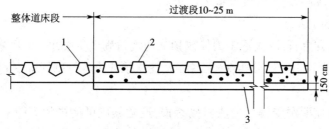

图 6-25　轨枕铺底式过渡段

1—支承块;2—钢筋混凝土轨枕;3—挡砟槽铺底

Ⅱ)轨枕板式过渡段

在钢筋混凝土枕线路与整体道床之间,可以铺设长度为 25 m 的轨枕板线路作为过渡段,以实现弹性过渡。

Ⅲ)双楔形短木枕式过渡段

在整体道床两端用四对楔形短木枕代替原支承块,再延长 10 m 做带有挡砟槽的混凝土铺底。其上铺设钢筋混凝土枕线路组成过渡段,如图 6-26 所示,其轨枕下道砟厚度至少为 30 cm。短木枕的弹性减缓了列车对整体道床的冲击作用,带有挡砟槽的铺底控制了轨枕下道砟的移动,可防止或减少轨枕下产生空吊板等病害,运营实践证明这种形式的过渡效果较好。

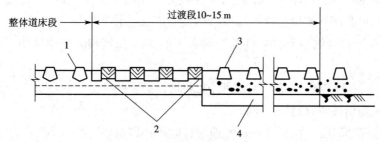

图 6-26　双楔形短木枕式过渡段

1—支承块;2—双楔短木枕(4 对);3—轨枕;4—挡砟槽铺底

6. 明洞病害及防治

明洞是在露天修建的隧道,一般当地形地质条件难以用暗挖法修建隧道或用路基通过有困难时,多采用明洞以保证施工安全。

1)常见病害及原因

Ⅰ.常见病害

(1)衬砌裂纹。明洞的衬砌裂纹主要有拱部纵向裂纹,多发生在拱腰部位;边墙水平裂纹,多发生在墙腰处;环形裂纹多发生在洞门附近及施工接缝处。

(2)洞口端墙竖向开裂,洞门翼墙、撑墙断裂等。

(3)洞口落石塌方、泥石流等埋没线路,中断行车。

(4)洞内漏水,特别是沉降缝处最为严重。

Ⅱ.病害产生的主要原因

(1)山坡上塌方落石,巨大冲击力使拱顶或边墙衬砌产生裂纹,由于明洞顶部填土厚度不够,不能将冲击力均匀扩散分布在整个拱跨,使拱顶或边墙衬砌局部受到过大冲击力而产生裂纹。

(2)边坡滑坍使明洞受偏压造成衬砌裂损,通常偏压可使拱腰内缘受拉开裂或受挤压而碎裂。当偏压引起内侧边墙基础微小滑动时,则会衬砌内缘受压挤碎,外缘受拉开裂。

(3)基础处理不当导致衬砌裂纹。当明洞修建在坚固性较差的基岩(风化岩层式堆积层)上时,由于受到流水冲刷,将引起边墙基础沉陷,产生拱腰衬砌受拉开裂或产生环向裂纹。

(4)斜交、偏压等不利因素影响。

(5)缺少防水层或既有防水层失效或洞顶没有完整良好的排水设备。

2)防治措施

(1)明洞顶部应按设计要求保证足够的填土厚度,对于滑坡塌方的堆积物要及时清理,避免产生额外荷载。

(2)建立完善的防排水系统,在明洞顶部填土与边坡交接处要增设截水沟,并经常保持良好状态。

(3)局部岩体失稳导致的墙脚内移,可在底部墙间增设横向支撑。当整段洞身在横向有蠕动滑移时,可在洞外增设抗滑挡墙或抗滑锚固桩及抗滑沉井等。

(4)在洞口两端及洞顶有针对性的增设必要的支(拦)挡和防护建筑物,防止危石坍落影响运输。

(5)专为泥石流跨越铁路而修建的明洞,要增设必要的导流建筑物,以保证泥石流的宣泄,防止泥石流溢流改道,威胁行车安全。

(6)在明洞顶部及其周围,有针对性地增设防护冲刷措施,保持洞顶填土及其周围衔接平衡。

(7)维修养护时要特别注意边墙基础的防护,确保其稳固和不被冲刷。根据不断变化的情况,适时加固洞口撑墙,确保边坡稳定。

（8）当明洞病害非常严重,加固的难度和费用较大时,可考虑局部改线废弃明洞。

【任务 6.2 同步练习】

复习思考题

6-1　影响隧道结构寿命的因素有哪些?

6-2　引起隧道病害的原因有哪几种?

6-3　隧道水害的成因有哪些?

6-5　常见的隧道冻害种类有哪些?

学习单元 7

高速铁路桥梁养护维修

任务 7.1　高速铁路桥梁养护维修管理

【引例】　高速铁路桥梁具有较大的竖向、横向、抗扭和纵向刚度,严格的工后沉降控制要求,为保证列车高速行驶时的安全性、平稳性和乘车舒适性,必须确保线路的高平顺性和高稳定性,因此高速铁路多采用桥梁代替路基,桥梁所占比例大,长大桥梁多。例如,京沪高速铁路桥梁长度占线路全长的 80.2%(其中昆山特大桥单桥全长 164.8 km),我国已建设高速铁路桥梁近万座,养护维修任务凸显重要性。

7.1.1　桥梁养护维修要求

根据高速铁路高密度和高强度运行的特点,高速铁路工务安全管理应坚持"安全第一,预防为主,综合治理"的方针,遵循"行车不施工,施工不行车"的原则,实行天窗修制度。通过严格作业纪律和劳动纪律,突出设备检查和分析环节,严检慎修,保持线路设备满足高可靠性、高稳定性和高平顺性的要求,确保行车和人身安全。

1. 养护维修管理

高速铁路桥梁养护维修工作必须认真执行检查、计划、作业、验收等基本工作制度,依靠科技手段,强化基础建设,大力发展机械化作业,不断提高工作效率和经济效益,全面实行科学化管理。

2. 检查制度

桥梁检查是做好桥梁大修、维修工作的重要依据,是桥梁维修工作中极其重要的组成部分。对桥梁进行周密检查的目的是详细了解桥梁在运营中所发生的变化,及时发现病害和分析病害原因,并据以采取有效防治措施,合理安排大维修工作;积累技术资料,系统地掌握桥梁状态,准确规定其使用条件,使其经常保持完好状态,保证列车安全和不间断地运行。

由于高速铁路运行速度高,作业天窗时间多安排在夜晚,对桥梁检查、作业的要求如下。

(1)所有桥梁的桥面部分检查必须在天窗点内进行,其他时间不得进行。

(2)对桥梁梁体、墩台、支座等桥面以下设施,可以利用其他时间进行检查。

(3)混凝土箱梁内的检查,天桥、涵洞的检查可以在其他时间进行,需要进入铁路面检查的应在天窗点内进行。

(4)车间、班组要结合所在的区间和设备数量,制定每月检查的地点和检查的位置,要结合检查、作业天窗点安排人员在天窗点内进行。

(5)所有的检查必须由两个及以上人员实施,进入混凝土箱梁内的检查必须携带照明设备。

桥涵检查包括:水文观测、周期性检查、临时检查、专项检查、检定试验等。对跨越大江大河的大型钢梁桥、公铁两用桥梁应制定专门的检查制度。各项检查必须有相应的责任制度,保证各项检查工作的落实。检查单位应建立检查登记簿、病害观测记录簿,并按规定认真填写,保证数据准确可靠。检查人员按规定认真填写检查登记簿、病害观测记录簿,保证数据准确可靠。为保证检查的精度,检查人员应配备必要的检查工具和仪器、仪表,并定期标定,统一计量标准。

1)基础沉降观测

基础沉降观测对象的选择,可通过调查设计、施工文件,沉降评估资料,根据以下条件确定:

(1)设计情况和施工质量;

(2)桥上轨道状态的变化幅度和整修频率;

(3)可能影响桥梁基础沉降的周边环境变化(如抽水、堆载、开挖等)。

选择沉降量大的桥涵,测量基础沉降,开始运营后第一年每半年测量一次,第二年起每年测量一次,基础沉降稳定的,五年后可不再测量。对沉降速率较大的应缩短测量周期;对沉降速率较小、基本趋于稳定的,可延长测量周期。观测资料应妥善保存并积累绘制出图表,以便于分析了解其变化趋势。

2)上拱度测量

选择有代表性的桥梁孔跨测量上拱度,开始运营后第一年每半年测量一次,第二年起每年测量一次,或根据情况确定测量周期。上拱度稳定五年后可不再测量。

上拱度测量应使用桥上的预设测点,基础沉降测量应利用高程控制网水准基点和控制基桩网（CPⅢ）精密水准点。测量应在恒载、气温比较恒定的夜间或阴天条件下进行。

3）水下墩身和基础

判断水下墩身和基础有无裂损、冲空时，可使用水下摄影、摄像或人工摸探的方法。判断墩台及基础是否存在严重病害，可由专业机构通过测量墩台顶水平横向振动，与同类型墩台相比较，观测其波形、振幅和频率来进行。

此外，专项检查还包括大跨度桥梁梁端伸缩装置、建筑限界等。

3. 检查重点

（1）钢管拱、结合梁的钢结构部分应重点检查以下内容：

①杆件及其联结螺栓、焊缝的伤损状态及其发展情况，要特别注意严寒季节发生的杆件裂纹和断裂；

②钢梁角落隐蔽部位锈蚀情况，可使用探伤仪器和手工结合等方法进行检查；

③主梁与横梁联结处的母材、焊缝、高强螺栓的伤损状态及其发展情况；

④主梁、横隔板的对接焊缝；

⑤受拉及受反复应力杆件上的焊缝及临近焊缝热影响区的钢材；

⑥杆件断面变化处的焊缝；

⑦加劲肋、横隔板及支座焊缝；

⑧桥面板混凝土与钢梁联结部位的共同作用是否良好，并检查受拉部位和接合部位有无裂纹、流锈和滑动；

⑨系杆拱桥吊杆、锚具防护及锈蚀状态；

⑩钢管拱肋内混凝土填充情况以及与钢管脱空情况，可采用敲击或超声波进行检查。

（2）钢筋混凝土桥梁和墩台应重点检查以下内容：

①检查桥面防水层是否有破损和开裂、泄水孔是否堵塞、梁端止水带是否脱落破损、防撞墙是否开裂掉块、人行道板是否损坏缺少、遮板和栏杆是否端部挤死、桥面是否积水等，并要检查轨道底座板和桥面接缝处、轨道支撑挡块和桥面接合处的状态；

②箱梁内应检查排水管是否破损漏水、梁内是否积水、封锚混凝土是否开裂脱落、异型墩梁端与桥墩是否挤死；

③系杆拱的拱脚与拱肋、拱脚与梁体连接部位以及吊杆在拱梁上的锚固混凝土是否有裂纹；

④梁体应检查是否有渗水、流白浆情况，梁体外排水管有无破损和漏水；

⑤桥墩应进行裂缝、腐蚀、倾斜、滑动、下沉、冻融、空洞等病害检查；

⑥混凝土中性化检查；

⑦铁路跨公路立交桥应检查限高防护架是否存在缺少、变形和损坏的情况；

⑧桥下河床冲淤情况。

（3）盆式橡胶支座应重点检查以下内容：

①盆式橡胶支座锚栓有无剪断，支座的橡胶密封件有无老化、外翻现象；

②活动支座的相对位移值是否均匀；

③支座高度变化情况；

④保护支座的调高预留孔，防止调高预留孔的损伤给支座调高带来困难；

⑤盆式橡胶支座钢件裂纹、脱焊、锈蚀，聚四氟乙烯板磨损，支座滑动面脏污，位移转角超限情况；

⑥防尘围板或防尘罩的防尘性能；

⑦支承垫石是否有裂损、积水；

⑧支座螺栓和防落梁限位装置是否缺失。

4. 桥梁状态评定

通过各项检查掌握桥梁实际工作状态后，还需进一步进行科学的分析判断，评定桥梁的劣化程度，以便采取有针对性的维修或大修。每年秋季应对每座桥隧建筑物按项目进行一次状态评定，填写"高速铁路桥隧建筑物状态评定记录表"，特长桥梁可分段评定。

7.1.2　高速铁路桥梁安全防护管理

【引例】　某日 2 时 52 分，×× 桥工段 ×× 线路车间 ×× 线路机工队线路工 3 人，在去作业现场途中，行至昌九城际铁路庐山城际场 101# 道岔处（上行线 K18+540）时，被通过的 K1138 次旅客列车碰撞，造成 3 名线路工死亡，构成铁路交通较大事故。

事故原因及教训：高速铁路施工、检修一般均在天窗点内作业，与利用列车间隔作业相比的确安全许多，容易造成作业人员的麻痹思想；加之夜间作业，瞭望条件较差、人的反应灵敏程度也会受到一定影响，因此高速铁路夜间作业更要提高安全意识，严防事故的发生。

所有进入高速铁路防护栅栏内的施工和检修作业，以及可能影响行车安全的临近高速铁路营业线施工，必须按规定进行"运统-46"登、销记，并设置防护。高速铁路实行天窗修制度，天窗点外不得进入高速铁路防护栅栏内，其他在桥面以下、箱梁内等且不影响结构稳定和使用的施工、检修作业，可在天窗点外进行，但严禁进入防护设施，并不得侵入安全限界。所有在高速铁路防护栅栏以外，有可能侵入限界的施工和检修作业，均需按规定设置现场防护和驻站联络员。天窗点结束后，应先开行确认列车。

1. 高速铁路桥梁作业安全要求

1）作业安全制度

Ⅰ. 作业安全措施

高速铁路施工、检修作业必须执行设备管理单位调度命令、列车调度员命令，确认作业人员、机具、材料。在施工、检修作业或处理设备故障过程中，发现危及行车安全的故障和突出情况，需临时变更或增加检修作业项目或延长作业时间时，要采取必要的防护措施，经驻调度所联络员、驻站联络员报请调度所值班主任同意，发布调度命令，落实专项安全卡控措施并传达到每个作业人员后方可进行。

Ⅱ.作业安全保障

施工作业前,须做好安全预想,明确安全控制要求,对不进行安全预想和交底不清的,禁止作业。夜间作业必须由车间干部及以上的人员担任负责人,负责所有的施工安全和管理。工作量较大或复杂的作业,工务段要指派技术科或安全科有关人员进行包保,必要时主管领导要检查指导施工作业。所有的夜间作业必须配备足够的照明设备,照明灯具安设要牢固。

2)作业时间规定

高速铁路桥梁的维修保养工作时间规定如下。

(1)桥面所有设备的维修保养(人行道步行板、栏杆的更换养护,桥面和纵横梁缝挡砟板及桥面排水管维修,桥面桥梁标志的设置和涂新)必须在作业天窗点内进行。

(2)混凝土梁的养护、桥梁支座的涂油、墩台围栏的维修可以利用其他时间作业。

(3)长大桥梁维修保养要计划作业人员进入桥面的时间、优化作业方式,确保在规定的天窗点内出桥。进入1 km以上的桥梁作业,要考虑采用轨道车运送作业人员进出的方式,同时集中人员进行作业,保证作业效率。

2. 桥梁安全防护措施

1)桥梁安全防护设施

桥梁安全防护设施主要包括:防护栅栏、围墙,公铁并行防护设施,公跨铁立交桥防护设施和铁跨公立交桥涵限高防护架等,站区专用线通道和作业通道安装的铁门、平过道、人行过道和绿化带等。

2)防护设施设计施工要求

所有铁路基建、更改、大修工程,必须按标准做到防护设施与工程同时设计、同时施工、同时投入使用。凡未按规定设置安全防护设施或安全防护设施不符合标准的,建设单位一律不得组织验收,并应及时督促施工单位整改达标。设备管理单位有权责令停止施工或拒绝接收设备。

3)安全防护设施管理工作检查内容

安全防护设施管理工作检查内容主要包括:安全防护设施技术状态、立交抽排积水和清淤情况、留口看守情况、巡线护路制度落实情况、上线职工执行封闭管理要求的情况、进入封闭网(墙)内行人清理情况。

4)高速铁路安全设施简介

Ⅰ.防护封闭设施

Ⅰ)线路防护封闭

高速铁路线路应实行防护全封闭。必要时,应对梁底至地面高度小于4 m的桥梁加强防护。应设置封闭墩台槽口及上下梁体出入口的铁盖板等安全防护设施,防止闲杂人员进入箱梁内部,达到线路封闭要求。防护封闭设施分为钢筋混凝土栅栏和围墙两种,铁路沿线封闭设施原则上采用防护栅栏进行封闭,站区及区间个别地段采用围墙形式进行封闭。防护封闭栅栏分为钢栅栏、混凝土栅栏和钢筋混凝土栅栏。

Ⅱ)桥梁防护封闭

桥梁地段不设防护栅栏,但在桥台处附近的防护栅栏应封闭,沿桥台锥体边缘设置,栅栏应与桥头护栏直角相接,保证封闭无缺口,整体连续、美观,人畜无法进入。桥头封闭方式如图7-1所示。

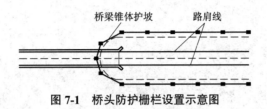

图7-1 桥头防护栅栏设置示意图

Ⅲ)人行天桥防护封闭

若人行天桥、公跨铁立交桥的桥台锥体高于边坡堑顶,防护栅栏则绕至锥体下方通过;若桥台锥体与堑顶等高,防护栅栏须与人行天桥、公跨铁的栏杆相接并封闭。具体封闭方式如图7-2所示。

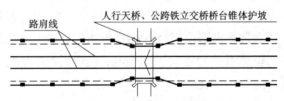

图7-2 人行天桥、公跨铁立交桥防护栅栏设置示意图

Ⅳ)涵洞防护封闭

交通、排洪涵洞处防护栅栏须绕至涵洞口上方通过,不得干扰地方交通和排水。同时应先考虑涵顶距离要求,使涵顶栅栏距涵洞两侧等距,两侧应保持相同角度。涵洞封闭方式如图7-3所示。

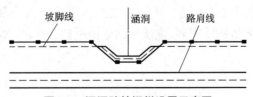

图7-3 涵洞防护栅栏设置示意图

Ⅱ.铁跨公立交桥涵限高防护架

凡桥(涵)下净高不足5 m,并通行机动车辆的铁跨公立交桥涵均须设置限高防护架。限高防护架结构形式及材料应满足铁总集团的有关要求,限高防护架距桥梁的距离要符合要求。限高标志要完整、清晰、规范,安设位置正确。同时净高大于 5 m,小于 7 m 的立交桥涵需安设限高牌。限高防护架如图 7-4 所示。

图 7-4 桥梁限高防护架

Ⅲ. 公跨铁立交桥防护设施

公路跨铁路的桥梁要求必须设有防护网,防护网的高度不低于 2.2 m,长度至线路外侧封闭栅栏处,对上跨人行天桥需进行防护网全封闭。通行机动车的公路上跨桥梁在路面两侧应有不低于路面 0.8 m 高度的混凝土防护墙,防护墙长度要满足要求,以确保机动车辆不掉入铁路线路范围内,桥上按要求安设"禁止抛物"标志,两侧桥头安设"限重"牌。

防护网要求安设牢固,网孔孔径不大于 20 mm,防护网涂刷防锈底漆,表面涂刷灰色面漆,对破损的防护网应及时予以修补。

Ⅳ. 公铁并行防护设施

当公路与铁路并行或公路高于铁路路基顶面时,机动车辆容易冲入(坠入)铁路限界,在公路靠铁路一侧以及公跨铁立交桥桥头要设置安全防护设施。防护设施必须采用公路最高等级的钢筋混凝土防撞墙或防护桩进行防护,防护设施的长度、高度及防撞能力应满足要求。所有防护设施高出路面不得小于 0.8 m。防护墙、防护桩要涂刷警示条纹,警示条纹按 200 mm 等距涂刷黄黑相间的油漆。防护墙如图 7-5 所示。

公铁并行防护墙被撞后,车辆侵入限界时,巡线人员应及时采取措施,扣发列车,并向车间、段汇报,并组织相关人员排除限界,确认无超限情况后,通知车站放行列车。

图 7-5　防护墙

Ⅴ. 上、下桥紧急疏散通道

高速铁路列车可能会遭遇各类突发事件，如部分旅客违反规定在车厢内吸烟，导致车厢内的烟气探测器报警；突发的火灾、烟气，列车突发的机器故障；线路、电力故障；山洪、暴雨等不可抵御的自然灾害等，这些不稳定因素将会导致高速运行的列车紧急制动停车，若列车停车位置刚好在大于 3 km 的特大桥上，则乘客无法安全快速地撤离行车道，由于高速铁路行车密度大、速度快、有效刹车距离长，势必危及乘客的人身安全。针对这一类可能发生的突发事件，要求在桥长大于 3 km 的特大桥处设置救援疏散通道，按照桥长每 3 km 一处，上、下行线交替设置。紧急疏散通道如图 7-6 所示。

图 7-6　桥梁紧急疏散通道

疏散通道包括平台、梯板、栏杆、梯梁、立柱、基础，附属设施包括安全防护罩、顶部平台安全门、桥上疏散指示标志等。上、下桥紧急疏散通道日常管理维修由工务部门负责，需加强对桥梁紧急疏散通道的看护，防止有人从通道进入线路，危及列车行驶及破坏桥上设施。

对安防设施应建立健全设备台账，并及时对台账进行更新，确保数据准确、真实可靠。建立健全日常检查、维护和整修管理制度，加强对安防设施、设备的检查、巡视。将安全防护设施的维护工作纳入日常维修工作中，明确标准、细化制度、落实责任，并不断完善考核机制。

4. 高速铁路桥梁检查检测工具及仪器设备简介

1）手持式激光测距仪

利用手持式激光测距仪内置的望远镜瞄准器,通过瞄准器上的十字线可以精确地观察测量目标。测量距离在 30 m 以上的,激光点会显示在十字线的正中;测量距离在 30 m 以下的,激光点不在十字线的正中。

激光测距仪可测量单个距离、从某点出发的最大或最小值、面积、体积以及间接测量不易直接测量的或危险的边。

2）涂层测厚仪

涂层测厚仪使用前应进行调零,测厚时应将仪器探头垂直接触被测物的表面,仪器将自动开机并测数据。测量应为点接触,严禁将探头在被测物表面上滑动。每次测量间隔时间应大于几秒钟,且仪器应离开被测物 10 cm 以上,再进行下一次测量。

3）数显回弹仪

数显回弹仪是现场检测使用最广泛的混凝土抗压强度无损检测仪器,是获取混凝土质量和强度的最快速、最简单和最经济的测试设备。

测试时将弹击杆顶住混凝土表面,轻压仪器,使按钮松开,放松压力式弹击杆伸出,挂钩挂上弹击锤。使仪器的轴线始终垂直于混凝土表面并缓慢均匀施压,待弹击锤脱钩冲击弹击杆后,弹击锤回弹带动指针向后移动至某一刻线示出回弹值。逐渐对仪器减压,使弹击杆自仪器内伸出,待下一次使用。

4）钢筋锈蚀探测仪

钢筋锈蚀探测仪利用电化学原理,通过电极测量混凝土表面电位,根据钢筋锈蚀产生的电位大小或形成的电位梯度来判断钢筋是否锈蚀及锈蚀程度。测量混凝土表面电位从而达到无损检测混凝土中的钢筋锈蚀程度。储存电位值用图形显示,并将数据传输到软件中进行操作。

5）裂缝宽度观测仪

裂缝宽度观测仪主要由手持式彩色显示主机、彩色显微放大探头（带 USB 连接电缆）构成,测量时程序自动扫描捕获裂缝并实时显示裂缝的宽度数值,用户可从显示屏上直接读取裂缝宽度数值,也可对裂缝进行拍照并存储到主机附带的 U 盘中,以进一步进行图像分析或打印存档。

6）高速铁路桥梁检测车（以下简称桥检车）

桥检车是一种可以为桥梁检测人员提供作业平台的设备,是用于流动检查及维护的专业车辆,具有灵活、快速、高效的特点,通过自身动力或轨道车牵引,能快速到达作业地点,有效利用天窗点;作业过程中不影响临线交通,且能不收回作业设备。它在工作点之间低速行进,工作效率高。

桥检车一般是在大机车架底盘基础上安装专用的工作装置而成,根据作业机构的不同,大致分为吊篮式和桁架式两种,分别如图 7-7 和图 7-8 所示。

图 7-7　吊篮式桥检车

图 7-8　桁架式桥检车

【任务 7.1 同步练习】

任务 7.2　桥面系养护维修

经过长期运营,目前高速铁路桥面存在积水现象,桥面积水的原因是该长度范围内无泄水孔、泄水孔堵塞、桥面横向排水坡设置不良呈凹槽形状,应采取相应措施修整;止水带剥离,需整治;部分桥面防水层出现起鼓、上翘、脱落、破损等现象,防水层破损容易使桥面积水渗入混凝土内部,影响桥梁结构的耐久性,要重新涂装;作业通道栏杆与遮板连接螺栓松动,有砟轨道伸缩缝钢板锈蚀漏砟、漏水需要修整。这些病害均需要日常保养或大中修来解决。

7.2.1　桥面及防排水系统

根据桥面主要工务设施组成和桥面宽度、防排水设施标准及要求,对桥面系统进行维修,保证各项指标处于良好状态。

1. 混凝土梁(拱)桥面及防水检查

(1)检查桥面防水层是否破损、开裂和起鼓。

(2)检查泄水孔是否堵塞、漏水、丢失管盖。

(3)检查梁端止水带是否漏水、脱落、破损、堵塞,有砟轨道梁缝挡板是否脱落、盖板脱出。

(4)检查遮板端部是否挤死。

(5)检查栏杆是否松动、裂损、掉块、开裂,连接处是否脱落,栏杆螺栓是否松动、缺少、锈蚀。

(6)检查作业通道盖板是否损坏、缺少、翘动、有大缝隙。

(7)检查防护墙是否开裂、掉块。

(8)检查轨道底座板、侧向挡块和桥面接合状态。

(9)检查封锚混凝土是否开裂、脱落、空鼓。

(10)检查梁与梁之间、异型墩上梁端与桥墩是否挤死。

(11)检查吊装孔、检查孔附近、倒角变截面处的裂纹,矮墩防护门状态。

(12)检查拱脚与拱肋、拱脚与梁体连接部位的混凝土裂缝。

(13)检查吊杆在拱、梁上的锚固混凝土是否有裂缝、脱落。

(14)检查桥面、箱梁内是否积水。

(15)检查梁体是否渗水、流白浆。

(16)检查排水管是否破损和漏水。

(17)检查排水孔、电缆孔是否尿梁等。

2. 桥梁救援通道的检查

(1)检查救援疏散通道与地面道路接驳情况。

(2)检查平台顶面与桥面遮板之间的缝隙。

(3)检查栏杆、安全防护罩是否锈蚀、损坏。

(4)检查围墙墙体是否有裂缝、变形,排水管是否堵塞。

(5)检查栏杆、边框钢管与梯板连接是否牢固。

(6)检查门锁、插销是否损坏、缺失。

根据所查病害维修技术复杂程度,由铁路局或者按规定程序委托具有资质的公司实施维修。

3. 混凝土桥面技术标准

(1)线路中心距作业通道栏杆内侧之间的距离宜为 4.1 m,对 250 km/h 区段无砟桥面不应小于 3.45 m,有砟桥面不应小于 3.75 m。通道宽度不应小于 0.8 m。

(2)桥面设防护墙,不设护轮轨,有砟轨道防护墙兼作挡砟墙。线路中心至防护墙内侧净距,有砟轨道不应小于 2.2 m,无砟轨道不应小于 1.9 m。

（3）防护墙顶宽不应小于 0.2 m,顶面高程不低于相邻轨面,且不侵入限界。防护墙外侧桥面设置电缆槽。电缆槽盖板顶面平整,铺设稳固。

（4）钢筋混凝土电缆槽盖板厚度不小于 60 mm（可通行桥检车的钢筋混凝土电缆槽盖板厚度不小于 90 mm）,混凝土强度等级不低于 C40;活性粉末混凝土（RPC）电缆槽盖板厚度不小于 25 mm,抗压强度不小于 120 MPa;宜在沿线每 10 m 铺设带凹口的活动盖板,在梁缝处应设纵横向限位装置,防止电缆槽盖板在梁缝处串动,影响人身安全。

（5）主梁翼缘悬臂板端部应设钢筋混凝土遮板,并作为作业通道栏杆、声屏障的基础。遮板、栏杆等在梁的活动端处均应断开或在梁缝处设伸缩缝,间隙满足伸缩要求。

（6）有砟桥轨下枕底道砟厚度不应小于 35 cm,直线段和曲线内股不应大于 45 cm。超过偏差限值时应进行检算,如影响承载力或侵入限界,则必须进行调整。

（7）作业通道栏杆高度不应小于 1.0 m,立柱和扶手的水平推力应能承受 0.75 kN/m 均布荷载和 1.0 kN 集中荷载的要求,栏杆与遮板连接锚固螺栓直径不应小于 16 mm。

（8）立柱垂直度不大于立柱高度的 3‰,扶手高度应保持一致,10 m 长度的矢度不大于 10 mm。

（9）遮板顶部预埋钢板和 U 形螺栓外露部分应采用多元合金共渗加封闭层的防腐处理。

4. 桥面防排水技术标准

1）桥面防排水系统检查及要求

I. 技术标准

（1）桥面应设有良好的防排水设施。根据轨道结构形式,桥面横向排水构造为六面坡三列排水,或四面坡两侧排水,或两面坡中间排水;排水坡度不小于 2%,泄水管处应设有汇水坡,泄水管纵向间距宜在 40 m 左右。

（2）防护墙过水孔高度和宽度均不小于 15 cm,与防护墙过水孔对应位置的中间电缆槽竖墙应设置高度和宽度均不小于 10 cm 的过水孔。

（3）框构桥顶面应做成向线路两侧的排水坡,不得将框构桥顶面的水排向路基以内。跨越铁路、公路、城市道路和居民区的立交桥,当桥下对排水有要求或需要考虑景观时,应设置纵、横向排水管和竖向落水管集中从梁端排水,纵、横向排水管设置排水坡度不应小于 1%。

（4）落水管出口设弯管,弯管口距自然地面高差宜在 0.5~1.0 m,地面设消能槽和简易排水沟,简易排水沟与周边排水系统顺接。纵、横向排水管和竖向落水管应连接牢固。

（5）桥面排水管系统由泄水管、管盖、纵向排水管、横向排水管、竖向落水管、顺 T 形接头、三向接头、弯管接头和排水管支架等组成。

（6）水管和接头材质应符合《无压埋地排污、排水用硬聚氯乙烯（PVC-U）管材》（GB/T 20221—2006）和《建筑排水用硬聚乙烯（PVC-U）管材》（GB/T 5836.1—2018）的要求,排水管支架采用金属材料。

（7）水管连接应牢固、不漏水，水管、支架也应安装牢固。

（8）泄水管直径应根据实际排水量要求确定，内径不应小于 15 cm，泄水管出口外露长度要保证排水不污染梁体、支座、墩台检查设施等，最小长度不小于 15 cm。

（9）管盖厚度不小于 38 mm，开孔最大尺寸宜为 20 mm，严寒地区泄水管壁厚不宜小于 8 mm。

Ⅱ. 钢桥有砟桥面系

高速铁路大跨度桥梁大多采用有砟轨道的钢桥结构，如武汉天兴州长江大桥铁路桥面。

Ⅰ）钢桥桥面防腐、防水材料

高速铁路的钢桥防腐、防水处理，采用耐盐雾腐蚀性能高的环氧富锌防锈漆及新型的聚脲弹性体涂料。聚脲弹性体涂装技术与传统涂装技术相比，具有优异的防水和耐候性能、良好的热稳定性、涂层连续性以及施工效率高等优点。

Ⅱ）钢桥桥面防护体系

钢桥桥面防护体系由防腐层、防水层、连接层及保护层四部分组成，使用年限为 25 年，属于长效防腐技术，如图 7-9 所示。防腐层采用耐盐雾腐蚀性能高的环氧富锌防锈漆，提高钢桥抗腐蚀性能，延长使用寿命，环氧富锌防锈底漆涂两道，总厚度为 100 μm；防水层为聚脲弹性体涂层两道，总厚度为 2.0 mm；连接层为 5~10 mm 的豆石，确保了在使用过程中防水层不被道砟破坏，起到了保护防水层的作用；保护层为 C40 细石聚丙烯纤维网高性能混凝土，厚度为 6 cm。

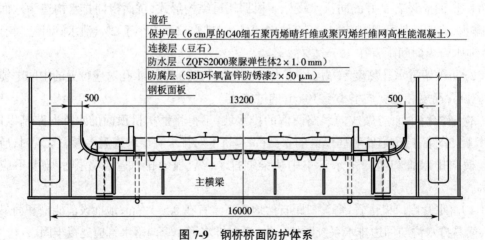

图 7-9　钢桥桥面防护体系

Ⅲ）有砟轨道混凝土桥面防水

有砟桥面主要采用卷材加粘贴涂料型防水层（目前的卷材主要是氯化聚乙烯防水卷材，涂料主要是聚氨酯防水涂料）和高聚物改性沥青卷材型防水层。具体技术要求如下。

（1）混凝土桥面防水层应设置保护层，保护层纵向每隔 4 m 设置宽 10 mm、深 20 mm

的横向预裂缝,并用聚氨酯防水涂料填实。

（2）防护墙间宜铺设卷材类防水层,防护墙根部加铺卷材附加层,附加层沿防护墙弯起高度为 5 cm,水平向宽度为 15 cm。防水层上设厚度不小于 6 cm 的纤维混凝土保护层,保护层与防护墙接缝应采用聚氨酯防水涂料封边,封边高度不小于 8 cm。

（3）防护墙外侧电缆槽应采用聚氨酯防水涂料防水层,防水层上设厚度 4~6 cm 的纤维混凝土保护层。保护层与防护墙、电缆槽竖墙接缝应采用聚氨酯防水涂料封边,封边高度不小于 8 cm。

（4）有砟桥面所有排水管道出水口必须伸出建筑物外,不够长的要接长或进行更换,以免排出的水弄脏桥面及墩台表面。要及时清除桥上及墩台上的污秽,疏通排水管,堵塞严重的要更换,冬季要除冰。桥上道砟不洁或拱桥中填筑材料风化不良要及时清筛或更换,以求经常保持排水畅通。

（5）桥面凡是可能被积水渗入的隐藏面均应铺设防水层,防止水渗入建筑物内。如外露面发现有潮湿斑点、流白浆或其他潮湿的痕迹,要立即查明防水层的情况并进行处理,必要时更换防水层。修补或更换防水层是一项比较复杂的工作,需要较长的作业时间,通常先设置轨束梁,将线路上部建筑暂时移到轨束梁上,然后分段挖除道砟,拆除破损的防水层,换以新的防水层。

（6）防水层严禁在雨、雪天和五级及以上风时施工,防水层铺设前应采用高压风枪清除基层面灰尘,其施工材料和施工环境应符合设计要求。防水卷材纵向宜整幅铺设,当防水卷材进行搭接时,先进行纵向搭接,再进行横向搭接,纵向搭接接头应错开。防水卷材应在桥面铺设至挡砟墙、竖墙根部,并顺上坡方向逐幅铺设,并伸至悬臂人行道或边墙。在温度伸缩缝上铺设防水层必须用适当的结构承托,避免因梁的伸缩而使防水层断裂。

Ⅳ)预应力混凝土梁的无砟桥面系

（1）无砟桥面的构造主要包括:人行道遮板及栏杆、电缆槽、防水系统、排水系统、伸缩系统及综合接地系统 6 个组成部分。综合接地系统的构造如图 7-10 所示。

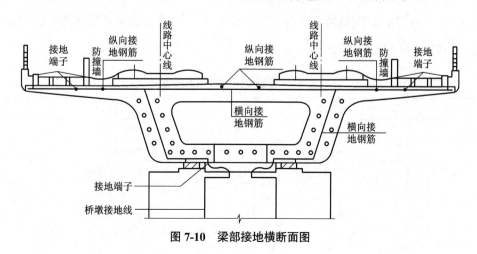

图 7-10   梁部接地横断面图

接地钢筋网应保证各点电气连续贯通,露出混凝土以外部分需进行锌铬涂层防锈处理。梁部接地钢筋布置采取在梁部纵横向预留接地钢筋,并在梁的顶面及底面预留接地端子,以便与需要接地的构件及下部结构接地体连接。

(2)每孔简支箱梁桥面设置 4 根 $\phi16$ mm 纵向钢筋,在双线轨道底座板之间设置 2 根钢筋,防撞墙和轨道底座板之间各设置 1 根钢筋。根据箱梁桥面板钢筋布置,当无单根 $\phi16$ mm 纵向钢筋可供利用时,可采用 2 根 $\phi12$ mm 钢筋代替 1 根 $\phi16$ mm 钢筋。

(3)梁端桥面板设横向钢筋、腹板设竖向钢筋与纵向钢筋焊接形成电气回路。

(4)桥面防撞墙、信号电缆槽、遮板、梁底分别预留接地端子与轨道、综合贯通地线、栏杆或声屏障、桥墩接地钢筋的连接条件。

(5)桥上接触网支柱预埋钢板采用焊接方式与梁部纵向接地钢筋连接。

(6)接地端子简支箱梁每孔 16 个,3 孔一联的连续梁为 32 个。

(7)连续梁的接地布置形式和要求与简支箱梁一致。

Ⅴ)无砟轨道混凝土桥面防水

无砟轨道混凝土桥面防水的技术要求如下。

(1)轨道底座板直接与混凝土桥面板相连的无砟轨道结构,在轨道底座板范围外的防护墙之间应铺设卷材类防水层,防护墙和底座板跟部加铺卷材附加层,附加层沿防护墙弯起高度为 5 cm,水平向宽度为 15 cm。防水层上设厚度不小于 6 cm 的纤维混凝土保护层,保护层与防护墙接缝应采用聚氨酯防水涂料封边,封边高度不小于 8 cm。

(2)轨道底座板与混凝土桥面板之间设有隔离层(滑动层)的无砟轨道结构,可采用底涂、喷涂聚脲防水涂料、脂肪族聚氨酯面层组成的喷涂聚脲防水层。

(3)底涂宜采用常温、低温、高温型环氧树脂或聚氨酯材料;聚脲防水涂料涂膜厚度应在 1.6~2.0 mm;脂肪族聚氨酯面层涂膜总厚度不应小于 200 μm。聚脲防水涂料涂膜宜采用深灰色,脂肪族聚氨酯面层宜采用中灰色。

(4)喷涂聚脲防水层上不设保护层。

【案例】 京津城际铁路桥面混凝土防水防护采用喷涂 2 mm 厚聚脲防护层的防水方案。桥面防水工程构造层次见表 7-1。

表 7-1 桥面防水工程构造层次

编号	构造层次	结构说明
1	轨道板层	博格式或其他
2	隔离层	聚丙烯土工布
3	减振层	聚乙烯土工膜
4	隔离层	聚丙烯土工布
5	防水防护层	2 mm 厚聚脲防护层
6	防水底涂层	SP-7881 底漆

续表

编号	构造层次	结构说明
7	基面	桥面混凝土

与传统防水设计相比,喷涂弹性防护膜具有较多的优良特性但该防水层施工质量及工艺均较难有效控制,目前高速铁路已采取提高梁体混凝土抗渗等级的方式而不再设置防水层。

(5)防护墙、侧向挡块根部应进行封边处理,封边高度不小于 8 cm;泄水管内壁涂刷聚脲防水涂料,深度不小于 10 cm。分次喷涂时,搭接长度不小于 10 cm。

(6)防护墙外侧电缆槽防水层铺设要求与有砟轨道桥面防水相同。

(7)遮板断缝应采用弹性嵌缝胶沿缝全高填塞饱满,不渗水、不漏水。

遮板处接缝需封堵图,如图 7-11 所示。梁端止水带脱落如图 7-12 所示。

图 7-11　遮板处接缝需封堵

图 7-12　梁端止水带脱落

2)桥面排水和防水层养护维修

Ⅰ.更换或增设防水层

遮板断缝应采用弹性嵌缝胶沿缝全高填塞饱满,框构涵顶面防水层宜采用防水卷材防水层,框构桥涵边墙侧面宜采用聚氨酯防水涂料防水。混凝土梁、框构桥及桥台顶面可能被积水渗入的处所,均应铺设防水层。若发现混凝土表面有湿润渗水、流锈水、白浆,或无砟轨道桥面防水层出现起泡、脱皮、空鼓、开裂、掉块等病害,应查明原因并及时修理,必要时予以更换或增设。防水层应采用耐久性好的新型材料,保护层应采用 C40 及以上纤维混凝土,厚度不小于 6 cm。修补防水层的标准不应低于既有的防水层标准。修补部位的防水层搭接宽度不小于 20 cm。

Ⅱ. 桥面防水养护

电缆槽、排水管内不得积水,不得有影响排水的砂土、垃圾等杂物。经常保护桥面的清洁,注意和保持桥面的排水畅通,以免水流入桥体内造成病害。桥面要有足够的纵向和横向流水坡,使雨水能随时流至较低地点经由泄水管(或槽)排出。原有流水坡面上有破裂处或表面脱落、凹凸不平等,须清除后将不平及凹坑处用砂浆抹平。如流水坡坡度过小,可用增加流水坡表层厚度的方法来改正,必要时也可另行加铺一层有一定厚度的混凝土并进行表面抹光,做成 3% 的坡度。

5. 桥面栏杆维修

(1)栏杆松动或脱落处用镀锌铁线临时固定,保证作业人员安全。将准备好的栏杆装好,用连接螺栓固定,拆除镀锌铁线并收回,栏杆安装要求顺直、连接牢固、无破损、无掉块。

(2)栏杆掉块的修补。凿除破损的栏杆表面混凝土,将混凝土表面灰屑清理干净,在表面裂纹处涂一层聚氯乙烯苄基氯化铵(PBAc)塑料乳液,待 PBAc 塑料乳液涂层稍干后,用已拌好的聚乙酸乙烯酯(PVAc)塑料砂浆进行修补。要求连接牢固、表面补修平整、新旧结合密实、无飞边、断裂。

6. 声屏障维修

(1)声屏障松动螺栓应紧固。

(2)声屏障吸声板的修补。准备好泡沫混凝土吸声板,将声屏障旧缝或表面灰屑除净,用铁丝刷除去粉尘,冲洗干净,在泡沫混凝土吸声板表面涂一层 PVAc 塑料乳液,待其稍干后,将拌好的塑料水泥砂浆抹上并将吸声板粘到主体结构上压实,作业要求粘接牢固、表面平整、光滑、密实、无空洞。吸声板边缘进行勾缝处理,勾缝要压实、抹光、无裂纹、无飞边、无断裂。

7.2.2 桥梁梁端伸缩装置

桥梁伸缩装置是桥梁梁端之间的重要连接部件,对桥梁端部伸缩及防水性能起重要作用,其质量和性能将直接影响整座桥梁的耐久性。

对于高速铁路桥梁,梁端伸缩装置的基本功能如下。

(1)桥上线路与两端的竖向刚度的平稳过渡。

(2)伸缩装置的横向限位,保证高速铁路线路的平顺性、安全性。

另外大跨度桥梁在温度伸缩,混凝土收缩、徐变和活载等综合荷载作用下,梁端伸缩位移量大大增加,传统的牛腿加过渡梁的伸缩结构已无法满足大跨度桥梁梁端伸缩的要求,如武汉天兴洲长江大桥、南京大胜关长江大桥和郑州黄河大桥均采用了伸缩量为 800~1000 mm 的梁端伸缩装置,以满足伸缩需求。

1. 桥梁梁端伸缩装置的基本要求及设计原则

1）基本要求

对梁端伸缩缝装置进行检查,不符合以下要求时应进行更换或维修。

（1）相邻梁间、梁与桥台间桥面梁缝应设置伸缩装置,伸缩量应满足结构伸缩要求,否则应予更换。

（2）防水橡胶带应采用氯丁橡胶或三元乙丙橡胶,氯丁橡胶伸缩装置适用的月平均温度范围为 -25~+60 ℃,三元乙丙橡胶伸缩装置适用的月平均温度范围为 -40~+60 ℃。橡胶的物理和力学性能应满足《客运专线桥梁伸缩装置暂行技术条件》的规定,自然状态下橡胶最小厚度不应小于 4 mm。

（3）伸缩装置安装平直,防水橡胶带应全部嵌固于异型耐候钢或异型铝合金型材凹槽内,不得积水,且沿梁缝全长设置,防水橡胶带不得有接缝。

2）设计原则

梁端伸缩调节装置的主要设计原则如下。

（1）构造上满足铁路线路正常运营需要。

（2）满足养护维修作业要求。

（3）为提高结构耐久性提供保证措施。

（4）从美学角度出发,考虑景观设计。

（5）在满足使用功能条件下,最大限度降低成本。

（6）以人为本,简化施工工艺、方便养护维修。

2. 梁端伸缩调节装置的结构形式

梁端伸缩调节装置主要由铝合金型材和橡胶密封带组成。

（1）铝合金伸缩调节装置的结构形式主要有 2 种,如图 7-13 所示。

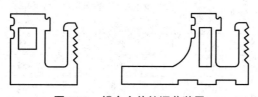

图 7-13　铝合金伸缩调节装置

（2）橡胶密封端部伸缩调节装置结构形式主要有 3 种,如图 7-14 所示。其中图 7-14（a）形式是适用于小型伸缩量的伸缩装置,图 7-14（b）形式是适用于中型伸缩量的伸缩装置;图 7-14（c）形式是适用于大型伸缩量和曲线梁的伸缩装置。

（a）   （b）

（c）

图 7-14　橡胶密封端部伸缩调节装置

另外，根据特殊桥梁伸缩缝伸缩量大小要求的不同，可以改变铝合金型材和橡胶密封带的截面形状（但密封带基本装配形状不变），以适应伸缩量的要求。

3. 梁端伸缩装置分类

根据常用跨度需要，按照轨道梁结构的不同，伸缩装置类型包括有砟轨道梁伸缩装置和无砟轨道梁伸缩装置两大类。以 TSSFX 表示伸缩装置符号，其中 TSSF 表示铁路桥梁伸缩缝，X 表示总伸缩量。安装时应根据现场环境温度等实际情况设置初始伸缩量。TSSF 系列伸缩装置主要适用于中小跨度客运专线铁路桥梁，根据型钢选用钢材的不同，该系列伸缩装置又可分为耐候钢伸缩装置和铝合金伸缩装置，如图 7-15 所示。该伸缩装置的技术参数见表 7-2。

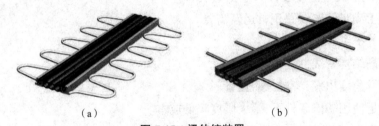

（a）   （b）

图 7-15　梁伸缩装置

（a）TSSF（耐候钢）伸缩装置　（b）TSSF（铝合金）伸缩装置

表 7-2　TSSF 系列伸缩装置技术参数

序号	规格型号	最大位移量/mm	单边槽口宽度 W /mm	安装深度 H /mm	中间温度时梁端间隙/mm
1	TSSF30	30	230	≥55	60
2	TSSF60	60	230	≥55	100
3	TSSF100	100	230	≥55	100
4	TSS160	160	230	≥55	150

1）无砟轨道梁伸缩装置

无砟轨道梁伸缩装置，直接通过锚固钢筋与桥面保护层钢筋连接，梁端保护层内横向钢筋应与防撞墙及竖墙钢筋连接。在桥面保护层施工后进行伸缩装置的安装，为避免伸缩缝处积水沿伸缩缝流出道桥下，在电缆槽内伸缩装置设置 2% 横向坡，梁端 200~300 mm 范围内，伸缩装置与跨中方向桥面保护层进行顺接。无砟轨道梁伸缩装置由铝合金型材、橡胶密封带、连接螺栓和锚筋组成。图 7-16 为无砟轨道梁伸缩装置结构示意图。

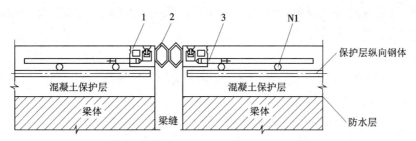

图 7-16　无砟轨道伸缩装置结构示意图
1—铝合金型材；2—橡胶密封带；3—连接螺栓；N1—保护层内横向钢筋

2）有砟轨道梁伸缩装置

Ⅰ. 结构形式

有砟轨道梁桥面保护层为 C40 纤维混凝土，通过在钢板上焊接钢筋的方式与伸缩装置连接钢筋固定。保护层内增设纵横向锚固钢筋，锚固钢筋应与挡砟墙及竖墙伸出钢筋绑扎固定。在伸缩装置安装完毕后进行保护层的铺设。伸缩缝加盖钢板后，在挡砟墙内侧高度应与桥面保护层高度一致，以利于大型养护机械的作业；在电缆槽内伸缩装置坡度应与保护层坡度一致。梁伸缩装置主要由铝合金型材、橡胶密封带、连接螺栓、金属盖板、锚筋和梁体预埋件等组成。图 7-17 为有砟轨道梁伸缩装置结构示意图，有砟桥面伸缩缝钢盖板使用耐候钢板。

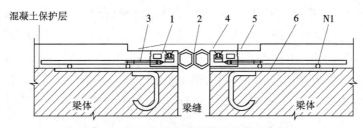

图 7-17　有砟轨道梁伸缩装置结构示意图
1—铝合金型材；2—橡胶密封带；3—连接螺栓；4—金属盖板；5—锚固钢筋；6—梁体预埋件；N1—保护层内横向钢筋

Ⅱ. 技术要求

伸缩缝钢盖板异型钢应采用不低于 Q345B 的耐候钢或异型铝合金型材，厚度不小于 16 mm，活动端应加工成约 1∶4 的斜坡，斜坡尖厚度约 4 mm；钢盖板长度与防护墙内侧净距一致，宽度应能保证与梁顶面的接触宽度不小于 10 cm，顶面与防水层的保护层顶面齐平，并应固定在梁体伸缩量小的一侧（简支梁应固定在固定支座一侧，桥头应固定在桥台胸墙一侧）。

3）伸缩缝的维护

相邻梁间及梁端与桥台挡砟墙间，应有供梁自由伸缩的缝隙，缝隙上盖以铁板。养护工作人员应经常检查其状态是否正常。如缝隙内有道砟、泥土等应及时予以清除。盖板不严造成漏砟者要予修整。当因墩台有位移、倾斜造成桥台上梁端顶住挡砟墙时,应凿除部分挡砟墙混凝土,使之保持一定缝隙;当桥墩上两梁端顶死时,应视情况采取措施,顶起梁身进行纵向调整,使之保持一定缝隙。

4. 维修质量评定

桥隧建筑物修理工作分为检查、维修(周期性保养、综合维修)和大修。检查、维修工作实行检、养、修分开的管理体制。

对于作业的验收标准,不论是综合维修还是大修,执行同一标准利于掌握应用。

【任务 7.2 同步练习】

任务 7.3   支座养护维修

高速铁路桥梁支座病害比较多,而且比较复杂,不仅影响支座本身,而且影响梁和墩台。产生病害的原因很多,例如:钢梁的两片主梁受热不均衡,会产生水平挠曲而造成支座横向位移;由于养护不良,支座滚动面不洁、不平或锈蚀,当主梁端由于温度和受荷重作用而纵向移动时,辊轴因滚动不灵,不能恢复原来的位置;轴承座传来的压力不均,一端受力而另一端围绕着压住的一端滚动,产生辊轴的歪斜;由于桥上线路养护不良,如钢轨爬行,也会造成支座不正。原因是多方面的,单纯用一种方法往往不能解决问题,必须找出原因进行综合整治,才能见效。

10.3.1　高速铁路支座

高速铁路桥梁一般采用盆式橡胶支座、球形钢支座,大跨度梁可采用铰轴滑板支座。墩台基础工后沉降大的桥梁应采用调高支座。地震设防地段梁端或墩台顶应设置防落梁挡块。盆式橡胶支座质量应满足《铁路桥梁橡胶支座》(TB/T 2331—2020)的要求,常温型支座适用于 −25~60 ℃,耐寒型支座适用于 −40~60 ℃。钢支座质量应满足《铁路桥梁钢支座》(TB/T 1853—2018)的要求,其适用温度范围为 −40~60 ℃。

高速铁路桥梁支座应满足以下要求:①支座应有足够的竖向和水平向的承载能力;②支座应有可靠的横向限位,在列车行驶时支座的横向位移应控制在 ±1 mm 以内;③支座用橡胶材料和聚四氟乙烯等滑板材料应具有可靠的耐久性和耐磨耗性能;④支座应具有良好的外防护和油漆涂装。

1.支座安装要求

高速铁路桥梁主要采用双线整孔箱梁,因横向宽度大,故桥梁支座分为固定支座(GD)、横向活动支座(HX)、纵向活动支座(ZX)和多向活动支座(DX),以解决纵、横向受力变位和温度位移、转动。对支座架梁时的临时连接件,使用中应解开或拆除。

支座位置安装应符合下列规定。

(1)同一座桥上固定支座的设置,应避免梁缝处相邻梁端横向反方向温度位移。

(2)在坡道上,固定支座宜设在较低一端;在车站附近,宜设在靠车站一端。

(3)对斜交梁,支座纵向位移方向应与梁轴线或切线一致。

(4)双线整孔简支箱梁,每孔梁一端应安装一个固定支座和一个横向活动支座,另一端安装一个纵向活动支座和一个多向活动支座。固定支座和纵向活动支座应在梁的同一侧,横向活动支座与多向活动支座应在梁的不同侧。双线整孔简支箱梁支座布置如图7-18所示。

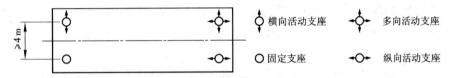

图7-18　双线整孔简支箱梁支座布置

(5)双线并置简支箱梁,每孔梁一端应安装两个固定支座和两个横向活动支座,另一端安装两个纵向活动支座和两个多向活动支座。固定支座、纵向活动支座应安装在内侧,横向活动支座和多向活动支座应安装在外侧。

(6)单线简支箱梁(支座中心距<4.0 m)和简支T梁,每孔梁一端应安装两个固定支座,另一端应安装两个纵向活动支座。单线简支箱梁支座布置如图7-19所示。

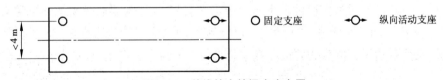

图7-19　单线简支箱梁支座布置

(7)多片简支T梁,中梁一端应安装固定支座,另一端安装纵向活动支座,边梁在中梁固定支座端应全部安装横向活动支座,另一端应全部安装多向活动支座。多片简支T梁支座布置如图7-20所示。

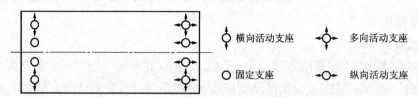

图 7-20　多片简支 T 梁支座布置

（8）双线连续梁,每联梁应在一个墩顶(一般为中间墩)安装固定支座和横向活动支座,其余墩顶安装纵向活动支座和多向活动支座。固定支座和纵向活动支座在梁的一侧,横向活动支座与多向活动支座在梁的不同侧。双线连续梁支座布置如图 7-21 所示。

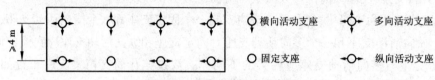

图 7-21　双线连续梁支座布置

（9）单线连续梁,每联梁应在一个墩顶(一般为中间墩)安装两个固定支座,其余墩顶全部安装纵向活动支座。单线连续梁支座布置如图 7-22 所示。

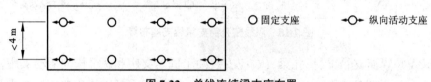

图 7-22　单线连续梁支座布置

（10）同一座桥梁中,当各桥跨固定支座安装条件相互抵触时,应首先满足线路一侧的支座横向位移约束条件相同的要求,即同桥同侧的要求;其次再按水平力作用有利情况设置。

支座安装应稳固可靠,支座的上下座板应水平安装,支座与梁底及支承垫石间必须密贴无缝隙,水平各层部件间应密贴无缝。活动支座滑动面应保持洁净滑润,保证梁跨自由伸缩、转动。支座板边缘至墩台边缘的距离应符合表 7-3 的规定。

表 7-3　支座板边缘至墩台边缘的距离

跨度 L/m	$L < 16$	$16 \leqslant L < 20$	$20 \leqslant L < 32$	$32 \leqslant L < 40$	$\geqslant 40$
距离/cm	15	20	25	35	40

支承垫石的高度应满足维修养护的需要,其高度不应小于 35 cm。支承垫石顶面与下支座板之间应采用 20~30 mm 厚的无收缩灌浆料重力灌浆填实;4 个支点的反力与平均值相差不应超过 ±5%。支座锚栓直径不应小于 24 mm,支承垫石顶的套筒孔应采用无收缩灌浆料重力灌浆填实。支座钢质外露部分应进行防腐涂装;支座应按环境要求设置防尘装置,且

便于拆装。

2. 防落梁挡块安装要求

简支梁防落梁挡块有两种形式：一种是由相对独立的一对 H 型钢组成；另一种是由一对 H 型钢和将两 H 型钢连成一体的一对纵向槽钢组成，H 型钢和槽钢采用螺栓连接。简支梁的防落梁挡块如图 7-23 所示。连续梁中墩防落梁挡块采用钢筋混凝土挡块和口形钢组成，如图 7-24 所示。

图 7-23　简支梁防落梁挡块

图 7-24　连续梁中墩防落梁挡块

简支梁防落梁挡块采用 Q235 焊接 H 型钢，高度不宜小于 50 cm；槽钢采用 Q235U 形槽钢，高度为 40 cm；连续梁中墩防落梁挡块采用 Q235 口形钢焊接而成。挡块中心与支座中心一致，挡块与支承垫石之间的空隙宜为 20~40 mm。挡块联结螺栓强度应满足抗震要求，螺栓螺纹与梁底预埋套筒有效接合长度应大于 1.2 倍的螺栓直径。横向活动支座和多向活动支座处，挡块严禁与墩台顶面、支承垫石侧面接触。

3. 支座检查

桥梁支座的正常使用与日常的检查、养护与维修分不开，支座一般可每年检查一次，并应检查支座附近梁体有无裂缝。支座检查可借助桥检车进行，或修建专用检查梯。

1）盆式橡胶支座易出现病害的检查

（1）支座螺栓是否缺少。

（2）支座防尘罩是否缺失，螺栓是否松动。

（3）下座板与支承垫石间灌浆料、干硬性砂浆是否开裂。

（4）上座板与梁底、下座板与支承垫石间是否密贴。

（5）橡胶密封件是否老化、外翻，聚四氟乙烯板是否脱出、磨损、凸出中间钢衬板高度、外露摩擦面等。

2）盆式橡胶支座的重点检查部位

（1）上、下锚栓是否缺少、松动、弯曲或断裂，螺纹是否锈蚀，锚栓是否剪断，锚栓剪断时支座是否变位。

（2）上座板与梁底、下座板与支承垫石之间是否有脱空造成支座不平整现象，支承垫石是否不平、开裂压碎。支座钢件是否锈蚀、裂纹、脱焊。

（3）聚四氟乙烯板是否有脱出、磨损、凸出中间钢衬板高度、外露摩擦面现象。

（4）支座位移、转角是否超限，大吨位活动支座的相对位移是否不均匀。

（5）橡胶密封件是否有老化、外翻现象。

（6）调高支座的预留孔是否损伤、锈蚀、堵塞，预留孔防护盖是否有损坏、丢失现象。

（7）支座防尘罩是否损坏、丢失。

（8）支座临时连接是否未解除。

4. 支座养护

支座养护的质量标准如下。

（1）支座清洁、摩擦副滑动状态良好。

（2）橡胶密封圈无老化、局部挤出。

（3）支座螺帽无缺少、松动，螺杆无折断。

（4）支座钢件无锈蚀、裂纹。

（5）上、下座板与梁体及支承垫石间密贴。

（6）支座灌浆料无开裂、局部破碎。

（7）支承垫石无开裂、积水、翻浆。

（8）防尘罩完好，橡胶无老化、外翻。

防落梁挡块养护的质量标准如下。

（1）挡块、螺栓齐全完好。

（2）挡块与支承垫石、墩台顶面之间的空隙满足要求。

（3）墩顶相邻跨挡块连接板椭圆孔空隙满足梁体自由伸缩要求。

盆式橡胶支座出现下列状况之一时，应及时处理。

（1）盆环开裂或脱焊。

（2）聚四氟乙烯板磨耗严重，外露厚度不足 0.2 mm。

（3）位移或转角超限，位移量 ≥ 10 mm，转角超过设计值的 20%。

（4）锚栓剪断数量超过 25%。

（5）聚四氟乙烯板滑出不锈钢板达 10 mm。

钢支座使用时,应保持各部分完好,有下列状况之一时,应及时处理。

（1）钢部件裂纹深度≥10 mm,主要受力部位焊缝脱焊。

（2）钢件磨损、陷凹≥1 mm。

（3）销钉剪断或锚栓剪断数量占锚栓总数比例≥50%。

（4）支座座板位移超限,纵向＞5 mm、横向＞2 mm。

（5）活动支座不活动。

（6）支承垫石开裂、积水、翻浆。

（7）辊轴位移或倾斜、摇轴倾斜超过容许值。

（8）聚四氟乙烯板因磨损外露厚度不足0.2 mm。

防落梁挡块出现下列状况之一时,应及时处理。

（1）活动支座旁挡块与支承垫石顶死。

（2）活动支座旁挡块与墩台顶面顶死。

（3）墩顶相邻跨挡块连成整体,影响梁体自由伸缩。

（4）挡块与支承垫石之间的空隙大于40 mm。

7.3.2　支座病害整修与支座更换

【引例】　南京长江大桥的桥梁支座由辊轴、下座板等组成,担负着大桥钢梁热胀冷缩的调节和支撑大桥钢梁的重任,是大桥的重点部位,对大桥安全起着重要作用。2003年6月,大桥管理人员发现钢梁支座上的连接板螺栓因长期处于疲劳状态而被剪断,支座上的辊轴错位。如不及时采取有效措施对支座进行复位,将会给大桥安全行车留下重大隐患。抢修时,用千斤顶将钢梁顶起,在支座不受力的情况下,更换变形的支座连接板、牙板和螺栓,对辊轴进行拨正、复位,最后将钢梁落下,完成支座调整复位作业。

1. 支座调高作业

支座调高作业可分为普通机械式支座调高和压注式支座调高。

普通机械式支座调高原理:起顶梁后,通过在支座上锚板与梁体或下锚板与支承垫石之间,插入符合厚度的钢板来实现支座的调高,此种调高方式无法实现无级调高。

压注式支座调高原理:通过液压泵设备向支座底盆内压注特殊的钢化树脂材料,可实现多次无级调高。

1）机械式支座调高

机械式支座调高作业（支座上板与梁体预埋钢板间插入钢板作业）的程序。

（1）检查支座实际工作状态,并根据桥上轨道高程调整要求及桥墩不均匀沉降差情况,确定拟调高各支座的预计调高量（在调高预留量范围之内）。

（2）根据支座尺寸及拟定调高量,加工调高用钢垫板,厚度规格符合调高量要求。

（3）拧松待调高支座的上或下锚栓。

（4）在待调高的支座旁用千斤顶进行起顶梁（高出所需调高量 1~5 mm）工作，拧松上支座板锚栓，但不拧下栓帽，插入调高钢垫板。

（5）落下千斤顶，使支座受压，然后拧紧锚栓。

（6）检查支座就位状态，对支座与调高钢垫板之间的缝隙进行封堵，在调高钢垫板外露面上涂油漆进行防锈保护。

TGPZ 盆式橡胶调高支座为机械式调高支座，其承压橡胶板中油腔可取代千斤顶实现自顶升，最大调高量为 60 mm。支座因受长期荷载和环境影响油腔状态不确定，是否使用自顶升功能视具体情况而定。

TGPZ 盆式橡胶调高支座的作业程序如下。

（1）根据拟定调高量预制出与拟定调高量高度相同厚度的永久钢垫板，永久钢垫板需进行喷锌处理。

（2）在需要调高的支座旁，布置临时刚性支撑，临时刚性支撑可采用砂箱加楔形块，楔形块也可采用多块不等厚的临时钢垫板（其厚度可分为 1 mm、2 mm、5 mm、10 mm 四级）代替。临时支撑也可采用千斤顶。

（3）拆卸支座钢围板和橡胶围板，安装上、下支座的连接板及连接螺栓（螺母不可拧紧，预留一定间隙），以备后续排空油腔操作需要。

（4）梁底螺栓（或地脚螺栓，优先选择梁底螺栓）的旋出长度应大于调高量，为防止梁体发生偏移，螺栓不可旋出套筒。

（5）将油泵油管与支座油腔的外露油嘴连通。

（6）油泵加压，将二甲硅油压入支座油腔内，以液压动力起梁。支座顶升过程中用 8 mm 量块测量并控制升起位移量。

（7）支座顶升至额定值（分次起梁时），停止用油泵加压并锁住油路，调整临时刚性支撑高度，将梁顶紧。

（8）油泵回油，拧紧支座板的连接螺栓将油腔内的硅脂油压出，用（或调换）临时钢垫板（分次起梁时用，平面上分 4 块均匀布置，其厚度采用 5~6 mm），插入上座板顶与梁底之间的间隙。拧松支座连接锚螺栓，重复步骤 6~8 次，直到顶升到需要调整的高度为止。

（9）梁体起顶至预定调整位置后，用刚性支撑将梁临时撑住，拧紧支座板的连接螺栓，将油腔内的二甲硅油压出。为防止梁体发生偏移，将预先准备的永久钢垫板插入上座板顶与梁底之间，对正一个已旋出梁底锚栓拧好梁底，但不拧紧，把钢垫板旋转对正，最后拧紧所有梁底锚栓。

（10）油泵再次加压将梁稍稍顶起，拆除临时刚性支撑，油泵回油后拆除连接板及螺栓，安装上支座围板，支座调高完毕。

2）压注式支座调高

压注式支座调高作业的程序如下。

（1）检查支座实际工作状态，并根据桥上轨道高程调整及墩身不均匀沉降差要求，会同桥梁设计单位，确定拟调高各支座的预计调高量（在调高预留量范围之内）。

（2）根据支座钢盆直径，确定所需快速钢化树脂材料数量，在实施支座高度调整前备出足够数量的快速钢化树脂材料。

（3）压注施工操作开始前，检查支座调高所用液压设备（油泵、油管、阀门、液压表等）的性能及工作状态的可靠性。

（4）压注操作过程中，检查同一墩台上相邻支座调高过程的同步性，避免产生过大的高差，以免对相应梁体造成不利影响。

（5）支座高度调整完成后，检查支座高程及支座反力是否符合设计要求。其后关闭压注孔阀门，防止钢化树脂材料固化前从预留孔处流出。

（6）支座调高完成后，及时拆除液压设备，并用溶剂清洗设备管道和阀门，防止设备孔道发生堵塞。

支座调高作业的技术要求如下。

（1）在支座调高的同时进行支座反力的测量，将压力传感器安装在压注孔阀门处，利用液压原理对支座的反力进行测定。

（2）压注施工的设备及材料要求，高压泵最大输出压力为 30 MPa；压注用钢化树脂材料现场进行调配，固化时间根据需要确定。

（3）全部调高施工操作，应在专业技术人员的指导下完成。

支座调高作业的质量标准如下。

（1）支座位置正确，各部相互密贴。

（2）支座调高符合设计要求。

（3）支座各构件符合技术标准。

2. 整修支座位移超限

整修支座位移超限病害的作业程序如下。

（1）事先在位移超限支座的锚栓旁斜向 45° 进行部分混凝土凿除，不扰动支座锚栓的稳固。

（2）待准备工作全部就绪后，彻底从锚栓旁的斜向 45° 凿除固定锚栓的剩余混凝土，使锚栓松动并扩大预埋锚栓孔眼。

（3）检查桥面轨道几何尺寸并做好记录，拆除支座上方线路钢轨扣件（根据顶起梁的高度，确定拆除扣件的数量，支座上方前后各 20 根轨枕为宜）。

（4）布置千斤顶，顶起梁的高度以支座松动为宜（起梁高度控制在 1~5 mm 为宜），梁身临时采取支垫。

（5）对凿除部分进行修整、扩孔并冲洗干净。

（6）拨动支座下摆使其与上摆对位。

（7）支座对位后，抽取梁身临时支垫，统一口令回落千斤顶使梁回落就位。

（8）落梁后恢复线路并检查线路几何尺寸，使线路几何尺寸达到放行列车条件。

（9）准备好无收缩灌浆料，捣垫无收缩灌浆料对支座锚栓进行固定。

3. 整修支座不平整病害

1）捣垫无收缩灌浆料重力灌浆整修支座不平整病害

捣垫无收缩灌浆料重力灌浆整修支座不平整病害的作业程序如下。

（1）检查桥面轨道几何尺寸并做好记录，拆除支座上方线路钢轨扣件（根据顶起梁的高度，确定拆除扣件的数量，支座上方前后各20根轨枕为宜）。

（2）准备好无收缩灌浆料。

（3）顶起梁跨，将梁身临时支垫，用小撬棍撬起支座，凿除支座下污垢，冲洗干净。

（4）捣垫无收缩灌浆料重力灌浆，捣垫无收缩灌浆料的厚度根据实际要求进行。

（5）落梁后恢复线路并检查线路几何尺寸，使线路几何尺寸达到放行列车条件。

2）捣垫钢纤维环氧树脂砂浆整修支座不平整病害

捣垫钢纤维环氧树脂砂浆整修支座不平整病害的作业程序如下。

（1）检查桥面轨道几何尺寸并做好记录，拆除支座上方线路钢轨扣件（根据顶起梁的高度，确定拆除扣件的数量，支座上方前后各20根轨枕为宜）。

（2）按比例配制钢纤维环氧树脂砂浆。

（3）顶起梁跨，将梁身临时支垫，用小撬棍撬起支座，凿除支座下污垢，用氧气火焰烧烤支座下方。至50~70 ℃停火，用自制加长把的钢丝刷清理杂物，然后将氧气割枪伸进去放氧气吹净，连续烧烤清理，将垫石上面彻底清理干净为止。

（4）待垫石上温度冷却到25 ℃左右，在垫石上面涂刷配制好的钢纤维环氧树脂浆液。涂刷均匀，不宜过厚，然后用自制木条（或铁条），摊平配制好的钢纤维环氧树脂砂浆，厚度不低于10 mm，不高于20 mm，达到所需的厚度为宜，平稳落下支座下摆，抽出撬棍。

（5）落梁后恢复线路并检查线路几何尺寸，使线路几何尺寸达到放行列车条件。

3）整修桥梁支座不平整病害的作业质量标准

（1）支座螺栓灌浆孔内凿除彻底、清孔干净，灌浆后平整密实、无空隙。

（2）支座位置正确，与座板密贴，平整密实，与座板间缝隙小于0.5 mm，深度小于30 mm，各部相互密贴。

（3）砂浆配合比符合规定、拌和均匀、捣固密实、周围抹面平整、无裂缝、空响。

（4）支座垫高高度符合设计要求，支座各构件符合相关技术标准。

（5）排水良好，无积水。防尘罩安装符合设计要求。

4. 支座更换

盆式橡胶支座开裂、严重变形、老化及支座失效时，应将整个支座进行更换。其作业程序如下。

为方便维护及更换支座,桥梁上部结构和下部结构设计时应考虑千斤顶的顶升位置及考虑如何将支座移出。

（1）千斤顶顶升更换施工前,首先计算顶升的质量,确定千斤顶的型号和顶升能力。各千斤顶应同步顶升,为保证同步,采用一台油泵进行控制,现已有程序软件可以控制千斤顶的同步性。起顶前详细检查各支座情况,包括支座位置、梁底距支座底面高度等,以保证支座更换后梁体位置保持不变。

（2）为保证安全,千斤顶应具有优秀的自锁功能,防止油压泄漏而发生事故。顶升前,安装位移计或百分表,以控制顶升高度及监控顶升的同步情况。

（3）梁体顶升采用梁体位移与顶力双控,以梁体位移为主要控制指标。当油压表显示千斤顶超过了计算顶力或百分表显示梁体出现异常位移时,应立即停止加压,查明原因后再进行梁体的顶升工作。

（4）顶升到位后,立即进行支座更换。先移出旧支座,修整支承垫石顶面并找平。必要时支座顶面和梁底之间须设置一块楔形钢板以保证梁底与支座顶面水平密贴,楔形钢板可用环氧树脂粘贴于梁底,应保证钢板底面水平。

（5）更换完毕并检查各支座准确到位后,方可开始同步落梁。落梁后仔细检查支座有无脱空现象,梁体同一端的支座高差不允许超过 2 mm,整孔箱梁不允许有"三条腿"现象,否则需将梁重新顶升,调整到位后再落梁。

5. 铰轴滑板钢支座简介

铰轴滑板支座结合了传统铰轴支座和盆式橡胶支座的优点,上下摆以铰轴为中心转动满足桥梁的转动功能,采用摩擦系数极低的填充聚四氟乙烯复合夹层滑板与不锈钢板组成的滑动摩擦副,实现支座结构的位移功能。摩擦副使竖向力的传递由点接触或线接触变成面接触,改善了结构的受力性能。铰轴滑板钢支座具有受力均匀、转动和滑动灵活、易养护、少维修、寿命长等优点。

铰轴滑板钢支座主要由上摆、铰轴、下摆、衬板、摩擦副、横向限位块、底座及锚固装置等部分组成,如图 7-25 所示。支座以上、下摆相当于铰轴的转动来实现转角位移,以摩擦副之间的相对滑动来实现水平位移。上、下摆是支座的主要传力构件,采用铸钢件制造;上、下摆之间以铰轴连接,铰轴采用锻钢件,是重要的转动构件;摩擦副是铰轴滑板钢支座的重要部件,由下摆底面镶嵌的滑板及底座上安装的镜面不锈钢板组成,使得竖向力的传递由点接触或线接触变成了面接触,改善了结构的受力性能,支座的寿命也随之提高。

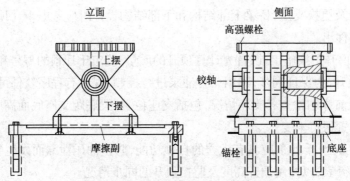

图 7-25　TXZ 系列铰轴滑板钢支座构造

例如,武汉天兴洲大桥主桥钢桁梁支座采用特制的 TXZ 系列滑板铰轴钢支座,具有吨位大(6 000 t)、位移大(±500 mm)、转角大(±0.008 rad)的特点,并具有良好的滑动性能。该支座摩擦副的滑板采用了新型的改性超高分子量聚乙烯材料,同时滑板采用多个较大的圆形滑板阵列结构,滑板上布置有大量的储脂坑,可以使摩擦副之间存储更多的润滑脂,滑动性能更好,也延长了摩擦副的保养时间。

【任务 7.3 同步练习】

任务 7.4　桥跨结构养护维修

7.4.1　混凝土桥梁的养护

1. 一般检查

1)混凝土梁(拱)的主要检查任务

(1)桥面防水层是否破损、开裂和起鼓。

(2)泄水孔是否堵塞、漏水、丢失管盖。

(3)梁端止水带是否漏水、脱落、破损、堵塞,有砟轨道梁缝挡板是否脱落、盖板是否脱出。

(4)遮板端部是否挤死。

(5)栏杆是否松动、裂损、掉块、开裂,连接处是否脱落,栏杆螺栓是否松动缺少、锈蚀。

（6）作业通道盖板是否损坏、缺少、翘动、出现大缝隙。

（7）防护墙是否开裂、掉块。

（8）轨道底座板、侧向挡块和桥面接合状态。

（9）封锚混凝土是否开裂、脱落、空鼓。

（10）梁与梁之间、异型墩上梁端与桥墩间是否挤死。

（11）吊装孔和检查孔附近、倒角变截面处是否有裂纹,矮墩防护门状态是否正常。

（12）拱脚与拱肋、拱脚与梁体连接部位混凝土是否有裂缝情况。

（13）吊杆在拱、梁上的锚固混凝土是否有裂缝、脱落。

（14）桥面、箱梁内是否积水。

（15）梁体是否渗水、流白浆。

（16）排水管是否破损和漏水。

（17）排水孔、电缆孔是否尿梁。

2）拱肋、吊杆、拉索、立柱、索塔的检查任务

（1）拱吊杆拉力、斜拉桥拉索拉力(可采用索力仪测量)。

（2）拱吊杆拉力、斜拉桥拉索锚具防护及锈蚀状态。

（3）钢管混凝土拱肋内填充与钢管脱空情况(可采用敲击或超声波检查)。

（4）钢管混凝土拱脚周围混凝土裂缝情况。

（5）拉索阻尼器状态。

（6）拱上立柱混凝土裂缝、掉块情况。

（7）索塔裂缝、掉块情况。

3）桥梁救援通道的检查任务

（1）救援通道与地面道路接驳情况。

（2）平台顶面与桥面遮板之间的缝隙。

（3）栏杆、安全防护罩锈蚀、损坏情况。

（4）围墙墙体裂缝、变形情况,排水管是否堵塞。

（5）栏杆、边框钢管与梯板连接是否牢固。

（6）门锁、插销是否损坏、缺失。

4）桥涵限高防护架的检查任务

（1）状态是否良好,是否缺少、变形和损坏。

（2）限高标志是否齐全完好,标识是否准确。

5）河道及附属建筑物的检查任务

（1）河流冲刷、淤积影响情况。

（2）下沉变形及损毁情况。

（3）铁丝石笼、浆砌片石、干砌片石等缺失、变形、脱落等情况。

6)《铁路安全管理条例》规定范围内桥隧周边环境的检查任务

（1）桥梁周边抽取地下水、堆载、修建建筑物、存放垃圾等情况。

（2）桥梁上下游采砂、拦河筑坝、架设浮桥、围垦、抽取地下水等情况。

（3）隧道周边采石、开矿及上方修建道路、建筑物等情况。

（4）桥隧设备附近是否有易燃、易爆物品。

（5）周边危及铁路桥隧设备安全的其他问题等。

2. 桥梁专项检查项目

（1）桥梁基础沉降观测对象的选择，可通过调查设计、施工文件，沉降评估资料，根据以下条件确定：

① 设计情况和施工质量；

② 桥上轨道状态的变化幅度和整修频率；

③ 可能影响桥梁基础沉降的周边环境变化（如抽水、堆载、开挖等）。

（2）选择沉降量大的桥涵，测量基础沉降，开始运营后第一年每半年测量一次，第二年起每年测量一次，基础沉降稳定的，五年后可不再测量。对沉降速率较大的应缩短测量周期；对沉降速率较小、基本趋于稳定的，可延长测量周期。资料应妥善保存并积累绘制出图表，以便于分析了解其变化趋势。

（3）选择有代表性的桥梁孔跨测量上拱度，开始运营后第一年每半年测量一次，第二年起每年测量一次，或根据情况确定测量周期。上拱度稳定五年后可不再测量。

（4）上拱度测量应使用桥上的预设测点，基础沉降测量应利用高程控制网水准基点和控制基桩网（CPⅢ）精密水准点。测量应在恒载、气温比较恒定的夜间或阴天条件下进行。

（5）对运营中轨道状态出现频繁变化的位置，应在基础沉降观测、上拱度测量的基础上，分析对轨道状态的影响。

（6）对大跨度桥梁梁端伸缩装置应进行状态检查和位移量观测。

（7）判断桥墩水下墩身和基础有无裂损、冲空时，可使用水下摄影、摄像或人工摸探的方法。判断墩台及基础是否存在严重病害时，可由专业机构通过测量墩台顶水平横向振动，与同类型墩台相比较，观测其波形、振幅和频率来进行。

（8）桥隧结构构造发生变化，可能影响建筑限界时，应进行限界测量。

3. 高速铁路桥梁大修主要工作任务及范围

（1）整孔钢梁重新涂装或罩涂面漆、钢构件保护涂装、成批更换高强度螺栓等。

（2）加固钢梁，更换、修理损伤杆件、斜拉索、吊索。

（3）抬梁、更换支座。

（4）支座的起顶整正、更换剪断的支座锚栓。

（5）整孔混凝土梁裂缝注浆、封闭涂装、钢筋锈蚀整治。

（6）大面积修复无砟轨道桥面防水层。

（7）加固混凝土墩台及基础,桥旁救援通道。

（8）混凝土梁横隔板加固、横隔板断裂修补,梁体、拱、立柱加固。

（9）修复或加固防护及水工建筑物。

（10）更换梁端伸缩装置、排水管、挡砟板。

（11）整治威胁桥梁安全的河道。

（12）整孔更换作业通道步行板、栏杆。

（13）加固或恢复桥涵限高防护架。

综合维修及大修作业验收均按《高速铁路桥隧建筑物修理作业验收标准》进行验收。

4. 混凝土梁维护技术标准

（1）混凝土梁及墩台应满足强度、刚度、抗渗、耐久性和整体稳定性要求,并经常保持状态良好。

（2）箱梁内净空高度不宜小于 1.6 m,并设置进人孔,进人孔宜设置在两孔梁梁缝处或梁端附近的底板上。

（3）多片式 T 梁应横向连成整体截面,横隔板施加横向预应力。湿接缝宽度不宜小于 30 cm,钢筋构造应符合整体桥面受力要求。

（4）预应力混凝土梁的封锚及接缝处,应在构造上采取防水措施,防止雨水渗入。各种接缝应尽可能避开最不利环境作用的部位,对于结构有可能产生裂缝的部位,应适当增设普通钢筋限制裂缝发展。湿接缝新老混凝土之间应无错台,混凝土表面应平整,无蜂窝麻面、露筋、夹缝。

（5）平原、微丘区及城镇附近的旱桥地段,桥两侧应采用栅栏防护,必要时,应对梁底至地面高度小于 4 m 的桥梁加强防护。

（6）混凝土梁及墩台恒载裂缝宽度限值见表 7-4。

表 7-4　混凝土梁及墩台恒载裂缝宽度限值

梁别		裂缝位置	最大裂缝限值/mm
预应力混凝土梁	梁体	下缘竖向及腹板主拉应力方向	不允许
		纵向及斜向	0.2
		横隔板	0.3
钢筋混凝土梁、桥面板及框构		主筋附近竖向	0.25
		腹板竖向及斜向	0.3

梁别	裂缝位置		最大裂缝限值/mm
墩台	顶帽		0.3
	墩台身	墩台经常受侵蚀性环境水影响	有筋 0.2,无筋 0.3
		常年有水但无侵蚀性	有筋 0.25,无筋 0.35
		干沟或季节性有水河流	0.4
		有冻结作用部分	0.2

5. 混凝土桥梁的主要病害

混凝土桥梁的病害主要体现在以下方面。

（1）混凝土保护层碳化。

（2）因风化作用、碱性集料反应、化学腐蚀、冻融剥离、磨耗等造成梁体裂缝、钢筋锈蚀、混凝土保护层开裂、桥面防排水体系不良引起的病害。

（3）横向连接件断裂、脱焊或松动,横向振动偏大。

（4）结构由于混凝土收缩徐变、温度变化、车辆撞击、地震等导致永久变形。

（5）连续梁、刚构桥等由于地基不均匀沉降产生变形和裂缝。

（6）对预应力混凝土梁,预应力混凝土梁上拱度过大,有效预应力不足;预应力筋锈蚀;张拉锚具锚下混凝土的纵向裂缝,长度一般不超过梁高,主要有锚下局部应力集中产生的劈裂拉力所致。

（7）预制构件安装时,预埋铁件焊接措施不当,使铁件附近混凝土产生的裂缝。

（8）沿预应力钢束的纵向裂缝,主要为预应力钢束保护层过薄,钢束处局部应力过大产生劈裂或是混凝土保护层碳化后钢筋锈蚀所致。

（9）跨中下挠过大,超过规范容许值,但跨中截面不一定开裂。

（10）预应力混凝土 T 梁的横隔板为后浇混凝土结构,连接相对薄弱,施工又难以保证质量,因此横隔板断裂经常发生。

6. 引起病害的原因

病害的原因一般可分为如下两大类。

第一类是由环境作用引起的混凝土结构损伤与破坏,由于混凝土的缺陷（如裂缝、孔道、气泡、孔穴等）,环境中的水及侵蚀性介质可能渗入混凝土内部,与混凝土中某些成分发生化学、物理反应,引起混凝土损伤,影响混凝土的受力性能和耐久性。

第二类是由荷载作用或设计、施工不当造成的混凝土结构损伤,例如动力冲击作用引起的疲劳破坏,构造措施和施工方法不当等引起的结构裂缝（超载）等。

7. 混凝土梁及墩台发现下列状况时应及时处理

（1）混凝土保护层中性化深度大于 25 mm。

（2）钢筋混凝土梁裂缝流锈水。

（3）混凝土梁碱-集料反应导致梁体产生裂缝。

（4）混凝土梁及墩台恒载裂缝宽度大于表 7-4 规定的限值。

（5）预应力混凝土梁徐变上拱造成跨中道砟厚度不足 30 cm。

（6）预应力混凝土梁徐变上拱或基础沉降造成轨道扣件无余量可调整。

（7）相邻跨梁端或梁端与桥台胸墙间顶紧，或相邻跨作业通道栏杆、电缆槽道、遮板等顶紧，影响自由伸缩。

（8）意外事故造成梁体或墩台混凝土局部溃碎或钢筋变形、折断。

（9）寒冷地区，空心墩台内部积水。

（10）防排水设施失效，梁体表面泛白浆。

8. 混凝土桥梁状态评估方法

混凝土桥梁状态评估的方法包括以下内容。

1）资料调查

收集、整理出现病害桥梁的设计文件、施工记录及竣工文件等原始资料，调查桥梁的运营状态及环境影响等因素。

2）状态评定

混凝土桥梁状态评定的内容主要有以下内容。

（1）桥梁状态及裂纹调查。

（2）钢筋的锈蚀状态。

（3）混凝土强度、弹性模量试验。

（4）钢筋保护层厚度及混凝土碳化深度测试。

（5）原材料、梁体析出物及有害介质化学成分分析。

（6）桥梁的静、动载试验。

参见高速铁路桥隧建筑物状态评定标准。

3）病害原因分析

根据资料调查、状态评定的结果，确定病害产生的主要原因、发展趋势及对桥梁的不利影响。

4）制定对策

在确定病害原因的基础上，根据规范、技术条件及标准，制定根治病害的修补或加固方案，使改造后病害桥梁的功能与耐久性满足铁路运营的要求。

7.4.2　混凝土桥梁应重点观测的项目

（1）钢筋混凝土梁钢筋锈蚀、混凝土溃碎、脱落情况。

（2）各种梁体横隔板裂纹和顺主筋方向的水平裂纹，缝宽超限的垂直裂纹及斜裂纹的变化发展，并绘制平面展示图。

（3）连续梁和刚架桥检查有无因墩台发生不均匀下沉造成的裂纹以及支座的状况。

（4）装配式梁拱及预应力混凝土串联梁等检查各联结部位在动荷载作用下有无开裂。

（5）拱桥的拱圈有无纵向裂纹,拱顶及1/4跨度附近有无横向贯通裂纹;边墙及拱圈在拱脚附近有无外鼓开裂等。

（6）斜拉桥定期检查缆索索力或频率的变化,缆索防护、锚具情况,索塔在恒载和活载作用下的纵向位移和振动以及缆索和梁体联结处动、静载下挠情况。

（7）梁体与桥台胸墙、相邻梁端、相邻跨人行道是否顶紧,能否自由伸缩。

【任务7.4 同步练习】

任务 7.5　钢桥养护

7.5.1　高强度螺栓的检查和修理

1. 高强度螺栓的检查

高强度螺栓的检查方法如下。

（1）目视法检查。如发现杆件滑移(一般表现为连接处涂抹被拉开或流锈水),螺栓头或螺母周围涂膜开裂脱落或流锈水,表明该螺栓多属严重欠拧、漏探或出现裂纹。一般情况下,长螺栓欠拧的较短螺栓的多。

（2）敲击法检查。用质量约0.25 kg的检查小锤击螺母一侧,手指(食指及中指)按在相对一侧。如手指感到轻微颤动,即为正常拧紧螺栓;如颤动较大,则是严重欠拧螺栓。这种方法一般只能检查出预拉力不足100 kN的螺栓。

（3）应变仪测定法检查。

①在运营线上检查时,在可疑的高强度螺栓杆端面和螺母的相对位置上画一直线,然后将其拆卸除锈待用。

②在原栓孔处用贴电阻片的高强度螺栓测定所需的初拧扭矩值和所需要的终拧螺母转角范围(包括设计预拉力的容许误差 ±10% 和预拉力损失在内)。预拉力损失规定: M22螺栓为10 kN;M24螺栓为15 kN。

③拆卸上述贴有电阻片的螺栓。

④将上述待用螺栓装上进行初拧,使其达到测定所需的初拧扭矩值。

⑤测量螺杆端面和螺母上原画直线间的角度,并与测定的所需螺母终拧转角范围进行比较,即可判断该螺栓是否欠拧或超拧。

（4）扭矩测定法检查。

更换高强度螺栓采用扭矩法施工,终拧后的复验可采用如下检查方法:先在螺杆端面、螺母相对应位置画一直线,用扳手将螺母松回 30°~50°,再用定扭扳手（或示功扳手）将螺母拧到原位测取扭矩值,该扭矩值换算的螺栓预拉力应在设计预拉力的范围内。

2. 高强度螺栓的更换

高强度螺栓不得超拧和欠拧（实际预拉力大于或小于设计预拉力 10%）、漏拧、松动、断裂或缺栓,杆件不得有滑移。对经检查判明有严重锈蚀（有肉眼可见的锈蚀麻面者）、裂纹或折断的高强度螺栓应立即更换,对经检查判明有严重欠拧、漏拧或超拧的高强度螺栓应拆下。如卸下的螺栓无严重锈蚀、严重变形（指不能自由插入栓孔）和裂纹,或施拧未超过设计预拉力 15% 以上,除锈涂油后可以再用,否则不得再用,应予以更换。

运营线上更换高强度螺栓,对于大型节点,每次同时更换数量不得超过该节点处每根杆件上高强度螺栓总数的 8%。对于螺栓数量较少的节点则要逐个更换。更换应在桥上无车时进行。

高强度螺栓不论初拧或终拧均应从节点刚度大的部分向不受约束的边缘进行。在初拧时,后拧的螺栓会使附近先拧螺栓的预应力降低,故在把一个节点板初拧（40%~70%）完毕后（保证节点板受力均匀）用同样方法将螺母再逐个复拧一遍,复拧后需对每个螺栓进行检查,对不合格未拧紧的应予以补拧。拧紧后,为防止雨水及潮湿空气侵入板缝,节点板束四周的裂缝均应用腻子封闭。高强度螺栓、螺母和垫圈的外露部分均应进行涂装防锈。

高强度螺栓在拧紧过程中,有时会发生螺栓头随螺母同时转动的现象,故在拧紧时应用短扳手卡住螺栓头。

7.5.2　钢梁加固和限界改善

钢梁加固和限界改善是根据桥梁检定的结果,对承载能力和限界不能保证列车安全的钢梁所采取的加固和改善措施。此处主要以既有铁路桥梁进行介绍,高速铁路桥梁针对具体情况参考使用。

1. 钢梁挠度测量

（1）简易挠度计测量。当桥下无水或水很浅,桥又不高（净高不超过 6 m）时,可采用这种方法,如图 7-26 所示。

（2）用水准仪测量。水准仪架设在钢梁附近稳固的地面上（或大跨度桥桥墩上）,在需测挠度位置（一般为跨中处,大跨度桁梁增加 1/4 及 3/4 跨度处）设置标尺。在未加载前,先将仪器对准一个整数读数,加载后钢梁产生挠度,标尺下移,又读出一个数,两者相减即为挠度值。

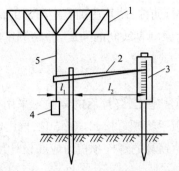

图 7-26 简易挠度计测挠度方法示意
1—桁梁;2—指针;3—度盘;4—重物;5—钢丝

（3）用挠度仪测量。用挠度仪测量挠度时,一般可将挠度仪用特制的卡具固定在梁跨上或打入河床的桩上测量,如图 7-27 所示。

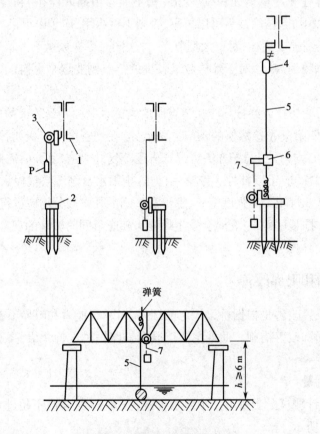

图 7-27 挠度仪测量钢梁挠度
1—桥跨结构;2—不动支架;3—挠度仪;4—紧绳器;5—主钢丝;6—螺丝;7—细钢丝;P—重物(2~3 kg)

2.钢梁限界检查

钢梁的限界检查方法有横断面法和摄影法两种。

（1）横断面法是一种定位测量断面的方法，即先选定施测横断面位置，逐个测出各横断面的轮廓尺寸，然后综合各横断面的最小轮廓点（包括附属设备突出点）构成综合最小限界。横断面法检查限界的工具有净空检查尺和净空检查架。

（2）摄影法检查限界所用工具有摄影检查车和激光带断面仪，利用摄影机进行拍照，经过冲洗，换算出断面的实际尺寸或找出区段最小综合断面尺寸。

3. 钢梁加固

经过检定，钢梁不能满足现行的活载要求时，要立即加固。加固方案应具有不影响或少影响行车、技术可靠、经济合理和施工简便等特点。在结构分析中应特别注意新旧构件或部件间的共同作用，在构造上应处理好新旧部件的连接，要考虑所采取的加固方案对全桥的影响，不能因加固不当而造成新的隐患。加固钢梁最好在消除被加固杆件中的恒载应力后进行。这样可使新旧钢料承受相同应力，使加固钢料充分发挥作用。若在结构不卸载时进行加固，则新旧钢料共同承担活载，原结构承担全部恒载。另外也要考虑实际荷载偏心、结构变形、局部损伤或缺陷对结构的不利影响。利用旧钢料加固钢梁，若被加固的结构及所用旧钢料的材料性能和强度无资料时，应通过实测、试验评定材料强度等级。

钢梁加固技术可采取以下方法。

（1）增大截面。通过增大构件（及其连接）的截面积，以达到加固补强的目的。它既可以提高构件及其连接的承载能力，也可以增加结构的刚度并适当改善桥梁的使用性能。

（2）改善结构体系。当主梁结构基本完好，其承载能力不能满足要求或需要提高活载等级时，可采用增设辅助构件以改善结构静力体系。

（3）外加预应力。通常是与改变结构体系结合起来使用的，通过预应力拉杆对钢实腹板梁下缘产生偏心预压力，或采用改变主桁体系、增设预应力拉杆加固钢桁梁，使结构内力进行重新分配，承载能力得以提高。

4. 限界改善

由于宽度不足而需要改善限界时，一般都是接长横梁，并相应变动联结系各杆件。

由于高度不足而需要改善限界的基本方法有以下五种。

（1）将下承式桁梁改为半穿式桁梁。

（2）将主桁架落低，桁梁由下承式改为半穿式，同时相应改变横向联结系。

（3）升高主梁而保持桥面系的原来高程不变。

（4）升高桥门架和横向联结系，接高立柱并做假上弦。

（5）将桥门架和横向联结系改成拱形，让出允许的限界高度。

5. 吊杆更换工艺

对吊杆体系钢-混凝土桥，桥面系如为悬浮体系，采用大型型钢在桥面两侧用拉杆对拉，使桥面系在平面系内保持整体，因为该桥面在更换某根吊杆时，在该吊杆处及相邻两根吊杆位置要将桥面断开，做标高调整。

（1）拆除要更换吊杆处的人行道板,解除相应的桥面连续,每次不大于三道缝。

（2）安装临时吊带,用千斤顶将旧吊杆调整至不受力状态,如图7-28(a)所示。

（3）截断旧吊杆从上、下两端取出。

（4）对原拱肋进行扩孔,安装新导管,用环氧砂浆填充孔隙,准备安装新吊杆。

（5）安装新吊杆,调整好高程,将临时吊带上的荷载分级逐步卸载至新吊杆上,如图7-28(b)所示。

（a）　　　　　　　　　　　　　　（b）

图7-28　更换吊杆

（a）千斤顶张拉　（b）安装吊杆

（6）拆除临时吊带,为新吊杆安装保护罩,内灌防腐油。

重复以上步骤,更换下一根吊杆。

【任务7.5 同步练习】

任务7.6　斜拉桥养护

7.6.1　重点检查内容

在斜拉桥日常养护工作中,对上部承重构件的重点检查内容如下。

（1）斜拉索：钢丝、锚具锈蚀，截面削弱、滑移变位，涂层损坏、裂纹、起皮或剥落，护套内的材料老化变质，锚头损坏。

（2）主梁：剥落、露筋，跨中挠度，构件变形、位移，裂缝，蜂窝、麻面，剥落、掉角，洞、孔洞，保护层厚度，钢筋锈蚀，混凝土碳化，腐蚀，涂层劣化，焊缝裂缝，铆钉（螺栓）损失，螺栓（铆钉）松动、脱落，结构位移。

（3）索塔：倾斜变形、风化、混凝土裂缝，表面损伤，沉降，锚固区开裂，锚固区渗水。

（4）锚具：锚杯积水，潮湿，防锈油结块，锈蚀。

7.6.2　常见病害原因分析

1. 索塔承台和塔座表面

【病害现象】　裂缝沿塔座棱线分布，双柱式塔柱的承台顺桥向中部表面裂缝。

【原因分析】（1）因塔座形状接近复斗形，棱线处往往是一些缺少骨料的砂浆，抗裂性差。

（2）双柱式塔柱随着柱身的不断增高，承台两端受压力增大，承台中部受反弯矩作用，上部混凝土受拉开裂。

（3）保养不及时，塔座水分散失过快。大体积承台混凝土水化热高，内外层温差大，表面混凝土受拉开裂。

2. 索孔位置

【病害现象】　斜拉索轴线与索孔轴线不一致，致使拉索与孔壁摩擦，索孔内避振圈或填充料安装困难或使用中易脱落。

【原因分析】（1）索塔施工时，索孔坐标、高程控制不严，放样不准。

（2）索塔混凝土浇筑时，跑模或索孔模型移动变位。

（3）劲性骨架安装不准确，以劲性骨架作为依托的索管预埋件随之变位。

（4）梁、塔、墩铰接的斜拉桥在施工时临时固结不当，导致索塔在施工时摆动，影响索孔定位准确。

（5）设计索孔孔径预留量过小，施工达不到设计要求的精度。

（6）调索后的最终拉索位置与设计位置误差过大。

3. 预应力混凝土主梁

【病害现象1】　主梁线形变形过大。主梁波状起伏，桥面系严重开裂，合龙段下凹不平。

【原因分析】（1）采用挂篮悬臂浇筑方案，挂篮支承平台前端下挠，下一节段浇筑时又产生前端下挠，随着节段的延伸出现波状起伏。

（2）施工控制参数与计算模型拟定的数据不符，反馈不及时、不准确，施工荷载忽高忽低，与设计假定不符。

（3）挂篮前端支承拉索松弛或吊篮后锚、压重装置变形松弛。以梁内劲性骨架作为挂篮的承重结构、骨架刚度不够，浇筑混凝土时挠度较大。

（4）合龙段模板或支承刚度不够，浇筑混凝土时下挠。

【病害现象2】　主梁预应力锚固区周围混凝土出现裂缝。布置在主梁底部有预应力锚头混凝土牛腿前端，在分段张拉预应力索后，出现横向裂缝。

【原因分析】　预应力索的锚头布置在梁体底部，力索在梁体内呈曲线弯曲，张拉后，在曲线拐点发生一径向向下分力，该处混凝土局部受拉，超过其抗拉强度则发生开裂。

【病害现象3】　混凝土斜拉桥出现裂缝。索塔、主梁的纵、横向裂缝，特别是箱形梁、肋板梁的主拉应力斜裂缝，剪力直缝，结合梁及混凝土桥面板的纵、横裂缝以及大量的不规则裂缝。

【原因分析】　混凝土在凝结硬固过程中，水泥石的干燥收缩和温度变形将会导致水泥石与集料结合面上产生初始微裂缝。混凝土的颗粒结构以及水泥石的生成特点和混凝土内初始微裂缝的存在，使得混凝土成为一种非匀质、非连续的材料，并表现出非线性、非弹性和各向异性的力学特征，且其强度和变形与时间有关，破坏特征具有明显的脆性，也使得抗拉强度降低。易于开裂是混凝土材料的固有特性。

混凝土斜拉桥的裂缝和一般混凝土结构上的裂缝一样，主要分为变形裂缝和荷载裂缝两类。工程实体中结构物的裂缝成因约80%为因温度、收缩和膨胀、不均匀沉降等变形引起的变形裂缝，20%为静荷载、动荷载或其他荷载等作用引起的荷载裂缝。

4. 斜拉索

【病害现象1】　斜拉索钢丝锈蚀、断裂。拉索钢丝生锈，流淌锈水，锈皮起鼓脱落。铝套筒灌水泥浆式护套铝皮起鼓、破裂。钢丝锈蚀严重导致拉索断裂，酿成事故。

【原因分析】（1）套筒式拉索护套内注水泥浆酿成隐患，具体包括：

①套筒上端浆液离析不凝固；

②套筒有裂缝，雨水、大气顺其侵入；

③铝管套筒灌水泥浆护套，水泥浆与铝皮起化学反应，铝皮迅速腐蚀破裂。

（2）聚乙烯或橡胶护套在拉索架设中损坏，如被割破、拉裂，又未进行及时修补，雨水、气体顺裂口侵入，腐蚀钢丝。

（3）拉索钢丝耐腐蚀能力较差（如镀锌高强度钢丝抗腐蚀能力大大高于没有镀层防护的黑钢丝）。

（4）应力腐蚀。因为斜拉索体承受很大的拉力（2 000~11 000 kN），高强度钢丝应力很高（现已应用 σ_b=1 860 MPa 的高强度低松弛钢丝），在高应力、反复荷载、风振的作用下，钢丝更易腐蚀。

【病害现象2】　锚头锈蚀。锚头外锚圈或盖板内螺纹、锚头上结构固定螺栓及孔洞锈蚀。

【原因分析】（1）锚头安装后没有及时除锈、涂黄油或防锈油、防锈涂料。

（2）锚头盖板未安装，或盖板固定螺栓松动脱落以致盖板脱落或密封不严，水、气随之侵入。

（3）锚定板的防护层如环氧树脂、橡胶板、涂料膜等老化、龟裂、脱落失效。

7.6.3　危及桥梁安全的重要病害

斜拉桥建成通车后，由于车辆荷载、温度和其他环境因素的作用以及材料本身某些随时间变化的特性的影响，桥梁结构将出现一些危及桥梁安全的病害。

1. 主梁和索塔轴线空间位置的偏离

主梁和索塔轴线的空间位置是衡量斜拉桥是否处于正常工作状态的一个重要指标，主要病害如下。

（1）单塔斜拉桥索塔轴线向主跨（河跨）方向倾斜或双塔柱斜拉桥两索塔倾向河跨或两索塔同向倾斜。

（2）主梁波状起伏，桥面系严重开裂，合龙段下凹不平，主梁跨中挠度过大，出现裂缝，尤其是受力裂缝。

斜拉桥的索塔主要承受轴向压力，斜拉桥的主梁除了承受自重和活载的弯矩外，还承受由拉索水平分力引起的轴向力。当索塔和主梁轴线的实际位置偏离设计位置时，存在于索塔和主梁内的轴向力就会在塔和主梁内产生附加弯矩，附加弯矩加剧塔、主梁轴线偏离正常位置，影响桥梁安全。

2. 斜拉桥拉索索力偏差过大

斜拉桥拉索索力的变化也是衡量斜拉桥是否处于正常工作状态的一个重要指标，斜拉桥是一种内部高次超静定结构，当实际索力偏离设计索力时，会使索塔和主梁产生弯矩，影响主梁和索塔轴线空间位置。

3. 斜拉桥拉索钢丝锈蚀，截面削弱，出现裂纹，锚固系统锈蚀

斜拉桥的拉索是斜拉桥的主要受力构件，它将主梁的恒载和活载通过索塔传递给地基，当斜拉桥的防护层、钢拉索及锚固系统锈蚀严重，引起拉索失效时，整座桥梁将面临倒塌的危险。

4. 斜拉索异常振动

异常的振动不仅会产生弯曲附加应力而引起拉索疲劳损伤，而且会损坏索的钢套筒、套筒帽及其固定螺栓、拉索的防振阻尼器及索的护套，缩短拉索的使用寿命。控制斜拉索振动的阻尼器，应具有良好、稳定的消能作用，有效控制斜拉索振动。

7.6.4　上部承重构件养护与维修技术要点

桥面系、排水系统等的养护与维修技术要点详见前述内容，同时要经常清除承重构件各部位表面污垢等,保持各构件的工作状态完好,一旦承重构件发现以下病害,要加强养护管理和必要的维修加固,需要时立即向上级主管部门上报,必要时做好限制通行,斜拉桥上部承重构件的养护与维修技术要点如下。

1. 斜拉索及锚具

(1)不锈钢管护套有松动、脱落、锈蚀,连接处有渗水、漏水等,应及时进行固定回位、防锈处理。

(2)若套管破裂,斜拉索因雨水的渗入而受到腐蚀,应及时更换套管。

(3)斜拉索钢丝有锈蚀时,应及时进行防锈处理。

(4)对下锚头及垫板处的排水小孔经常进行检查,若堵塞,可利用检查挂篮对锚头小孔进行捅孔检查,保持排水畅通。

(5)锚头锈蚀时应及时进行防锈处理。

(6)采用套筒压注水泥浆防护的斜拉索,当其金属套筒腐蚀,护套内高强度钢丝已经锈蚀时,必须更换斜拉索。

(7)以热挤高密度聚乙烯做护套的工厂成品索,如护套内有裂缝,套内钢丝有轻微锈蚀,应清除浮锈,钢丝表面涂防锈涂料或防锈油后热补乙烯护套。

(8)斜拉索端部应力较集中处发现钢丝有应力腐蚀或氢致腐蚀迹象(如钢丝上腐蚀凹坑、剥蚀等),应立即更换拉索。

(9)金属护套内压注水泥浆防护的斜拉索,金属套筒腐蚀,但钢丝仍未锈蚀的,仅换金属护套比全索更换经济,在施工条件许可情况下,可更换金属护套,重新压注水泥浆。

(10)斜拉索钢锚箱如发现裂纹发展,不得随意补焊,可以采用 $\phi 6{\sim}8$ mm 钻孔止裂,钻孔必须钻掉裂纹尖端部分。

如果裂纹未进一步发展,那么可以不做进一步处理。如果发现裂纹进一步扩展,那么需深入分析研究,采取合适的加固方案,如高强度螺栓连接或焊补。由于锚箱为承受巨大集中力的结构,此种修补需十分慎重,应中断行车甚至考虑进一步卸载。焊补时气温要高于10 ℃,先计算气刨刨去的范围和深度,研究补焊程序,并由合格焊工施焊。最好采用热量较小的 CO_2 气体保护焊,补焊最好一次完成,焊后控伤。构件较大、较厚时,应考虑预热。此后的营运中仍需观测该处是否有新裂纹产生。

(11)斜拉索和拱桥柔性吊杆应具有良好的外防护套,采用螺纹连接的刚性吊杆连接部位应具有良好的防锈保护和密封性,防止雨水及潮湿空气进入。

2. 索塔

(1)保持索塔表面清洁,及时清除杂草、污物等。

(2)塔壁渗水,混凝土表面有风化、露筋现象,表面防腐涂层剥落,应及时进行防腐层涂刷处理。

(3)钢横梁有锈蚀、脱漆、变形、脱焊现象,应及时做防锈、涂漆、恢复原位、补焊处理。

（4）塔内检修梯等钢构件有脱焊现象,表面有锈蚀、脱漆等现象,应及时做防锈、涂漆、恢复原位、补焊处理。

（5）检查梯道的防锈漆脱落,应及时做防锈涂漆处理。

（6）塔座棱线混凝土裂缝,可采用防水砂浆嵌补封闭。

（7）大体积承台混凝土中部裂缝,经一段时间观察后不再发展,可将裂缝凿成 V 形,用防水砂浆嵌补封闭。细微裂缝,经过加强洒水养护后已经闭合,可不做处理。如裂缝继续扩展增宽（缝宽 > 0.2 mm）,并有可能影响结构强度安全的,应会同设计单位共商补强办法。

（8）塔身、承台混凝土劣化、保护层脱落等缺陷,应进行重新涂装。涂装前对裂缝及破损进行处理。使用环氧树脂细石混凝土或环氧砂浆修补,可不涂胶黏剂,使用普通混凝土修补需在各面涂胶黏剂。阻锈剂如氨基甲酸乙酯树脂,与铁锈反应后能阻止铁锈增长。

（9）索塔纵、横向裂缝以及大量不规则裂缝的处理方法如下。

①表面处理法。

对于变形引起的,不再发展的细而浅的裂缝,因其对结构承载力无影响,一般可采用表面处理法。通常根据裂缝的扩展程度确定相应的表面处理方法。

a. 裂缝宽度小于 0.3 mm 时,对裂缝表面用防水材料进行涂抹处理。

b. 宽度在 0.3~1.0 mm 的裂缝,可采用防水型化学灌浆处理。化学灌浆材料主要包括环氧树脂类、聚氨酯类、水玻璃类等。

c. 当裂缝宽度大于 1.0 mm 时,可用水灰比为 0.5~0.6 的研磨水泥灌浆处理。

d. 几毫米宽的裂缝可以直接用 42.5 级普通水泥灌浆处理。

e. 对防水要求较高的结构上所出现的多而密的细微裂缝,可以进行表面贴补处理,一般在裂缝表面贴土工膜（布）或其他防水片。

②结构补强法。

对于由荷载作用所引起、可能导致桥梁结构承载力下降的裂缝,必须予以高度重视,一般采用结构补强法。结构补强法的措施大致有以下几种。

a. 补强型化学灌浆。这种方法适用于不规则裂缝处理。

b. 粘贴钢板。钢板锚固到混凝土体内,并且与裂缝方向基本垂直。

c. 增加预应力钢筋。新增的预应力钢筋应与混凝土结构中原有的钢筋连接,或采用体外预应力筋补强的方法,布筋方向应与裂缝方向基本垂直。

d. 增加一层钢丝网。这种方法适用于数量较多、面积较大的裂缝处理。

e. 粘贴碳纤维片。其抗拉强度约为钢材的 7~10 倍,用环氧树脂粘贴到混凝土的表面即可,施工简便,适用于数量较多、面积较大且不规则的裂缝处理。

f. 粘贴碳纤维板。

3. 主梁

1）钢梁

（1）保持表面清洁，及时清除杂草、污物、积水等。

（2）对钢表面的鼓包、锈包或漆膜脱落、表面粉化、脱焊应及时进行涂刷漆、补焊、恢复原位处理。

（3）对梁的裂缝处理。

①焊接和增加盖板等方法修补。

②对于疲劳破坏产生的裂缝的修补，如仅以焊接和增加盖板等将裂缝堵塞，解决不了问题，必须充分调查裂缝发生部位的钢材质量、焊接状态、应力状态、锈蚀状态和疲劳状态等，依据调查的结果，采取对策。有的甚至需要更换构件改善材质，变更结构改善应力状态。

2）混凝土梁

（1）保持表面清洁，及时清除杂草、污物和积水等。混凝土表面有风化、露筋现象，表面防腐涂层剥落，应及时进行防腐层涂刷处理。

（2）主梁的纵、横向裂缝，特别是箱形梁、肋板梁的主拉应力斜裂缝，剪力直缝，结合梁及混凝土桥面板的纵、横裂缝以及大量的不规则裂缝的处理方法同索塔处理裂缝的方法。

7.6.5 铁路桥涵安全评估方法

铁路桥涵结构的安全评估方法，一般可分为经验评估法、计算分析法、荷载试验法和结构健康监测法。

1. 经验评估法

经验评估法的主要问题是可靠性较差，仅能对结构进行定性评估，无法定量反映结构的实际承载能力和安全水平，仅适用于在设计、施工、养护资料齐全的情况下，对桥梁维护设计状态的水平进行评价。由于桥梁结构的多样性，不同的桥梁结构的控制截面和关键病害不同，而这种方法人为的主观因素较多，不同的评估人员，可能会得到不同的评估结果。

2. 计算分析法

计算分析法基本上是采用折减系数来模拟桥梁承载能力的劣化情况。由于桥梁结构形式多样，不同的梁有不同的破坏模式，如简支梁存在拉弯破坏、剪切破坏两种主要的破坏模式，连续梁存在拉弯破坏、压弯破坏、剪切破坏等破坏模式，单一的承载能力折减系数无法满足多种破坏模式的计算要求。

3. 荷载试验法

桥梁荷载试验的目的是通过桥梁结构物加载后进行有关测试、记录与分析工作，以直接了解桥梁结构在试验荷载（包括静、动载）作用下的实际工作状态，评定桥梁结构施工的质量和使用状况。荷载试验法目前最为普遍，许多公路、铁路、市政及城市交通桥梁，在建成后均要进行成桥荷载（静、动载）试验，以全面评估桥梁结构的状态，为竣工验收提供依据。有的国家(如美国)对重要桥梁还建立了定期荷载试验制度,以评估结构的变化。

荷载试验法的缺点是费时费力、成本相对较高,而且往往需要封闭线路,这对运营桥梁来说是非常困难的。

4.结构健康监测法

随着科学技术的发展,综合现代传感技术、网络通信技术、信号分析与处理技术、数据管理方法、计算机技术、预测技术及结构分析理论等多个领域知识的桥梁结构健康监测系统,可极大地延拓桥梁检测内容,并可持续、实时、在线地对结构"健康"状态进行监测和评估,确保运营的安全和提高桥梁的管理水平。在结构出现损伤后,结构的某些局部和整体的参数将表现出与正常状态不同的特征,通过传感器系统拾取这些信息,并识别其差异就可以确定损伤的位置及相对的程度。通过对损伤敏感特征量的长期观测,可掌握桥梁性能劣化的演变规律,以部署相应的改善措施,延长桥梁使用寿命。结构健康监测法的主要缺点是投资大,难以普及,而且总的来讲还处于研究探索阶段,在监测系统本身的维护、数据实时分析处理和结构的评估方法等方面还存在很多问题。

【任务 7.6 同步练习】

任务 7.7　墩台维护

桥梁墩台的养护包括:清除墩台顶面的污秽、防止顶面积水、疏通和改善排水设备、修补或添设防水层,修整有蜂窝或剥落的混凝土保护层、处理风化表面、修补局部表面破损,处理裂纹及因砂浆流失或施工不良而造成的内部空洞蜂窝,修整损坏的支承垫石,加固墩台、翻砌墩台等。

7.7.1　墩台检查及常见病害

1.墩台检查

(1)对墩台应进行裂缝、腐蚀、倾斜、滑动、下沉、冻融、空洞等病害的检查。

(2)对高桥墩须观测墩顶位移,高墩曲线桥应注意线路与梁跨中线、梁跨与墩台中线的叠加偏心对墩台的不利影响。

(3)对空心墩检查内外温差,注意因温度变化造成的裂纹的发展。当发现裂纹内外对应时,应查明是否贯通。检查因进水而造成的冻胀裂损。

（4）对桩柱式桥墩检查不均匀下沉而产生的墩顶剪切裂纹。

（5）检查墩台在水面及以下有无环状腐蚀松散剥落或冲失缺损形成空洞。

（6）对高桩承台桥墩,当发现有支座位移、墩身位移时,应详细检查承台下基桩有无环状裂纹或断裂。

（7）对桥台护锥和背后盲沟,检查有无损坏、空洞、雨天有无水从锥体排出、锥体有无下沉、土体有无陷穴等。

（8）对寒冷地区的中小桥应检查基础襟边水平裂纹。

2. 墩台常见病害

桥墩常见病害的主要表现为:水平、竖向和网状裂缝,混凝土脱落、空洞、材料老化,受外力冲击产生破坏,钢筋外露和锈蚀,结构变形、位移等。

桥台的常见病害是桥台的前墙向桥孔倾斜及各种伴随裂缝,主要是桥台承受的土压力过大造成的。

从外观看,裂纹是桥梁墩台最主要的病害,如图 7-29 至图 7-31 所示。

图 7-29　墩身裂纹

图 7-30　墩身脏污

图 7-31　墩身保护层不足露筋

3. 墩台变形观测

1）墩台位移及下沉观测

固定的观测点一般应设在墩台顶面的下游两端且能全桥通视。为保证观测精度,应埋设强制归心装置,归心装置的"标心"既是仪器固定点,又是位移的观测基点。为正确掌握微小变化,需使用精密水准仪、全站仪及相应的配套设备进行观测。

下沉观测应根据具体情况采用适宜的观测方案进行。为求得各墩下沉的绝对值,墩台高程应与桥梁设计基准点或附近国家水准点相联系。水平横向位移可观测在上下游方向测点离基线的距离变化而得,水平纵向位移可测量各墩间距离变化而得。为求得墩台平面位移的绝对值,基线在观测区以外应有控制系统。

墩台基础的沉降量应按恒载计算,墩台基础工后均匀沉降量和相邻墩台沉降量差应满足表7-5的限值要求;对超静定结构除满足表7-5的限值要求外,还应根据沉降差对结构产生的附加应力的影响确定。

表 7-5　墩台基础工后沉降量限值

沉降类型	桥上轨道类型	工后沉降量限值/mm
墩台基础均匀沉降	有砟轨道	30
	无砟轨道	20
相邻墩台基础沉降量差	有砟轨道	15
	无砟轨道	5

涵洞基础工后沉降量限值应与相邻路基工后沉降量限值相一致;无砟轨道区段桥台、涵洞边墙、隧道洞口与路基交界处的工后沉降差不应大于5 mm,工后沉降差造成的折角不应大于1/1 000。工后沉降量超过限值时,应有计划地进行整治、加固。

2)桥墩振动检查

桥墩振动检查方法是测量墩顶横向水平振动,通过观测其频率、振幅和波形进行综合评判,可判断桥墩下隐蔽部位有无严重病害。

3)墩台倾斜观察

墩台倾斜观察观察方法如下。

（1）用全站仪和横放的水准尺进行观察。

（2）用两个较长的水准器互相垂直地水平埋置在墩台面上,看水泡移动的刻度来测得墩台倾斜程度。

4.墩台部分养护与整治内容

1)墩台排水

在养护工作中,必须经常保护墩台顶面的清洁及排水畅通,以免水流入圬工内造成病害。墩台的顶面原有流水坡面上有破裂处或表面脱落、凹凸不平等,须清除后将不平及凹坑处用砂浆抹平。如流水坡坡度过小,可用增加流水坡表层厚度的方法来改正,必要时另行加铺一层一定厚度的混凝土并进行表面抹光,做成3%的坡度。

桥台和护锥接触处一般常有离缝,如用砂浆勾缝,不久就会裂开,可用浸过沥青的麻筋布填紧,防止雨水浸入。

2)墩台表面风化的整治

墩台表面有风化、剥落、蜂窝麻面现象时,可加一层 M10 的水泥砂浆防护,抹面方法可采用手工抹砂浆和压力喷浆。

3)墩台表面局部修补

当墩台表面局部损伤、脱落不太严重时,可以将破损部分清除,凿毛洗净,然后用 M10 的水泥砂浆分层填补至需要的厚度,并将表面抹平。当损坏深度和范围较大时,可在新旧混凝土结合处设置牵钉,必要时挂钢筋网,立好模板浇灌混凝土,做法如图 7-32 所示。

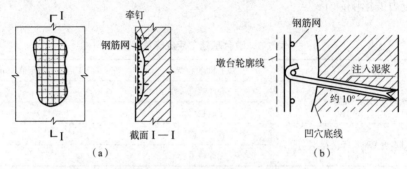

图 7-32　墩台表面局部修补示意图

（a）修补方法　（b）牵钉方法

（1）清除破损部分,边缘应修凿整齐,凿深不浅于 3~5 cm。

（2）埋设牵钉,牵钉直径为 16~25 mm,随破损深度而定。牵钉间距在纵横方间均不得大于 50 cm,埋设程序为打眼→冲洗孔眼→孔内注满水泥砂浆→插入牵钉。

（3）在固定牵钉的砂浆凝固后设置钢筋网,钢筋网由牵钉锚定,钢筋网一般用直径为 12 mm 的钢筋制成,网孔尺寸为 20 cm×20 cm。

（4）按墩台轮廓线立模,并进行支撑。

（5）浇灌混凝土,如有喷射混凝土设备,也可采用喷射混凝土的方法进行。

7.7.2　墩台裂纹整治

1. 墩台裂纹原因分析

（1）由于内外温差产生温度拉应力,墩身向阳部分出现网状裂纹,如图 7-33 所示。

（2）因混凝土收缩所引起的裂纹,在墩身少量出现,如图 7-34 所示。

（3）由于局部应力在受拉区引起裂纹,在桥墩上出现顺桥轴线横贯墩帽的水平裂纹与支承垫石的放射形裂纹;空心墩内壁四角的垂直裂纹,有的上下贯通,有的断断续续,如图 7-35 所示。

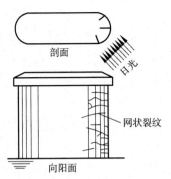

图 7-33　墩身向阳部分网状裂纹

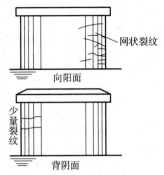

图 7-34　墩身少量裂纹

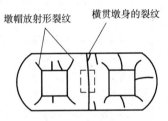

图 7-35　局部应力的受拉区裂纹

（4）基础松软，桥台下沉或倾斜而产生的裂纹，如图 7-36 所示。

（5）养护不良，活动支座不能发挥作用时，墩台身侧面自上而下的垂直裂纹，如图 7-37 所示。

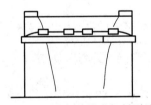

图 7-36　桥台下沉或倾斜裂纹

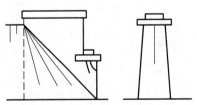

图 7-37　墩台身侧面的垂直裂纹

产生裂纹的原因是很复杂的，还可能是几个因素综合作用的结果，必须仔细观测并找出产生裂纹的原因，才能采取对策整治。根据高速铁路墩台的特点和既有桥梁病害汇总桥梁墩台常见裂缝的发生位置、特点及发生原因，见表 7-6。

表 7-6　桥梁墩台常见裂缝及特点

裂缝类型	发生位置及特点	发生原因
网状裂缝	多发生在常水位以上墩身的向阳部分，裂缝呈网状，裂缝宽 0.1~1.0 mm，深 1~1.5 mm，长度不等。网状裂缝较细且发生在墩身表面	由于混凝土内部水化热和外部气温的温差，或由于日气温变化和日照影响产生的温度拉应力，以及混凝土干燥收缩而引起

裂缝类型	发生位置及特点	发生原因
桥台翼墙与前墙连接处断裂	桥台翼墙与前墙连接处	往往是由于墙间填土不良、冻胀或基地承载力不足，引起的不均匀下沉或外倾而开裂
水平裂缝	墩台身的水平裂缝。桥墩截面偏小，特别是高墩，在活载作用下边缘产生拉应力造成水平裂缝；裂纹有的在桥墩两侧，有的四周贯通，列车通过时有开合现象	由于混凝土灌注时接缝处理不良所造成
	墩台顶帽面水平裂缝。此裂缝在顶帽上平面，顺桥轴向贯通顶帽或沿支承垫石呈放射状	主要由于局部应力所致。因梁和活载的作用力集中通过支承垫石传至桥墩，使其周围其他部位产生拉应力
	T形桥台托盘水平裂缝，往往在托盘与墩身接茬处产生这种裂缝	多由于施工质量不良，混凝土工作缝处理不当所致
竖向裂缝	从基础向上发展至墩台身的裂缝，多发生在墩台身的长边（横桥向）中点附近，裂缝上宽下窄	由于基础下涂层松软或沉陷不均匀引起
	由支承垫石从下向上发展的裂缝	主要是由于墩台帽在支承垫石下未布置钢筋所致，也可能是由于受过大的冲击力所致
	双柱式桥墩承台裂缝	由于桩基不均匀下沉或局部应力所致
	墩台盖梁自上而下的垂直裂缝	由于桩基不均匀下沉而引起盖梁不均匀受力所致
	双线墩台中间竖向裂缝，多发生在墩台中间部位	由于基础不均匀沉降产生
	裂缝发生后，会产生裂缝宽变的急剧变化，常见有明显的开合现象。裂缝多发生于非整体性桥台台帽，或者是跨度较大的石砌桥台上	支座不合标准，在支承垫石底发生拉应力。裂缝的宽度急剧变化是由桥上活载冲击作用的变化而引起
	耳墙式桥台的耳墙及挡砟墙连接处竖向裂缝	（1）在混凝土初凝过程中，模板支承发生下沉及晃动，造成开裂；（2）严寒地区耳墙间填充的非渗水性土发生冻胀开裂
	圆端形桥墩墩帽中间裂缝。裂缝在平面上顺桥梁中心线，贯通整个墩帽并由边缘自上而下垂直延伸，多发生在跨度大、支承反力大的桥墩墩帽上	主要是由于支座传来局部应力使该处混凝土表面产生拉应力所致
	挡砟墙上产生的自上而下的裂缝	多由于挡砟墙上或附近有钢轨接头、线路吊板或挡砟墙本身状态不良，在活载振动下产生裂缝

续表

裂缝类型	发生位置及特点	发生原因
不规则裂缝	墩台镶面石发生的裂缝	由于镶面石与墩台身连接不良引起
	悬臂桥墩角隅处的裂缝	由于局部应力引起
	裂缝从支座垫石边发展到墩帽边缘,然后折返向下发展,在墩身颈缩合二为一,并向下延伸	由于施工及养护不良、混凝土收缩、混凝土未达到强度过早架梁、架桥机偏心等引起
	空心墩内墩壁死角裂缝	多由于应力集中引起
	U形桥台翼墙与挡砟墙连接处裂缝	U形桥台翼墙与挡砟墙填土排水不良,发生推挤或冻胀造成
	T形带洞桥台拱顶裂缝。竣工后不久拱顶出现裂缝,随着时间的增长,裂缝越来越大	(1)拱部与台身连成一体,施工时因一次灌注容易产生裂缝; (2)混凝土凝固收缩,导致产生裂缝,混凝土徐变、温度力影响及外荷载作用使裂缝急剧扩大发展
	圆端形桥墩墩帽支承垫石向四周呈放射状	(1)由于支座局部压力在该表面产生拉应力; (2)与日照影响、混凝土体内外温差所产生的温度应力以及混凝土干缩、施工质量等因素有关

2. 墩台裂纹、内部空隙的观测与监视

发现裂纹后,应在裂纹的起点和终点画上与裂纹走向相垂直的红油漆记号,并进行裂纹编号,仔细观测裂纹的部位、走向、宽度、分布状况、大小和长度等。在观测裂纹时,要记录气温的情况,因为气温降低时,墩台的外层比内层冷却得要快一些,因而外表面收缩较快,这时裂纹宽度较大;当气温增高时,情况相反。

墩台内部如有空洞或空隙,可用非金属超声波探测仪进行检查,或用小锤轻敲圬工表面听声。

3. 裂纹宽度限值

裂纹一经出现,就有扩展的趋势。因为水渗进裂缝中,在冬季冻冰,可将裂纹胀裂得更长更宽。另外,由于活载的作用,引起裂纹的开合,同样会促使裂纹扩展。

裂纹宽度限值如下。

(1)墩帽应不大于 0.3 mm。

(2)墩身经常受浸蚀性环境水影响时,有筋不大于 0.2 mm,无筋不大于 0.3 mm。

(3)墩身常年有水但无浸蚀性时,有筋不大于 0.25 mm,无筋不大于 0.35 mm。干沟或季节性有水时,不大于 0.4 mm,有冰冻作用部分不大于 0.2 mm。

4. 裂纹的处理

(1)网状裂纹一般无须修补,仅在墩台顶部或易积水处进行封闭涂装。

(2)不影响墩台安全的裂纹,凡裂纹宽度小,已趋稳定,可进行修补整治。

裂纹表面补强的方法:圬工表面风化、剥落、裂纹比较细密且面积较大时,可用挂网喷射水泥砂浆、钢纤维水泥砂浆和碳纤维等方法进行修补加固。挂网的钢丝网的铁丝直径为

2~4 mm,网格尺寸为 5~10 cm,每隔 30~80 cm 在混凝土结构中埋放牵钉与钢丝网扎牢。水泥砂浆用 C32.5 及以上水泥,灰砂配合比为 1:1.2~1:1.5(体积比)。喷层厚度一般为 2~4 mm,分 2~3 层喷射,在第一层砂浆凝固后再喷第二层,也可用手工抹面修补进行补强。

（3）对继续发展且裂纹较宽、上下贯通、左右前后对称,或过车时有明显张合现象的受力裂纹,应找出裂纹发生的原因,采取相应的加固措施。如因墩台圬工质量不良而发生的裂纹,可采取躯体包箍、局部翻修、压浆注胶或拆除重建;U 形桥台可采用换填填心圬工等措施加固。

（4）对有急剧发展、张合严重、缝口错牙影响承载能力、危及行车安全的裂缝,在加固改善前,应采取临时加固或其他应急措施。

（5）墩台支承垫石在压力分布范围内发生裂纹或损坏时,必须予以更换。

【任务 7.7 同步练习】

复习思考题

7-1　高速铁路桥梁养护制度包括哪些内容?

7-2　上拱度测量的要求有哪些?

7-3　简述桥梁安全防护措施的主要内容。

7-4　简述桥面系养护维修的主要内容。

7-5　简述声屏障维修工作的主要内容。

7-6　高速铁路支座安装和维修包括哪些内容?

7-7　高强度螺栓如何检查和更换?

7-8　墩台裂纹产生的原因有哪些?

参考文献

[1] 李富文,伏魁先,刘学信.钢桥[M].北京:中国铁道出版社,1992.

[2] 裴伯永,盛兴旺,乔建东.桥梁工程[M].北京:中国铁道出版社,2001.

[3] 孙亦环.铁路桥涵[M].2 版.北京:中国铁道出版社,2000.

[4] 孙立功,杨江朋.桥梁工程(铁路)[M].成都:西南交通大学出版社,2011.

[5] 曹彦国.隧道[M].北京:中国铁道出版社,2003.

[6] 高少强,隋修志.隧道工程[M].北京:中国铁道出版社,2003.

[7] 孔祥勇,程霞.路基与桥隧[M].北京:中国铁道出版社,2003.

[8] 王慧东.桥梁墩台与基础工程[M].北京:中国铁道出版社,2005.

[9] 王秉荪,张振业,黄振民.桥涵设计[M].北京:中国铁道出版社,1985.

[10] 张钟祺.桥隧施工及养护[M].2 版.北京:中国铁道出版社,2002.

[11] 何学科.铁道工务[M].北京:中国铁道出版社,2007.

[12] 罗荣凤,刘德辉.桥隧施工及养护[M].北京:中国铁道出版社,2021.

[13] 郭占月.高速铁路隧道施工与维护[M].成都:西南交通大学出版社,2012.

[14] 中华人民共和国铁道部.高速铁路桥隧维修岗位[M].北京:中国铁道出版社,2012.

[15] 中国铁路设计集团有限公司.铁路桥涵设计规范:TB 10002—2017[S].北京:中国铁道出版社,2017.

[16] 中铁二院工程集团有限责任公司.铁路隧道设计规范:TB 10003—2016[S].北京:中国铁道出版社,2017.

[17] 国家市场监督管理总局,国家标准化管理委员会.标准轨距铁路限界 第 2 部分:建筑限界:GB 146.2—2020[S].北京:中国标准出版社,2020.

[18] 中华人民共和国铁道部.铁路桥隧建筑物劣化评定标准 钢梁:TB/T 2820.1—1997[S].北京:中国标准出版社,1998.

[19] 中华人民共和国铁道部.铁路桥隧建筑物劣化评定标准 隧道:TB/T 2820.2—1997[S].北京:中国标准出版社,1998.

[20] 中华人民共和国铁道部.铁路桥隧建筑物劣化评定标准 支座:TB/T 2820.3—1997[S].北京:中国标准出版社,1998.

[21] 中华人民共和国铁道部.铁路桥隧建筑物劣化评定标准 涵渠:TB/T 2820.4—1999[S].

北京：中国标准出版社，1999.

[22] 中华人民共和国铁道部.铁路桥隧建筑物劣化评定标准 混凝土梁：TB/T 2820.5—1999[S].北京：中国标准出版社，1999.

[23] 中华人民共和国铁道部.铁路桥隧建筑物劣化评定标准 墩台基础：TB/T 2820.6—1999[S].北京：中国标准出版社，1999.

[24] 中华人民共和国铁道部.铁路桥隧建筑物劣化评定标准 桥渡：TB/T 2820.7—1999[S].北京：中国标准出版社，1999.

[25] 中华人民共和国铁道部.铁路桥隧建筑物劣化评定标准 明桥面：TB/T 2820.8—1999[S].北京：中国标准出版社，1999.

[26] 中华人民共和国铁道部.铁路桥梁检定规范：铁运函〔2004〕120 号[S].北京：中国标准出版社，2004.

[27] 中交公路规划设计院有限公司.公路桥涵设计通用规范：JTG D60—2015[S].北京：人民交通出版社股份有限公司，2015.

[28] 国家铁路局.铁路桥梁橡胶支座：TB/T 2331—2020[S].北京：中国铁道出版社，2020.

[29] 国家铁路局.铁路桥梁钢支座：TB/T 1853—2018[S].北京：中国铁道出版社，2019.

[30] 国家铁路局.高速铁路桥隧建筑物修理规则（试行）：铁运〔2011〕131 号[S].北京：中国铁道出版社，2011.

[31] 国铁集团.铁路钢桥保护涂装及涂料供货技术条件：Q/CR 730—2019[S].北京：中国铁道出版社，2019.

[32] 中铁大桥勘测设计院集团有限公司.铁路桥梁钢结构设计规范：TB 10091—2017[S].北京：中国铁道出版社，2017.

[33] 国家铁路局.铁路桥隧建筑物修理规则：铁运〔2010〕38 号 [S].北京：中国铁道出版社，2010.

[34] 中华人民共和国铁道部.铁路工程抗震设计规范（2009 年版）：GB 50111—2006[S].北京：中国计划出版社，2009.